BIOskop

Gymnasium Einführungsphase SII

Herausgeber
Rainer Hausfeld
Wolfgang Schulenberg

Autoren
Rainer Hausfeld
Mariela Kalkhake
Daniel Klaßen
Martin Ratermann
Rüdiger Schmalz
Wolfgang Schulenberg
Franz Stoppel

westermann

Druck A[5] / Jahr 2015
Alle Drucke der Serie A sind im Unterricht parallel verwendbar.

Redaktion: Corinna Rusche
Herstellung: Jennifer Kirchhof, Dirk Walter-von Lüderitz
Satz und Grafik Partner GmbH, Meitingen
Umschlaggestaltung: Jennifer Kirchhof
Typographie: Andrea Heissenberg
Druck und Bindung: westermann druck GmbH, Braunschweig

ISBN 978-3-14-**150599**-3

Inhaltsverzeichnis

Zellen

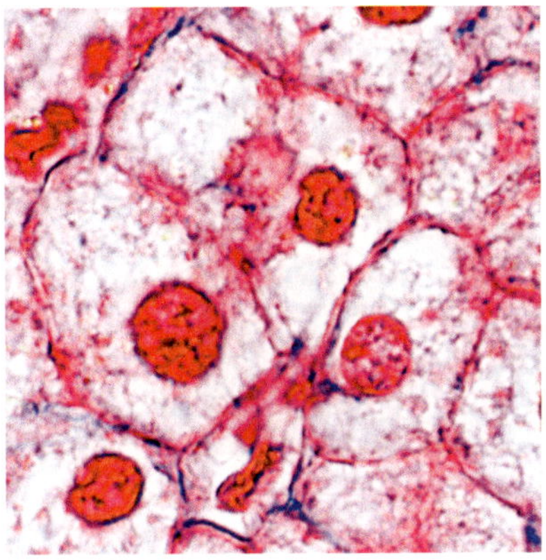

Vererbung

Hormone, Fortpflanzung und Entwicklung

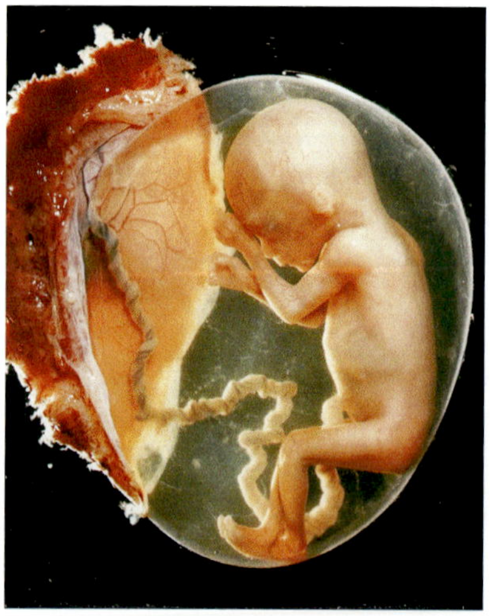

Enzyme und Molekulargenetik

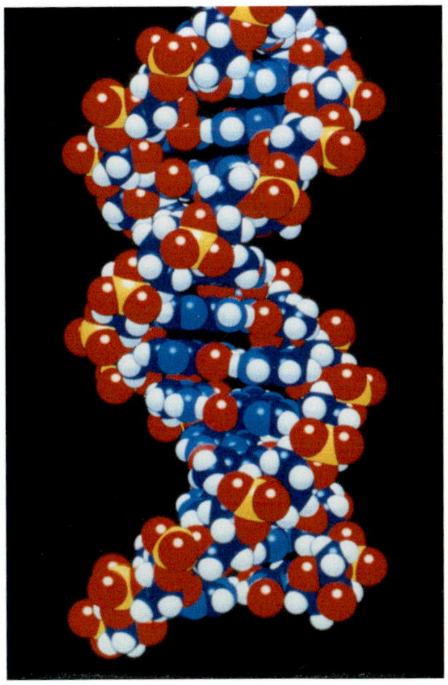

Aufgaben richtig verstehen

ableiten	aus Sachverhalten sachgerechte Folgerungen ziehen
analysieren	aus einem Sachverhalt auf eine bestimmte Fragestellung hin wichtige Bestandteile herausarbeiten
auswerten	vorgegebene Daten, einzelne Ergebnisse oder Sachverhalte in einen Zusammenhang stellen
begründen	einen vorgegebenen Sachverhalt auf seine Ursachen oder Gesetzmäßigkeiten zurückführen
beschreiben	Strukturen, Merkmale oder Sachverhalte mit eigenen Worten wiedergeben
beobachten	aufmerksame Betrachtung eines Vorgangs mit dem Ziel, entsprechend einer vorgegebenen Fragestellung bestimmte Informationen zu erhalten
beurteilen	zu einem vorgegebenen Sachverhalt ein eigenständiges, sachlich begründetes Urteil formulieren
bewerten	einen vorgegebenen Sachverhalt oder die Handlung eines Menschen mit nachvollziehbaren Wertvorstellungen beurteilen
darstellen	Sachverhalte in gegliederter Form wiedergeben.
diskutieren (erörtern)	zu einem vorgegebenen Thema oder Sachverhalt Argumente aus verschiedenen Standpunkten gegeneinander abwägen
erklären	einen Sachverhalt erläutern und begründen
erläutern	einen Sachverhalt veranschaulichen und verständlich machen
Hypothese entwickeln	eine begründete Vermutung auf der Grundlage von Beobachtungen, Experimenten oder Sachaussagen formulieren
interpretieren (deuten)	aus vorgegebenen Sachverhalten fachliche Zusammenhänge entsprechend der jeweiligen Aufgabenstellung herausarbeiten und darstellen
nennen	Eigenschaften, Sachverhalte oder Begriffe ohne Erläuterungen aufzählen
protokollieren	Beobachtungen oder die Durchführung von Experimenten genau und in gegliederter Form wiedergeben
skizzieren	das Wesentliche eines Sachverhalts in übersichtlicher Form grafisch darstellen
Stellung nehmen	zu einem Sachverhalt oder einer Aussage, die nicht eindeutig ist, nach sorgfältigem Abwägen ein begründetes Urteil abgeben
überprüfen	Daten oder Aussagen an Fakten und logischen Gesichtspunkten messen und eventuelle Fehler oder Widersprüche aufdecken
vergleichen	Gemeinsamkeiten und Unterschiede ermitteln
zeichnen	eine möglichst exakte grafische Darstellung anfertigen
zusammenfassen	das Wesentliche in knapper Form herausstellen

1 *Eine Auswahl häufiger Arbeitsanweisungen und die Beschreibung der erwarteten Leistung*

Im Unterricht, zu Hause oder bei schriftlichen Leistungsüberprüfungen werden Aufgaben bearbeitet. Sie beinhalten immer eine oder mehrere Arbeitsanweisungen.

Um Aufgaben richtig zu verstehen, ist es notwendig, die Bedeutung der verschiedenen Arbeitsanweisungen zu kennen. In Abbildung 1 sind häufige Arbeitsanweisungen zusammengestellt und die jeweils erwartete Leistung beschrieben.

1 Aufgaben mit passenden Arbeitsanweisungen erstellen. Die Abbildungen auf dieser Seite stellen bestimmte biologische Sachverhalte dar. Erstellt zu jeder Abbildung Vorschläge für eine oder mehrere Aufgaben mit den dazu passenden Arbeitsanweisungen aus Abbildung 1. Gebt an, welche Lösung ihr zu der jeweiligen Aufgabenstellung erwartet. Diskutiert eure Vorschläge.

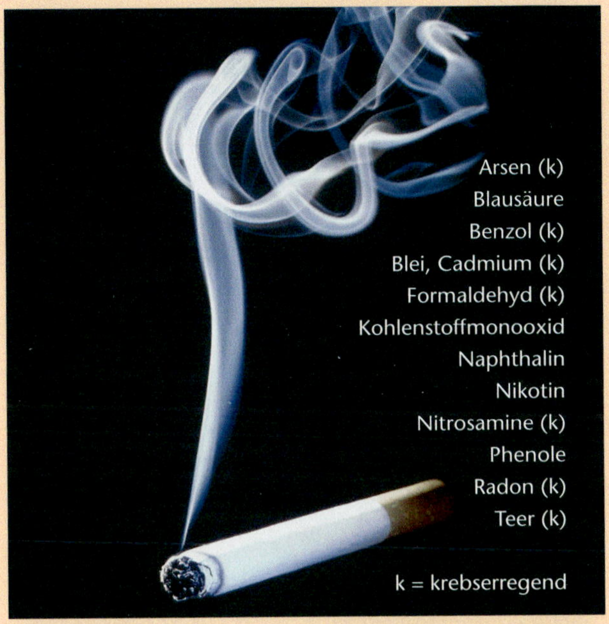

2 *Zusammensetzung des Zigarettenrauchs*

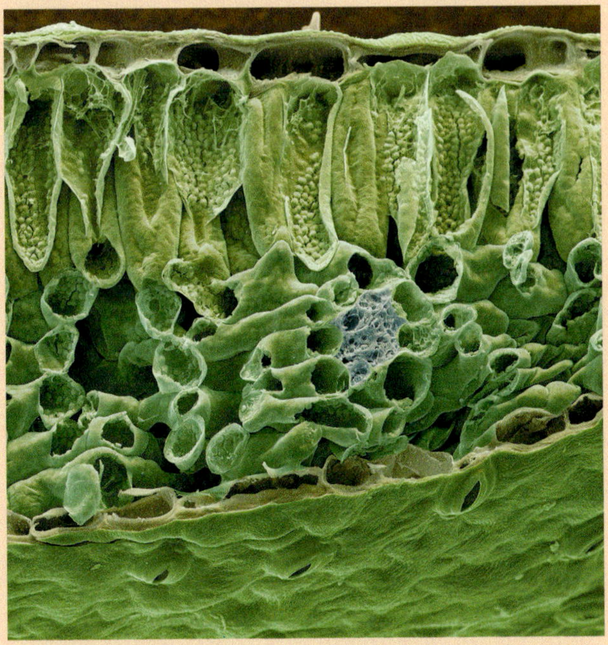

3 *Querschnitt durch ein Laubblatt*

4 *Libelle mit Tautropfen*

5 *Historische Versuche von Joseph Priestley (1771)*

Säugetier	Masse in g	O_2-Bedarf in ml O_2 pro Stunde	O_2-Bedarf in ml O_2 pro g Körpermasse und Stunde	Herzfrequenz pro Minute
Maus	22	36		600
Meerschwein	900	605		280
Zwergziege	7 000	2 710		158
Orang-Utan	54 000	12 105		106
Mensch	76 000	15 980		72
Löwe	155 000	26 490		50
Pferd	500 000	65 100		44
Elefant	3 833 000	268 000		26

6 *Sauerstoffbedarf bei Säugetieren*

Arbeiten mit Basiskonzepten

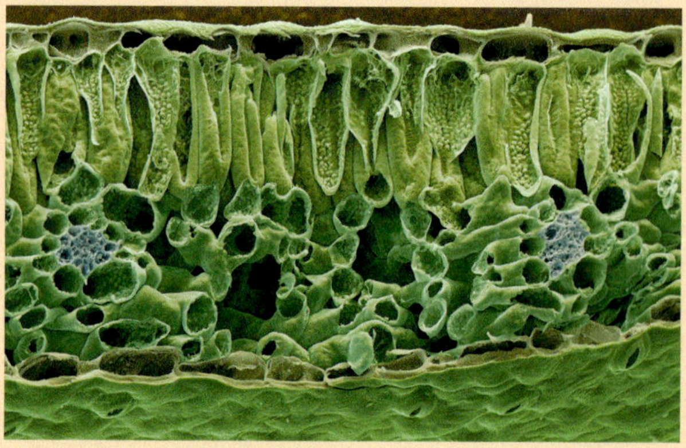

Struktur und Funktion
Unter Struktur versteht man in der Biologie den Bau von Lebewesen und ihrer Teile (Moleküle, Zellen, Gewebe und Organe). Mit ihrem Bau sind Lebewesen und ihre Teile an bestimmte Aufgaben (Funktionen) angepasst. Zum Beispiel hat ein grünes Laubblatt einen bestimmten mikroskopisch sichtbaren Bau. Diesem Bau entspricht unter anderem die Funktion, Fotosynthese durchzuführen.

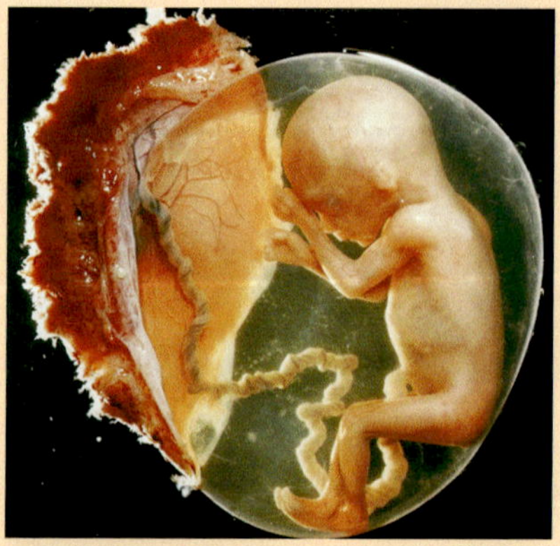

Reproduktion
Lebewesen haben eine begrenzte Lebensdauer. Durch Fortpflanzung vermehren sich Lebewesen und dadurch wird ihr Fortbestand gesichert. Bei der Fortpflanzung werden Erbanlagen weitergegeben. Erbanlagen enthalten Informationen, die die Entwicklung und die Ausbildung von Merkmalen eines Lebewesens beeinflussen. In der Regel wirken Erbanlagen und Umwelt bei der Ausbildung von Merkmalen zusammen.

Geschichte und Verwandtschaft
Jedes heutige Lebewesen lässt sich durch eine ununterbrochene Kette von Fortpflanzungen auf Vorfahren, Vor-Vorfahren bis hin zu den Ursprüngen des Lebens zurückführen. Die vielfältigen Arten von Lebewesen sind im Laufe langer Zeiträume aus anderen Formen hervorgegangen. Diesen Vorgang bezeichnet man als Evolution. Die abgestuften Ähnlichkeiten zwischen Lebewesen, unter anderem im Körperbau, sind ein Beleg für den Grad der Verwandtschaft.

Variabilität und Angepasstheit
Unter Variabilität versteht man die Veränderlichkeit von Merkmalen, die zu Vielfalt führt. Man spricht zum Beispiel von der Artenvielfalt. Innerhalb einer Art zeigen die Individuen neben Gemeinsamkeiten vielfältige Merkmalsunterschiede. Alle Lebewesen besitzen Merkmale, die durch natürliche Auslese entstanden und genetisch festgelegt sind. Man nennt sie Angepasstheiten. Individuelle Anpassungen im Laufe eines Lebens werden dagegen nicht vererbt.

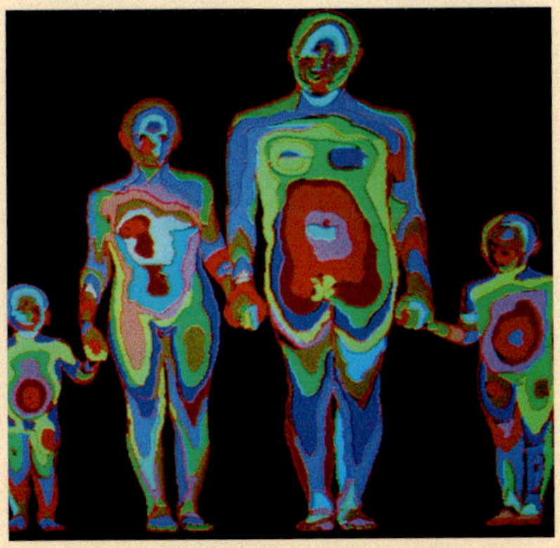

Steuerung und Regelung
Viele Zustände und Vorgänge im Körper eines Lebewesens werden gesteuert oder geregelt. Dadurch reagiert der Körper auf Veränderungen und kann Bedingungen im Körper stabil halten. Die konstante Körpertemperatur des Menschen ist ein Beispiel für Regulation. Auch manche Wechselwirkungen zwischen verschiedenen Lebewesen und ihrem Lebensraum unterliegen Regelungsvorgängen.

Stoff- und Energieumwandlung
Alle Lebewesen bestehen aus Stoffen, vor allem aus Kohlenstoffverbindungen. Die Aufnahme, Umwandlung und Abgabe von Stoffen nennt man Stoffwechsel. An der Umwandlung von Stoffen im Körper ist eine bestimmte Gruppe von Proteinen, die Enzyme, beteiligt. Energie ist für alle Lebensvorgänge notwendig und tritt in verschiedenen Formen auf. Lebewesen sind Energiewandler, sie können bestimmte Formen von Energie in andere Formen von Energie umwandeln.

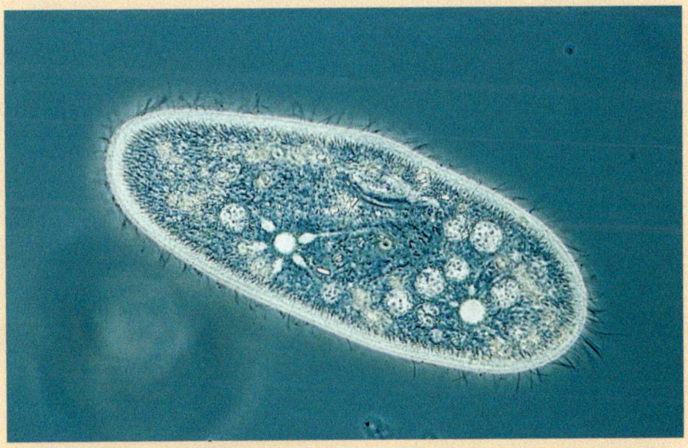

Kompartimentierung
Unter Kompartimentierung versteht man eine räumliche Aufteilung, zum Beispiel verschiedener Aufgaben, in einem Organismus. Auch eine einzelne Zelle ist in verschiedene Teilräume, die Zellorganellen, gegliedert. In Teilräumen können verschiedene Vorgänge gleichzeitig stattfinden, ohne sich gegenseitig zu stören.

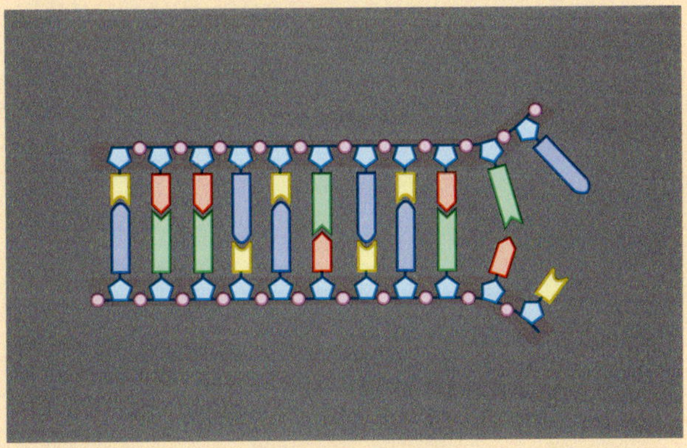

Information und Kommunikation
Lebewesen nehmen mit ihren Sinnesorganen Informationen aus ihrem Körper und aus ihrer Umwelt auf. Das Ergebnis der Informationsverarbeitung kann Einfluss darauf haben, was ein Lebewesen tut und wie es sich verhält. Auch innerhalb eines Organismus werden Informationen ausgetauscht und weitergegeben. Von großer Bedeutung für jedes Lebewesen sind die Informationen in den Erbanlagen.

Unter Basiskonzepten versteht man grundlegende Erkenntnisse der Wissenschaft Biologie. Basiskonzepte sind biologische Grundsätze oder biologische Prinzipien. Fast jedes Thema des Biologieunterrichts lässt sich einem Basiskonzept oder mehreren Basiskonzepten zuordnen.
Durch die Zuordnung entsteht im Laufe des Biologieunterrichts eine übersichtliche Struktur, die hilft, die vielen Biologiethemen gedanklich zu verbinden.

Zellen

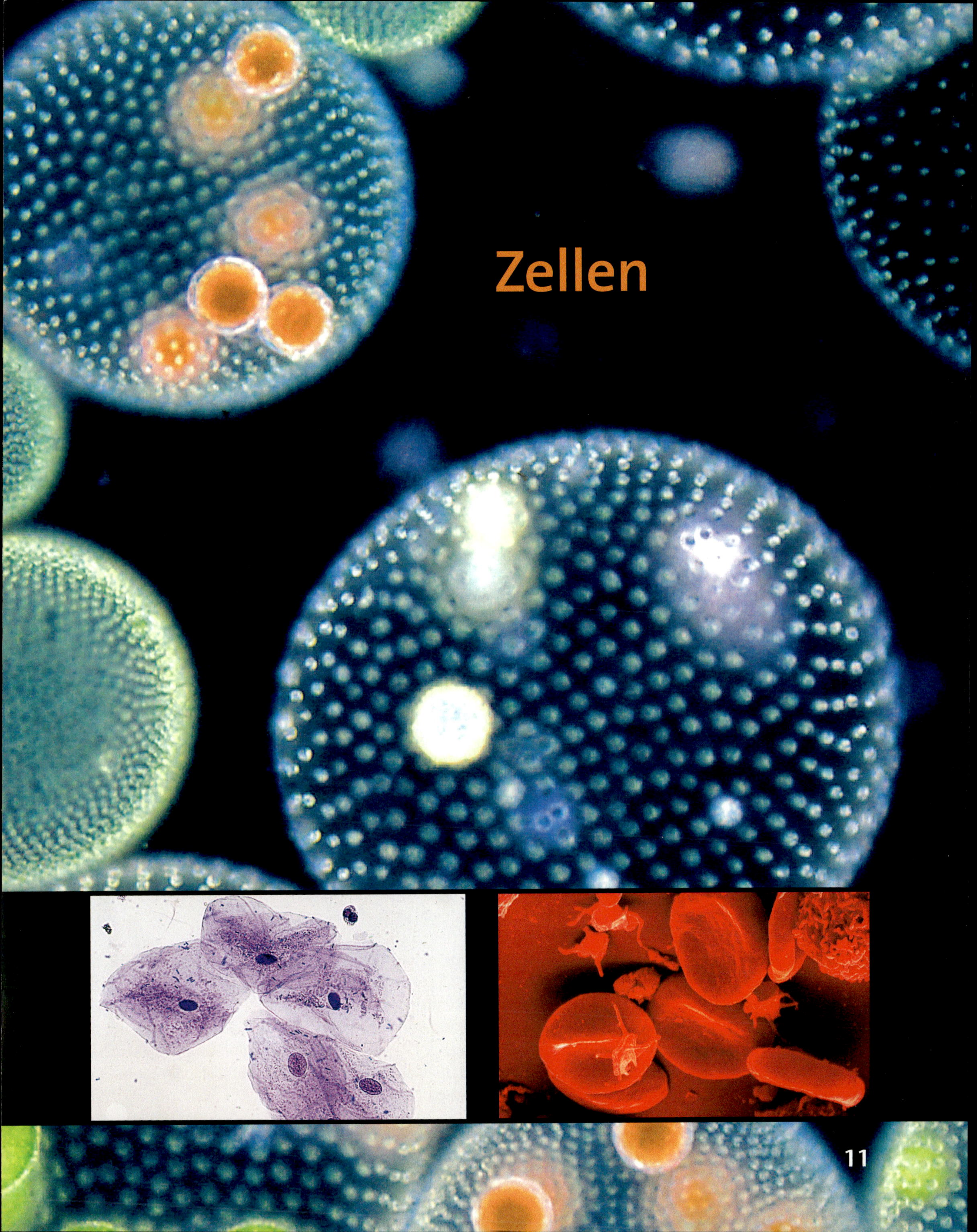

1 Zellen

1.1 Pflanzen- und Tierzellen

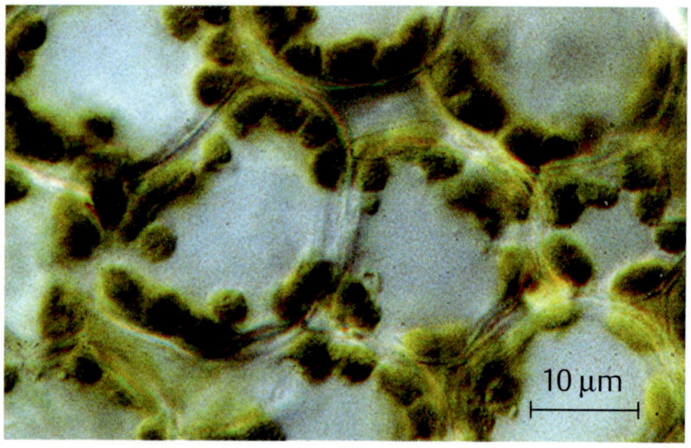

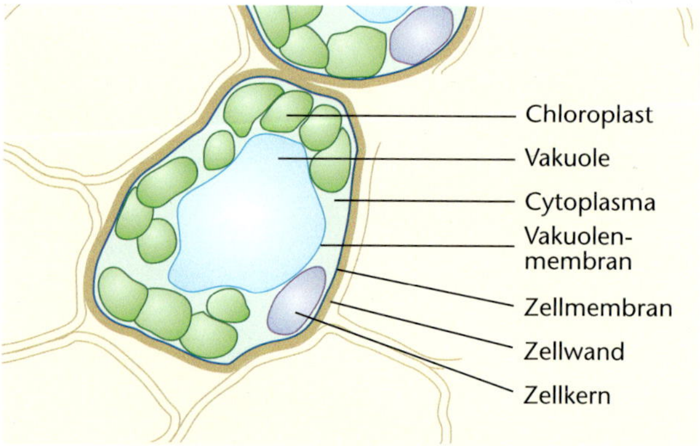

1 *Pflanzliche Zellen der Nieswurz im lichtmikroskopischen Bild und als Schemazeichnung*

Eine **Pflanzenzelle** besitzt eine Zellwand (Abb. 1). Sie ist fest, besteht aus Zellulose und gibt der Zelle ihre Stabilität. Der Zellwand liegt innen die Zellmembran an. Durch Zellwand und Zellmembran findet der Stoffaustausch zwischen benachbarten Zellen statt. Im Inneren der Pflanzenzelle befindet sich eine dickflüssige Masse, das Cytoplasma. Hier findet eine Vielzahl an Stoffwechselvorgängen statt. Cytoplasmastränge durchziehen die Zellwand und sorgen auf diese Weise für zahlreiche Verbindungen zwischen benachbarten Zellen. Im Cytoplasma finden sich außerdem noch weitere, unterschiedlich geformte Strukturen. Unter dem Lichtmikroskop ist der Zellkern erkennbar. Er enthält die Erbinformationen in Form von DNA und ist von einer eigenen Membran umgeben. Der Zellkern steuert die Lebensvorgänge der Zelle. Bei vielen Pflanzenzellen befindet sich der Zellkern ganz nah an der Zellmembran. Der Grund dafür ist die Vakuole, die den Großteil einer Pflanzenzelle einnimmt und das Zellplasma mit den anderen Zellbestandteilen an die Zellwand drückt. Die Vakuole ist ebenfalls von einer eigenen Membran umgeben und enthält größtenteils Wasser, in dem z. B. Farbstoffe eingelagert sind. Die Vakuole ist für den Wasserhaushalt der Zelle und für die Stoffspeicherung zuständig. Ebenfalls charakteristisch für die Pflanzenzelle sind die Chloroplasten, in denen sich das Chlorophyll befindet. Sie sind der Ort der Fotosynthese.

In einer **Tierzelle** sind nur relativ wenige Strukturen zu erkennen (Abb. 2). Das von der Zellmembran umgebene Cytoplasma beinhaltet den meist zentral gelegenen Zellkern. Tierische Zellen sind nicht von einer Zellwand umgeben.

Alle Zellen haben folgende Gemeinsamkeiten:
- Zellen gehen durch Teilung aus anderen Zellen hervor.
- Im Zellkern der Zellen befindet sich die Erbinformation in Form von DNA.
- Zellen benötigen Energie.
- Zellen sind von einer Membran umgeben, durch die Stoffe aufgenommen und abgegeben werden. Dieser Stoffaustausch vollzieht sich über die ganze Zelloberfläche.
- Zellen wandeln Stoffe um. Sie verwerten die Nährstoffe Proteine, Fette und Kohlenhydrate zum Aufbau körpereigener Stoffe und zur Energiebereitstellung.

1838 wiesen der deutsche Zoologe THEODOR SCHWANN und der Botaniker JAKOB MATTHIAS SCHLEIDEN endgültig den zelligen Aufbau bei Pflanzen und kurze Zeit später auch bei Tieren nach. Die von ihnen stammende Aussage, dass alle Lebewesen aus Zellen bestehen, hat auch heute noch Gültigkeit.

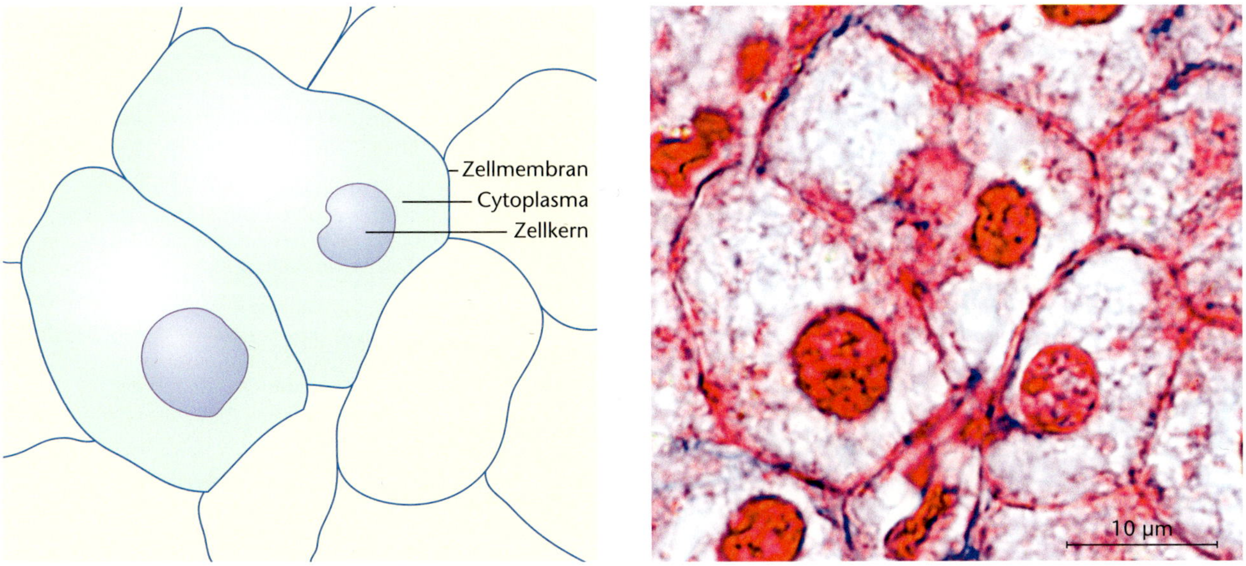

2 *Tierische Zellen (Leberzelle, gefärbt) als Schemazeichnung und im lichtmikroskopischen Bild*

1 Tier- und Pflanzenzelle. Betrachte die Pflanzen- und Tierzellen in den Abbildungen 1 und 2. Erstelle eine Tabelle mit Gemeinsamkeiten und Unterschieden von Tier- und Pflanzenzelle.

2 Abbildungen von Tier- und Pflanzenzellen.
a) Übertrage die Zeichnungen aus Abbildung 3 in dein Heft und ersetze die Ziffern durch eine Beschriftung.
b) Entscheide, bei welchen Zellen es sich um Pflanzenzellen, bei welchen Zellen es sich um Tierzellen handelt. Begründe deine Entscheidung.

3 Größe von Zellen.
a) Bestimme die Oberfläche, das Volumen und das Verhältnis zwischen Oberfläche und Volumen der Würfel in Abbildung 4.
b) Jeder Ort in der Zelle muss mit Stoffen versorgt werden. Stelle mithilfe der Grundwissenseite und deinen Berechnungen begründete Hypothesen auf, warum Zellen so klein sind.

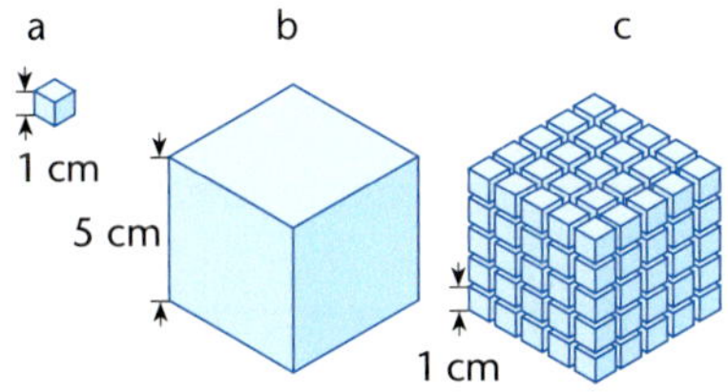

4 *Verschiedene Würfel*

3 *Tier- oder Pflanzenzellen?*

Mikroskopieren

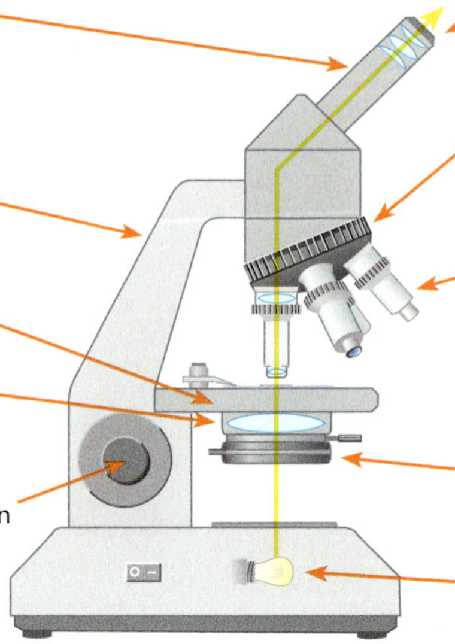

1 *Aufbau des Lichtmikroskops*

Name:	
Objekt:	Küchenzwiebel
Vergrößerung:	Zellen der Zwiebelhaut bei 100facher (10 x 10) Vergrößerung
Darstellung:	3 Zellen im Verband

Zeichnung	Beschriftung

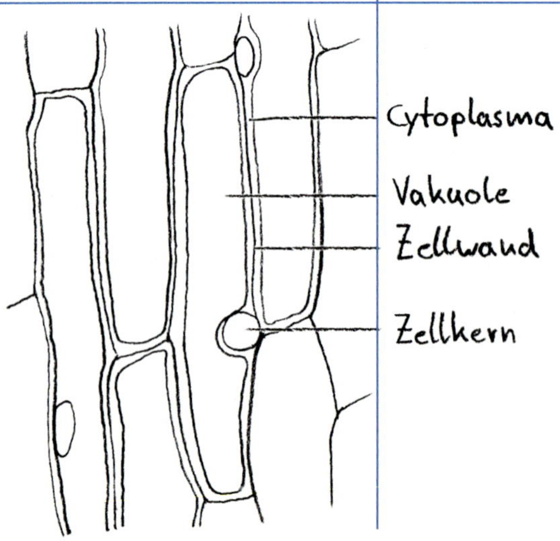

2 *Zeichnung nach mikroskopischem Bild*

1. Beim Transport greift eine Hand unter das Mikroskop, die andere Hand an den Trägerarm.
2. Drehe zu Beginn des Mikroskopierens den Objekttisch ganz nach unten und stelle das Objektiv mit der kleinsten Vergrößerung ein.
3. Lege das Präparat auf den Objekttisch.
4. Verringere durch Drehen des Grobtriebs den Abstand zwischen Objektiv und Präparat. Erhältst du ein scharfes Bild, kannst du mit dem Feintrieb die Feineinstellung vornehmen.
5. Achte darauf, dass sich Objektiv und Präparat nicht berühren.
6. Sorge durch Regulierung der Blende für eine gleichmäßige Ausleuchtung des Bildes.
7. Zeichne mit Bleistift. Öffne beim Mikroskopieren beide Augen. Mit dem einen Auge schaust du durch das Okular, mit dem anderen Auge auf das Zeichenpapier.
8. Hast du das Mikroskopieren beendet, stelle wieder die kleinste Vergrößerung ein.

3 *Regeln für das Mikroskopieren und Zeichnen*

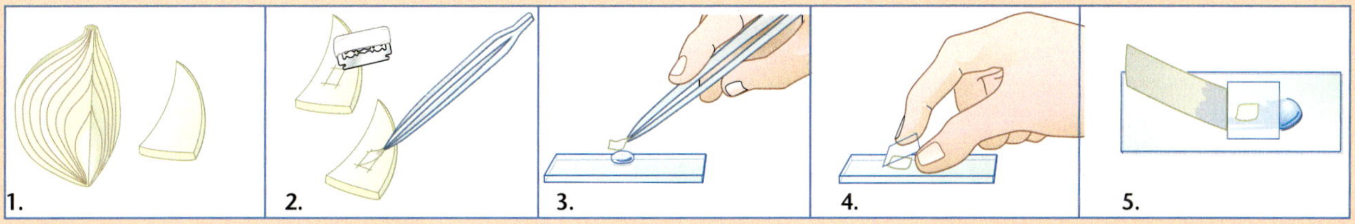

4 *Präparation von Zwiebelzellen*

1 Mikroskopieren von Zwiebelzellen.
Material: Mikroskop, Messer, Küchenzwiebel, Rasierklinge, Pinzette, Pipette, Objektträger, Deckgläschen, Filterpapier, Methylenblau (F)
Durchführung (Abb. 4):

1. Schneide die Zwiebel längs durch und die entstehenden Hälften in zwei Viertel. Löse anschließend vorsichtig eine Schuppe heraus.
2. In der Innenseite der Schuppe befindet sich ein mattes, transparentes Häutchen. Schneide mit einer Rasierklinge ein kleines Viereck hinein und löse es mit der Pinzette vorsichtig ab.
3. Lege das Zwiebelhäutchen in einen Tropfen Wasser auf dem Objektträger.
4. Lasse nun ein Deckgläschen schräg auf das Zwiebelhäutchen sinken. Überschüssiges Wasser kannst du mit Filterpapier aufsaugen. Bei Wassermangel fügst du Wasser mit einer Pipette hinzu.
5. Färbe das Präparat mit Methylenblau an: Füge an den Rand des Deckgläschens einen Tropfen Methylenblau und sauge ihn mit einem Stück Filterpapier unter dem Deckgläschen hindurch.
6. Mikroskopiere bei verschiedenen Vergrößerungen und fertige eine Zeichnung (100fach) an.

2 Mikroskopieren von Mundschleimhautzellen.
Material: Mikroskop, Zeichenpapier, Holzspatel, Pipette, Objektträger, Deckgläschen
Durchführung:

1. Gib einen Tropfen Wasser auf einen Objektträger.
2. Schabe nun mit einem sterilen Spatel etwas Schleimhaut von der Innenseite deiner Wange und übertrage sie in den Wassertropfen.
3. Verrühre die Schleimhautstückchen vorsichtig mit dem Spatel.
4. Verfahre dann wie bei den Zwiebelhautzellen.
5. Mikroskopiere und zeichne die Mundschleimhautzellen bei kleinster und dann mit steigender Vergrößerung.

3 Mikroskopieren von Einzellern. Um Einzeller mikroskopieren zu können, kann man einen so genannten Heuaufguss herstellen (Abb. 5). Dazu gibt man eine Hand voll trockenes Heu in ein Glas, füllt es mit Teich- oder Aquariumwasser und deckt es mit einer Glasplatte ab. Nach wenigen Tagen haben sich Bakterien und andere einzellige Lebewesen stark vermehrt. Oben auf dem Heuaufguss ist eine so genannte Kahmhaut entstanden.
Material: Heuaufguss, Objektträger mit Hohlschliff, Deckgläschen, Pipette
Durchführung:
Mikroskopiere Flüssigkeit von drei verschiedenen Stellen des Heuaufgusses: direkt unter der Kahmhaut, aus dem freien Wasser und dem Bodensatz. Gib mit der Pipette jeweils einen Tropfen auf die Mitte des Deckgläschens. Hänge dann den Tropfen in die Wölbung des Objektträgers (Abb. 7). Mikroskopiere mit 100facher Vergrößerung und fertige jeweils eine Zeichnung an.

5 *Heuaufguss*

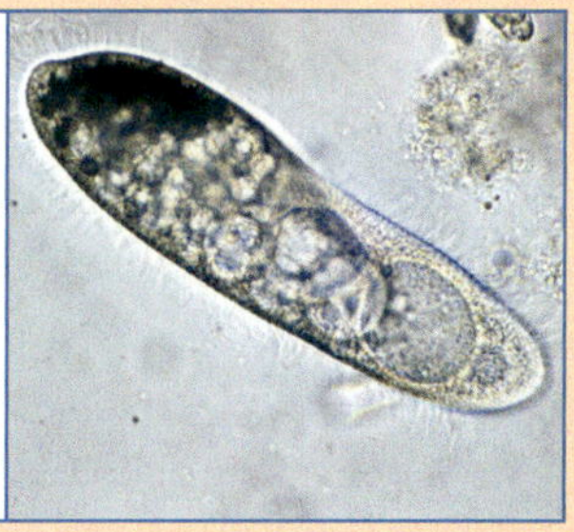

6 *Das Pantoffeltierchen, ein Einzeller*

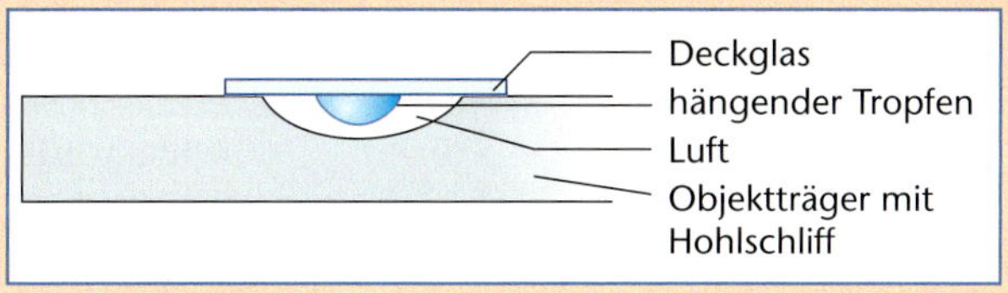

7 *Technik des hängenden Tropfens*

1.2 Zelldifferenzierung

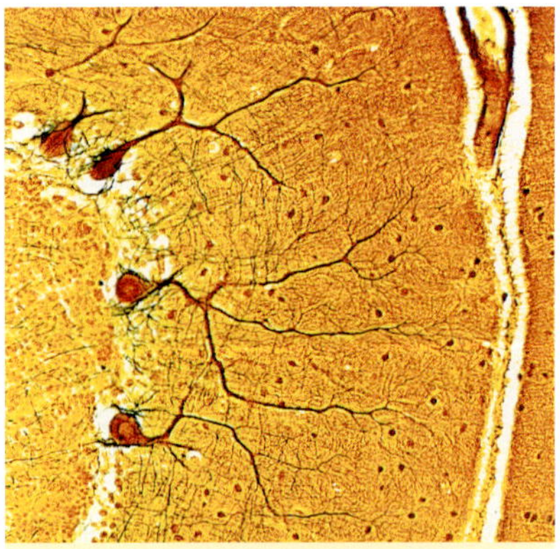

Nervenzellen sind auf die Informationsweiterleitung spezialisiert.

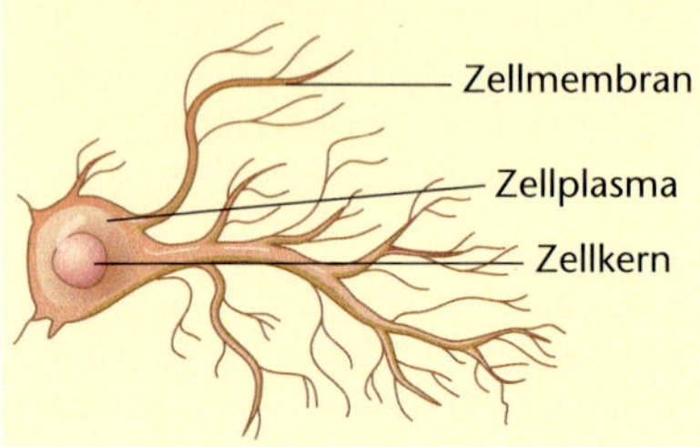

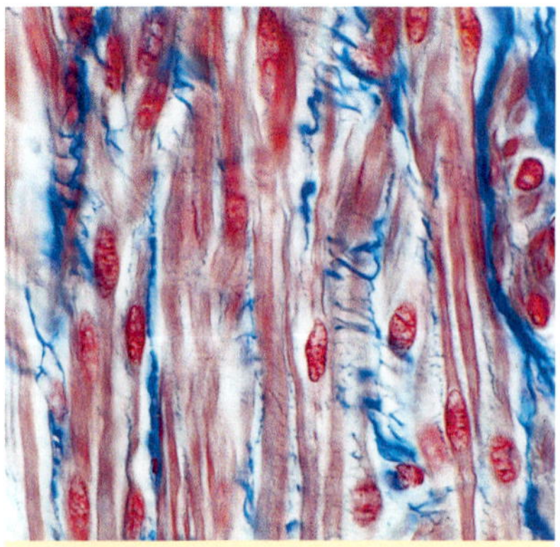

Muskelzellen sind auf Kontraktionen spezialisiert.

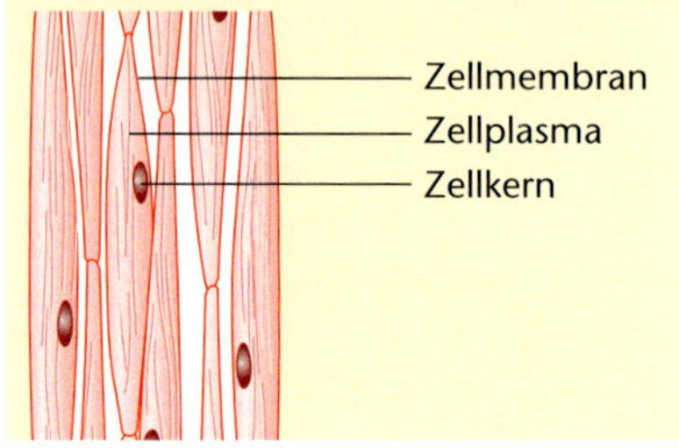

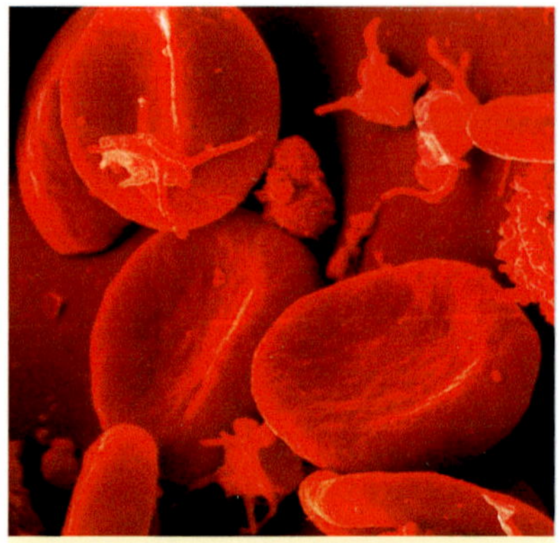

Rote Blutzellen sind auf den Transport von Sauerstoff spezialisiert.

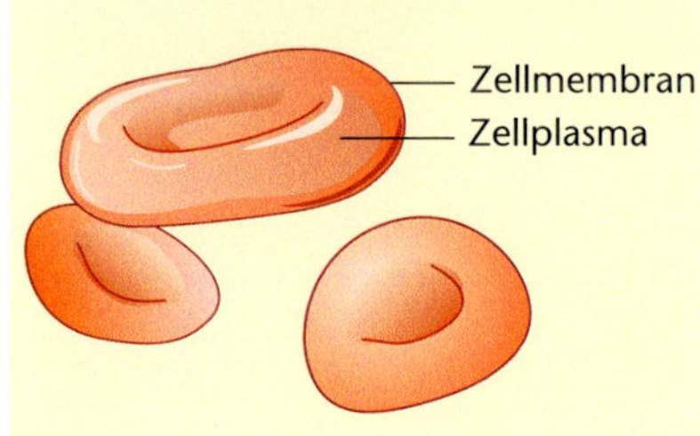

1 *Spezialisierte Zellen beim Menschen*

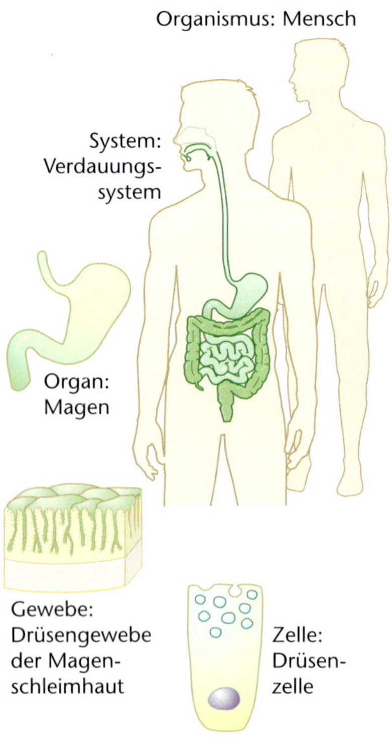

2 *Zelle, Gewebe, Organ, Organsystem, Organismus*

Im Gegensatz zu Einzellern bestehen Menschen, die meisten Tiere und Pflanzen aus Milliarden von Zellen. Diese Zellen nehmen in Vielzellern die verschiedensten Aufgaben wahr. Der Grundtyp der Tier- und Pflanzenzelle ist entsprechend seiner Aufgabe verändert (Abb. 1). Jeder Zelltyp erfüllt eine bestimmte Aufgabe, so dass eine Arbeitsteilung stattfindet. Man spricht in diesem Zusammenhang von spezialisierten Zellen oder **Zelldifferenzierung.** Sind diese spezialisierten Zellen zu Zellverbänden zusammengeschlossen, spricht man von einem **Gewebe.** Erfüllen wiederum mehrere Gewebe gemeinsam eine oder mehrere Aufgaben, spricht man von einem **Organ.** Die Gesamtheit aller Gewebe und Organe ergänzen sich in ihren Funktionen und bilden den **Organismus.**

Drüsenzellen in der Magenschleimhaut bilden im Verband das Drüsengewebe der Magenschleimhaut (Abb. 2). Der Magen als Organ besteht wiederum aus verschiedenen Gewebetypen, die gemeinsam die Aufgabe der Verdauung erfüllen. Bei der Verdauung spielen allerdings noch andere Organe eine Rolle, wie zum Beispiel der Mund mit Zähnen und Speicheldrüsen sowie der Dick- und Dünndarm. Diese Organe bilden zusammen ein **Organsystem,** das Verdauungssystem. Die Gesamtheit aller Organe und Organsysteme ergänzen sich mit ihren einzelnen Aufgaben zum Organismus, dem Menschen.

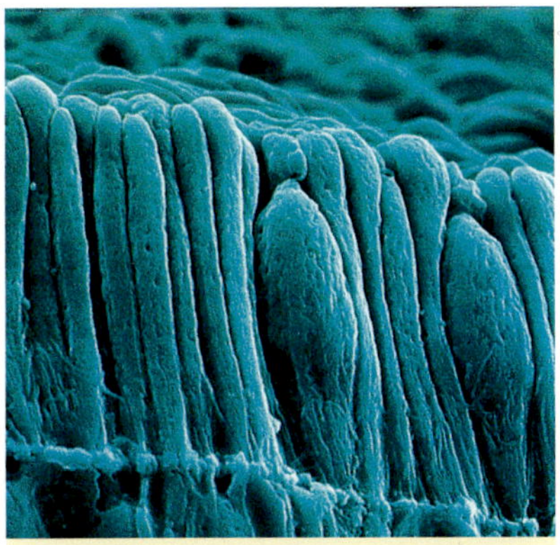

Sinneszellen der Netzhaut sind auf die Aufnahme von Lichtreizen spezialisiert.

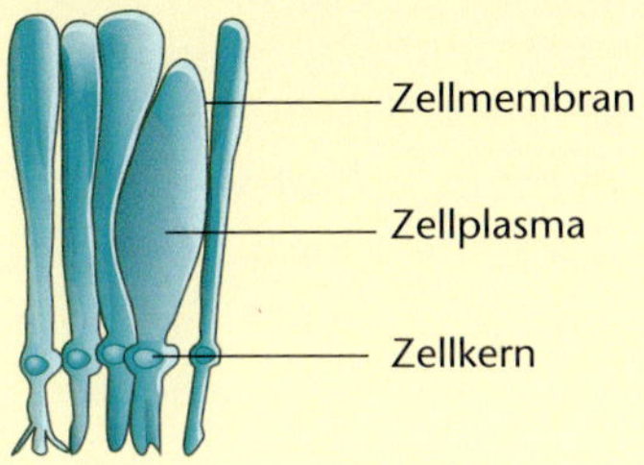

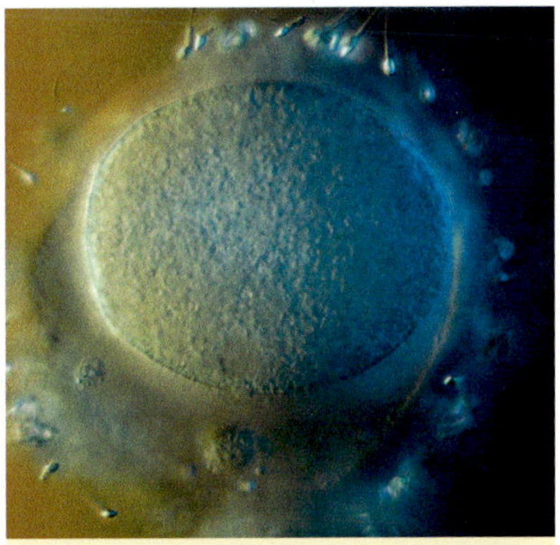

Geschlechtszellen sind auf Fortpflanzung spezialisiert.

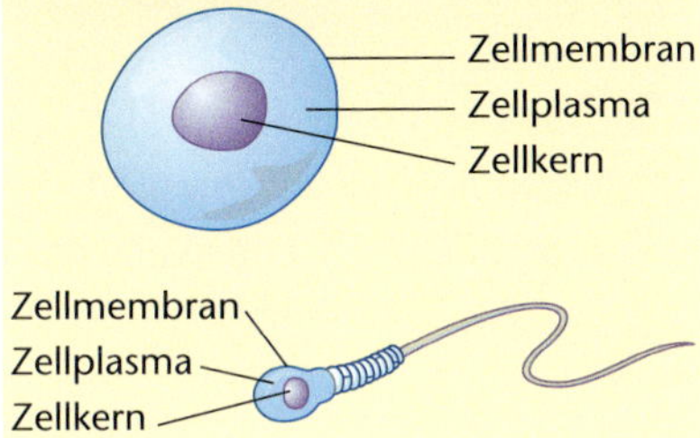

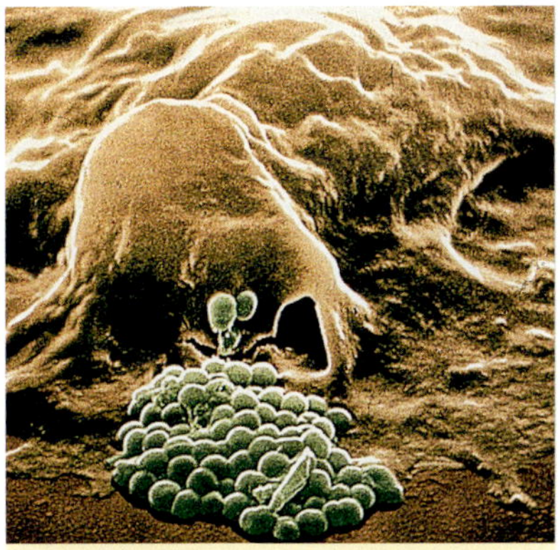

Weiße Blutzellen sind auf die Abwehr von Fremdkörpern spezialisiert.

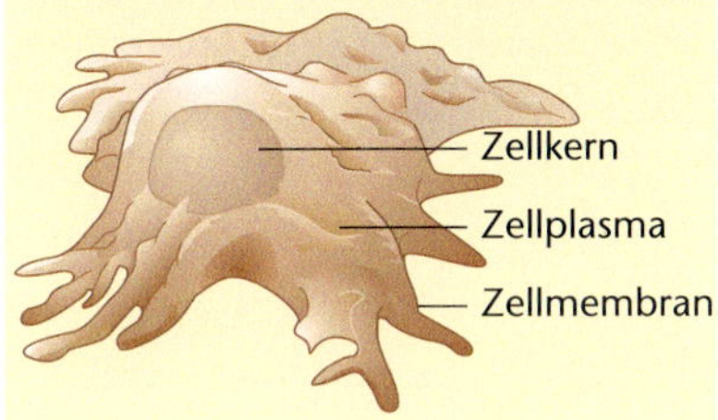

1 Gemeinsamkeiten und Unterschiede. Betrachte die verschiedenen spezialisierten Zellen in Abbildung 1. Stelle Gemeinsamkeiten und Unterschiede bezüglich des Aufbaus und der Funktion in einer Tabelle heraus.

2 Von der Zelle zum Organismus. Ordne die folgenden Begriffe vergleichbar der Abbildung 2 an. Beginne mit den drei Zellen: Mensch, Sinneszelle, Immunsystem, Muskel, Netzhaut, Nervensystem, Skelettmuskel, weiße Blutzelle, Auge, Bewegungssystem, Muskelzelle, Blut.

3 System. Lies dir die Definition des Begriffs „System" in Abbildung 3 aufmerksam durch.
a) Begründe, ob es sich bei einem Organsystem um ein offenes oder ein geschlossenes System handelt.
b) Übertrage anschließend die Definition auf den Begriff Organsystem (Abb. 2).

Unter einem System (griech. systema: aus mehreren Teilen zusammengesetztes Ganzes) versteht man einen ganzheitlichen Zusammenhang zwischen Dingen, Vorgängen und Teilen.

Man unterscheidet grundsätzlich zwischen offenen und geschlossenen Systemen. Ein geschlossenes System zeichnet sich dadurch aus, dass es von der Umgebung stofflich isoliert ist. Das kann man näherungsweise mit einer Flüssigkeit in einer geschlossenen Flasche vergleichen. Das System kann lediglich Energie, z. B. in Form von Wärme, mit der Umgebung austauschen.

In einem offenen System können neben der Energie auch Stoffe zwischen dem System und der Umgebung ausgetauscht werden. So ist z. B. eine Pflanze ein offenes System, da sie mit ihren Wurzeln Wasser aus dem Boden und mit den Blättern Kohlenstoffdioxid aus der Luft aufnimmt sowie durch die Fotosynthese Sauerstoff an die Luft wieder abgibt.

3 *Definition: System*

1.3 Prokaryoten-Zellen und Eukaryoten-Zellen

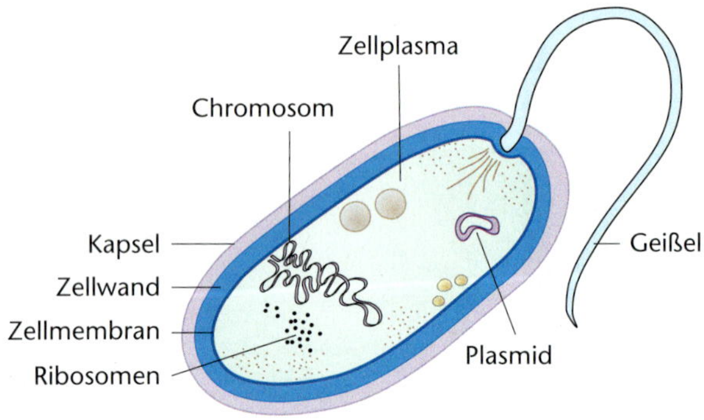

1 *Zelle eines Prokaryoten*

Alle Lebewesen sind aus Zellen aufgebaut. Manche bestehen nur aus einer Zelle. Seit fast vier Milliarden Jahren sind Zellen die Grundeinheiten aller Lebewesen. Zellen weisen eine Reihe von Gemeinsamkeiten auf.

- Alle Zellen gehen aus Zellen hervor.
- Zellen sind von einer Zellmembran umgeben, durch die sie gegen die Umgebung abgegrenzt sind.
- Zellen haben Stoffwechsel. Sie nehmen Stoffe aus der Umgebung durch die Zellmembran auf, wandeln sie um und geben Stoffe an die Umgebung ab.
- Alle Zellen benötigen andauernd Energie.
- Mit wenigen Ausnahmen hat jede Zelle mindestens einen kompletten Satz an Erbanlagen, das Genom. Es ist der Informationsspeicher für Bau und Funktionen einer Zelle.

Man unterscheidet bei Zellen zwei große Gruppen, die Prokaryoten und die Eukaryoten. **Prokaryoten** sind Bakterien. Sie waren die ersten Lebewesen auf der Erde und sind heute weit verbreitet. Die Prokaryoten-Zelle enthält keinen Zellkern und keine Zellorganellen (Abb. 1). Die Erbinformationen befinden sich in Form eines ringförmigen Chromosoms, dem Bakterien-Chromosom, im Zellplasma. Daneben gibt es häufig kleine Ringe, die Plasmide, die ebenfalls Erbinformationen enthalten. Die Zellwand verleiht der Zelle Stabilität. Sie ist bei den Bakterien allerdings anders zusammengesetzt und aufgebaut wie die Zellwand der Pflanzen. Manche Bakterien besitzen eine äußere Kapsel aus klebrigem Schleim. Damit heften sie sich an Gegenstände und Zellen.

Eukaryoten sind Lebewesen mit Zellen, die einen Zellkern und Zellorganellen enthalten. Zu den Eukaryoten zählen alle Einzeller mit Zellkern sowie Pilze, Pflanzen, Tiere und der Mensch (Abb. 2, 3). Im Zellplasma der Eukaryoten-Zelle befinden sich zahlreiche durch Membranen abgegrenzte Räume. Diese membranumgrenzten Räume bezeichnet man auch als Kompartimente oder Zellorganellen. Unter Kompartimentierung versteht man eine räumliche Aufteilung. In den Zellorganellen finden jeweils bestimmte Stoffwechselvorgänge statt. Die Aufteilung in Zellorganellen ermöglicht, dass verschiedene chemische Reaktionen und Vorgänge getrennt voneinander ablaufen können und sich dadurch nicht gegenseitig stören.

Der Zellkern hat eine Doppelmembran mit Poren. Im Zellkern befinden sich die Erbanlagen. Unter anderem werden auf Anweisungen aus dem Zellkern an den Ribosomen Proteine gebildet. Ausgedehnte Membransysteme sind das Endoplasmatische Retikulum (ER) und der Golgi-Apparat. Sie dienen dem Aufbau, der Speicherung und dem Austausch von Stoffen. In Vesikeln werden Stoffe innerhalb der Zelle transportiert oder zur Zellmembran gebracht, wo sie nach außen abgegeben werden. Die Mitochondrien und die pflanzlichen Chloroplasten sind jeweils von Doppelmembranen umgeben. Mitochondrien und Chloroplasten sind Orte der Energieumwandlung. In den Mitochondrien findet die Zellatmung statt. Mithilfe von Sauerstoff, also aerob, wird energiereiche Glucose vollständig zu den energiearmen Stoffen Kohlenstoffdioxid und Wasser abgebaut. Dabei wird die chemische Energie der Glucose in eine für die Zelle nutzbare Form chemischer Energie und in Wärme umgewandelt. In Chloroplasten findet die Fotosynthese statt. Pflanzliche Zellen besitzen eine stabilisierende Zellwand aus Cellulose (Abb. 3). Die Vakuole dient der Speicherung von Salzen und Farbstoffen.

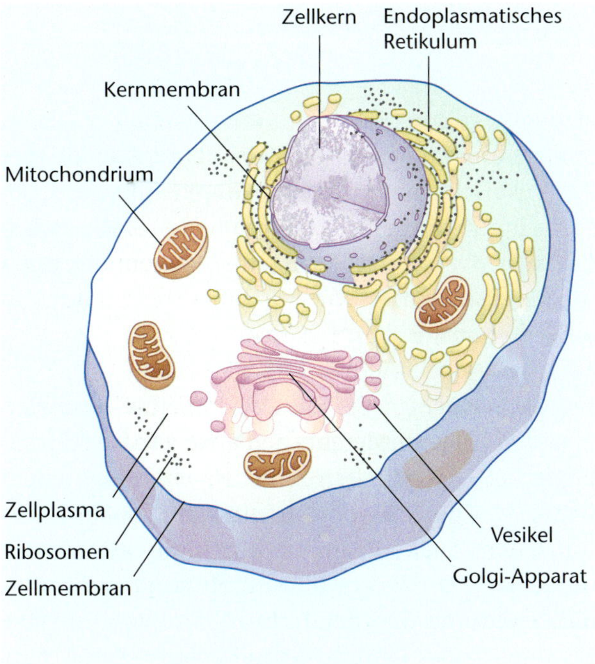

2 *Schema einer Tierzelle nach elektronenmikroskopischen Aufnahmen*

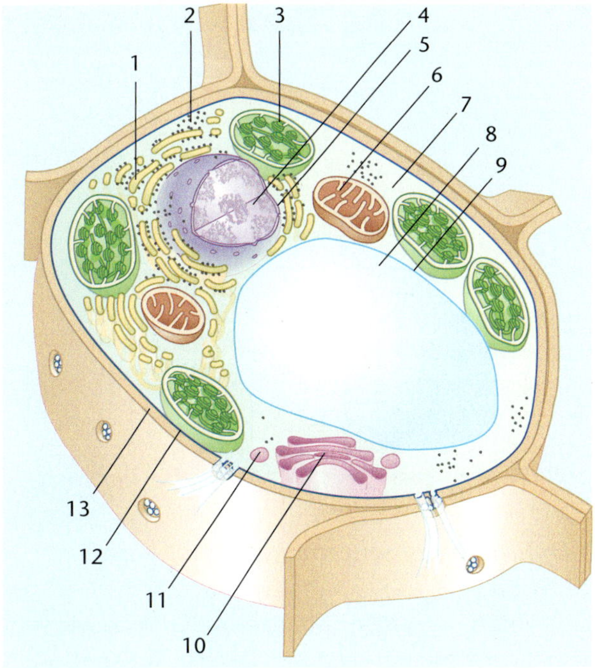

3 *Schema einer Pflanzenzelle nach elektronenmikroskopischen Aufnahmen*

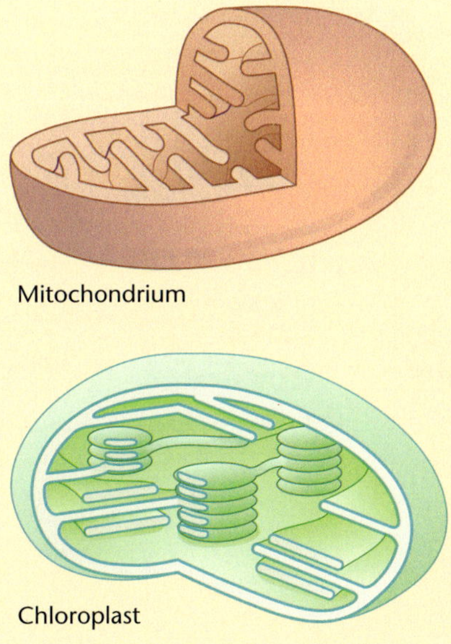

- Gesamtfläche aller Zellmembranen der Leberzellen eines erwachsenen Menschen: 355 m²
- Gesamtfläche des endoplasmatischen Retikulums aller Leberzellen eines erwachsenen Menschen: 7875 m²

4 *Beispiele für Oberflächenvergrößerung bei Eukaryoten*

1 Pflanzenzelle – Beispiel für eine eukaryotische Zelle. Ordne den Ziffern in Abbildung 3 in deinem Heft die richtigen Begriffe zu. Gib auch die Funktion der Zellorganellen der Pflanzenzelle an.

2 Vergleich: prokaryotische und eukaryotische Zellen. Erstelle anhand der Abbildungen 1 bis 3 sowie des Grundwissentextes einen tabellarischen Vergleich von Bakterienzelle, Tierzelle und Pflanzenzelle.

3 Zellen, Zellorganellen und das Prinzip der Oberflächenvergrößerung. Im Gegensatz zu prokaryotischen Zellen haben eukaryotische Zellen umfangreiche innere Membransysteme mit einer großen Oberfläche (Abb. 4). Entwickelt unter Bezug auf den Grundwissentext und Abbildung 4 begründete Vermutungen über die Bedeutung großer innerer Flächen.

1.4 Stofftransport durch Diffusion und Osmose

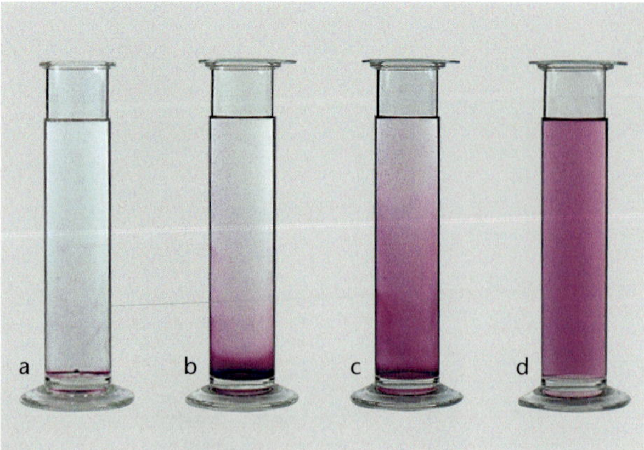

1 *Diffusion: Kaliumpermanganat in Wasser*

Gibt man in einen Standzylinder Wasser und Zuckerkristalle, so setzt sich der Zucker am Boden ab. Nach einiger Zeit ist der Zucker gelöst und das ganze Wasser schmeckt süß. Der Zucker hat sich gleichmäßig verteilt. Es ist ein Konzentrationsausgleich eingetreten. Den Vorgang, der zu diesem Konzentrationsausgleich führt, nennt man **Diffusion** (Abb. 1, 2). Die Diffusion ist auf ständige Bewegung von Molekülen in Flüssigkeiten und Gasen zurückzuführen. Sie sorgt innerhalb der Zelle dafür, dass Stoffe gleichmäßig im Cytoplasma verteilt werden.

Eine Zelle nimmt Stoffe, vor allem Wasser, aus ihrer Umgebung auf und gibt Stoffe ab. Auch die Organellen tauschen Stoffe mit dem Cytoplasma aus. Ihre Membranen sind für bestimmte Stoffe durchlässig, sie sind **permeabel.** Zellmembranen sind nicht für alle Stoffe durchlässig. Sie haben eine unterschiedliche Durchlässigkeit für verschiedene Stoffe, man sagt Zellmembranen sind **selektiv-permeable** Membranen.

Ein großer Teil des Stoffaustausches erfolgt mithilfe der Diffusion durch Zellmembranen. Bei diesem Stoffaustausch spielen die Konzentrationsunterschiede eines Stoffes beiderseits der Membran eine große Rolle. Dabei wird die Konzentration als die Anzahl gelöster Teilchen eines Stoffes in einer Volumeneinheit Wasser gemessen. Befindet sich ein gelöster Stoff innerhalb einer Zelle in einer höheren Konzentration als außerhalb der Zelle, spricht man von einer **hypertonischen** Lösung im Zellinnern. Außerhalb der Zelle befindet sich der gelöste Stoff entsprechend in einer niedrigeren Konzentration, man spricht dann von einer **hypotonischen** Lösung.

Die Schweinsblase ist mit einer selektiv-permeablen Membran vergleichbar, die für Wasser durchlässig ist, für Zuckermoleküle allerdings nicht (Abb. 3). Die Schweinsblase ist mit einer hypertonischen Zuckerlösung gefüllt und von Wasser umgeben. Das Wasser diffundiert von der hypotonischen durch die Membran in die hypertonische Lösung. Diese Diffusion von Wasser durch eine selektiv-permeable Membran bezeichnet man als **Osmose.** Osmose spielt bei der Wasseraufnahme von Pflanzen durch die Wurzeln eine entscheidende Rolle.

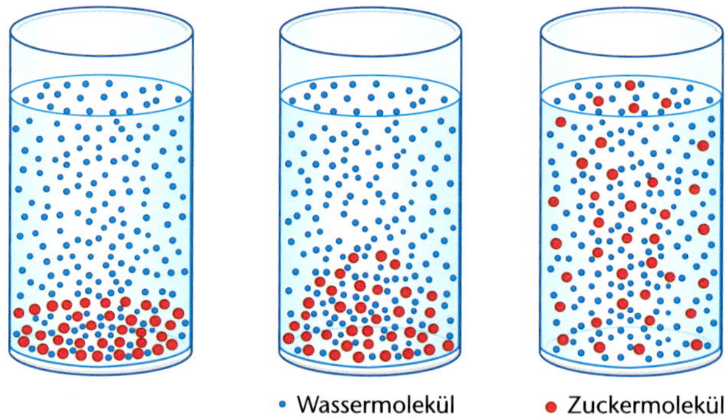

2 *Diffusion*

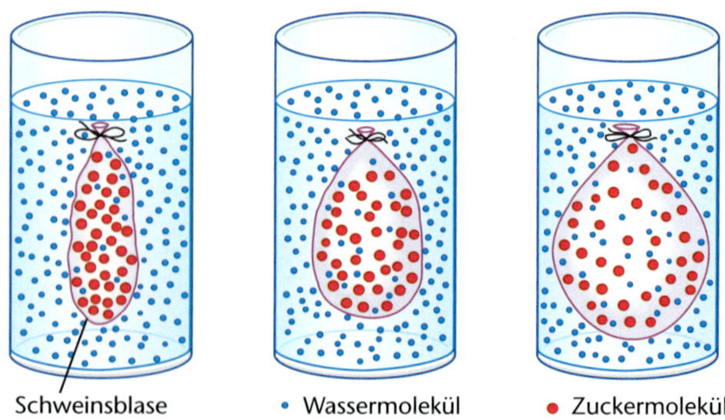

3 *Osmose*

4 *Teebeutel im Wasser*

1 Versuch: Teebeutel in verschieden heißem Wasser. Fülle ein Becherglas mit 200 ml kochendem Wasser und ein Becherglas mit kaltem Wasser. Bestücke dann jedes Becherglas mit einem Teebeutel, gefüllt mit schwarzem Tee (Abb. 4). Notiere deine Beobachtungen in den nächsten 10 Minuten. Erkläre deine Beobachtungen.

2 Quantitativer Modellversuch. Ein Gefäß ist durch eine dünne Membran in zwei Hälften geteilt. Links befindet sich eine Zuckerlösung, rechts reines Wasser (Abb. 5). Die Membran ist sowohl für Wassermoleküle als auch für Zuckermoleküle permeabel. Zu Beginn des Versuches befinden sich auf der linken Seite 10 000 Zuckermoleküle, auf der rechten Seite keines. Die Zuckermoleküle bewegen sich und gelangen auf diese Weise auf die rechte Seite. Angenommen, in einer Sekunde passieren stets 10 % der Zuckermoleküle die Membran: Nach einer Sekunde sind also auf der linken Seite nur noch 9000 Zuckermoleküle, auf der rechten Seite 1000. In der 2. Sekunde gelangen 10 % der Zuckermoleküle von links nach rechts, gleichzeitig aber auch 10 % von rechts nach links. Die Gesamtanzahl bleibt stets konstant 10 000.
a) Übertrage die Tabelle in dein Heft und errechne die Anzahl der Zuckermoleküle auf der rechten und der linken Seite für die nächsten 20 Sekunden. Übertrage die Werte anschließend in ein Koordinatensystem.
b) Welcher Vorgang ist in diesem Modellversuch abgelaufen? Begründe deine Entscheidung.

3 Kirschbauern im Regen. Die Erntezeit für Süßkirschen ist von Mitte Juni bis Ende Juli. In dieser Zeit fürchten Kirschbauern weniger die Vögel, die sich an ihrer Ernte zu schaffen machen könnten, sondern vielmehr ausgiebigen und lange anhaltenden Regen. Erkläre mithilfe des Textes auf der Grundwissenseite die Furcht der Kirschbauern vor dem Regen. Was könnte mit ihrer Ernte passieren?

4 Pantoffeltierchen aus dem Meer. Einer der bekanntesten Einzeller ist das Pantoffeltierchen. Man findet es sowohl in Gewässern mit Süßwasser als auch im Meer. Erläutere die Folgen für ein Pantoffeltierchen, wenn es aus dem Meerwasser in Süßwasser gesetzt wird.

5 Physiologische Kochsalzlösung. Bei schweren Unfällen wird einem Verletzten, der große Mengen Blut verloren hat, physiologische Kochsalzlösung in die Venen gegeben.
Diese Kochsalzlösung hat eine Konzentration von 0,9 %, das entspricht genau der Konzentration von gelösten Stoffen im Blut.
a) Notiere begründete Vermutungen, warum eine physiologische Kochsalzlösung hilfreich ist, wenn keine Blutkonserven zur Verfügung stehen.
b) Erläutere die Folgen für den Patienten, wenn eine niedriger oder höher konzentrierte Kochsalzlösung gegeben würde?

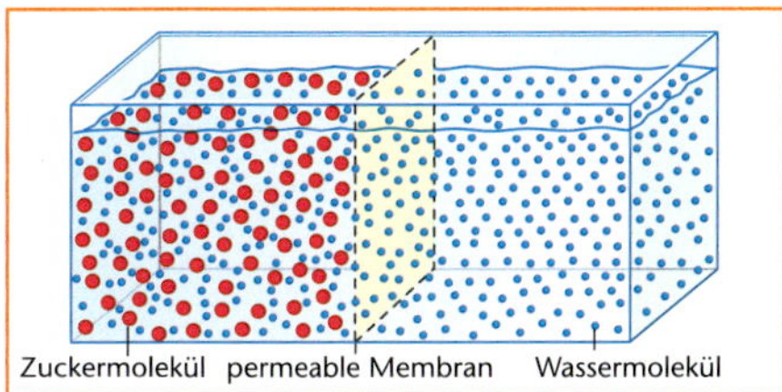

Zeit in sek.	linke Seite	rechte Seite	Differenz
0	10 000	0	10 000
1	9000	1000	8000
2	8200	1800	6400
3	...	...	...

5 *Versuchsaufbau und Messwerte zum quantitativen Modellversuch*

Zusammenfassung zum Thema „Zellen"

Die nachfolgenden Sachverhalte stammen aus dem Kapitel „Zellen". Die Nummerierung ist willkürlich und gibt keine Rangfolge an.

1. Zellen sind die Grundeinheiten aller Lebewesen.

2. Prokaryoten sind Bakterien. Prokaryotische Zellen enthalten im Gegensatz zu eukaryotischen Zellen keinen Zellkern und keine Zellorganellen.

3. In Pflanzen- und Tierzellen befinden sich durch Membranen abgegrenzte Funktionseinheiten, die Zellorganellen. Unter anderem der Zellkern, Chloroplasten und Mitochondrien. Durch die räumliche Aufteilung können unterschiedliche Stoffwechselvorgänge arbeitsteilig nebeneinander in einer Zelle stattfinden, ohne sich gegenseitig zu stören.

4. Zellen sind von einer Membran umgeben, durch die bestimmte Stoffe aufgenommen und abgegeben werden. Stoffumwandlung findet im Inneren einer Zelle statt. Mit der Nahrung aufgenommene Nährstoffe werden zum Aufbau körpereigener Stoffe und zur Energiebereitstellung verwertet.

5. Pflanzenzellen besitzen eine Zellwand, die aus Cellulose aufgebaut ist. Dadurch erhält eine Pflanzenzelle ihre Stabilität.

6. Im Zellkern befindet sich die Erbinformation in Form von DNA. Der Zellkern steuert die Lebensvorgänge einer Zelle.

7. In den Mitochondrien finden wichtige Schritte der Zellatmung, in den Chloroplasten die Fotosynthese statt. Bei beiden Zellorganellen ist die innere Membran stark aufgefaltet, so dass eine verhältnismäßig große Fläche vorliegt. Dadurch kann der Stoffwechsel intensiver stattfinden. Man spricht vom Prinzip der Oberflächenvergrößerung.

8. Vielzellige Lebewesen wie der Mensch bestehen aus spezialisierten Zellen, zum Beispiel Nervenzellen, Muskelzellen, rote Blutzellen, weiße Blutzellen und Geschlechtszellen. Spezialisierte Zellen sind so gebaut, dass sie eine bestimmte Aufgabe erfüllen können. In einem Vielzeller arbeiten spezialisierte Zellen arbeitsteilig zusammen.

9. Wenn sich gleichartig spezialisierte Zellen zusammenschließen, spricht man von einem Gewebe. Erfüllen mehrere Gewebe gemeinsam eine Aufgabe oder mehrere Aufgaben, spricht man von einem Organ. Alle Gewebe und Organe ergänzen sich in ihren Funktionen und bilden den Organismus.

10. Eine Zelle nimmt Stoffe aus ihrer Umgebung auf und gibt Stoffe an die Umgebung ab. Zellmembranen sind für manche Stoffe durchlässig, für andere aber nicht. Daher spricht man von einer selektiven Permeabilität der Membranen.

11. Diffusion beruht auf der ständigen Bewegung von Molekülen in Flüssigkeiten und Gasen. Dabei diffundiert ein Stoff entlang des Konzentrationsgefälles vom Bereich hoher in den Bereich niedriger Konzentration bis zum Konzentrationsausgleich.

12. Osmose heißt die Diffusion von Wasser durch eine selektiv-permeable Membran in den Bereich höherer Konzentration gelöster Stoffe.

1 **Aufgabe:** Ordne jedem dieser Sachverhalte ein Basiskonzept oder mehrere Basiskonzepte zu. Die Basiskonzepte sind in diesem Buch auf der Methodenseite „Arbeiten mit Basiskonzepten" erläutert. Begründe die von dir gewählte Zuordnung.

Zellen

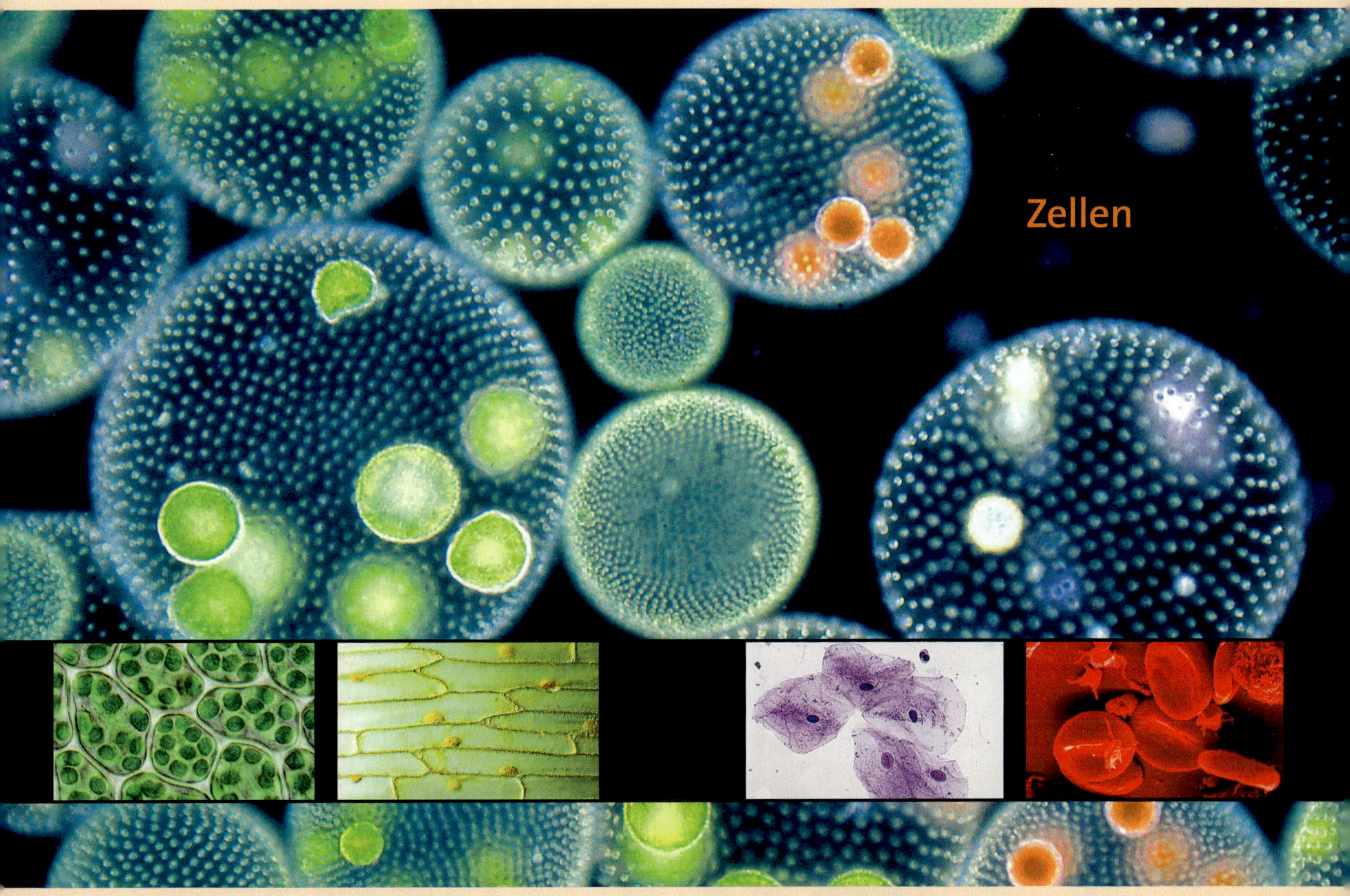

Vererbung

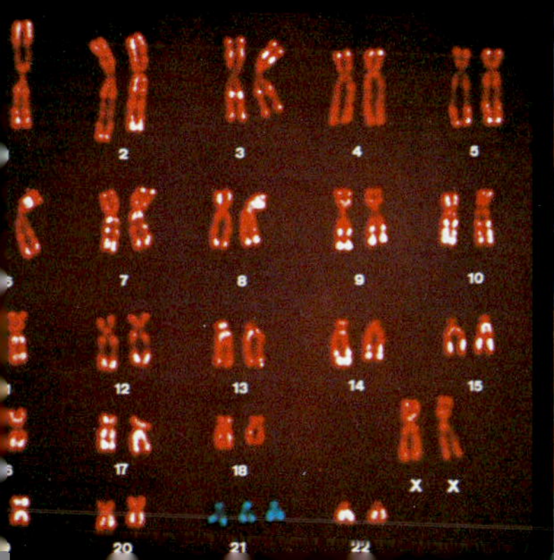

2 Grundlagen der Vererbung

2.1 Die Bedeutung des Zellkerns

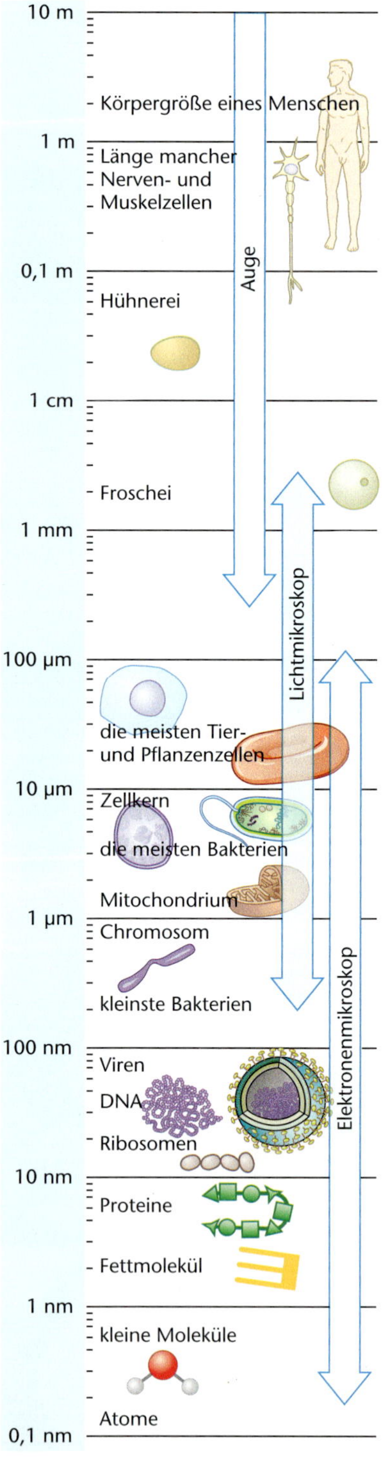

1 *Größenvergleich*

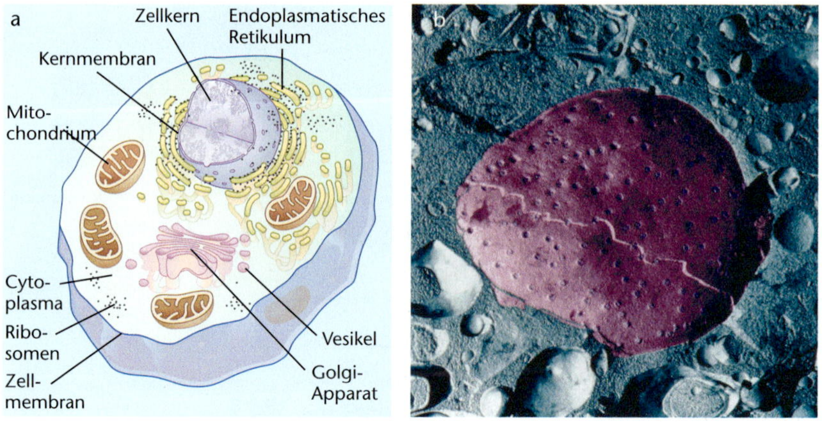

2 *a) Tierzelle mit Zellkern, b) angefärbter Zellkern mit Kernporen*

Alle Lebewesen mit einem Zellkern nennt man **Eukaryoten.** Im Zellkern, der von einer Membran umgeben ist, sind alle Erbinformationen gespeichert. Dazu gehören die Bauanleitungen für die Zellen und die Entwicklung des Körpers, die Informationen für den Stoffwechsel und für die Fortpflanzung. Jede Körperzelle eines Lebewesens enthält die gleichen Erbinformationen, die bereits im Zellkern der Zygote enthalten waren. Die Körperzellen eines Lebewesens sind untereinander erbgleich. Jede Zelle mit Zellkern enthält die Gesamtheit der Erbinformationen eines Lebewesens. Man bezeichnet die Gesamtheit der Erbinformationen eines Lebewesen als **Genom.**

Die Träger der Erbinformationen im Zellkern sind die Chromosomen. Sie bestehen unter anderem aus Desoxyribonukleinsäure, die abgekürzt als **DNA** (engl. deoxyribonucleic acid) bezeichnet wird. Die DNA ist ein langes, spiralig aufgebautes Molekül. Jedes einzelne Chromosom besteht aus einem DNA-Molekül.

Der Stoffwechsel in den Zellen wird durch die DNA gesteuert. Sie bestimmt, welche Stoffwechselvorgänge in der Zelle gerade ablaufen sollen. Dazu wird die benötigte Erbinformation im Zellkern gelesen und in Form von beweglichen Molekülen gespeichert. Diese gelangen durch Poren in der Kernhülle ins Cytoplasma und zu den Zellorganellen, wo die entsprechenden Stoffwechselreaktionen eingeleitet werden. Umgekehrt gelangen auch Informationen durch die Kernhülle in den Zellkern. Es findet also ein ständiger Informationsfluss zwischen der Steuerzentrale, dem Zellkern, und der übrigen Zelle statt. Auf diese Weise kann ein geregelter Ablauf aller Stoffwechselreaktionen erfolgen.

1 Größenvergleiche. Berechne unter Bezug auf Abbildung 1, wie groß ein Mensch (1,75 m) sein müsste, wenn ein Zellkern (9 µm Durchmesser) so groß wie ein Tennisball (Durchmesser 10 cm) wäre.

2 Versuche an Krallenfröschen. 1966 wurden die in Abbildung 4 dargestellten Versuche durchgeführt. Beschreibe die Versuche. Werte die Versuche in Hinblick auf die Bedeutung des Zellkerns aus.

3 Versuche mit Acetabularia. Die einzelligen Algen der Gattung Acetabularia bestehen aus einer „Wurzelregion", die den Zellkern enthält, einem Stiel und einem Schirm. Die einzelnen Arten unterscheiden sich in der Form des Schirms. Junge Algen besitzen noch keinen Schirm. Mit den in Abbildung 5 dargestellten Experimenten untersuchten Wissenschaftler die Regenerationsfähigkeit der Alge Acetabularia mediterranea.
Beschreibe die in der Abbildung 5a dargestellten Versuche. Stelle eine begründete Hypothese auf, die das unterschiedliche Regenerationsvermögen der einzelnen Algenteile in Teil a des Experiments erklären kann. Überprüfe, ob deine Hypothese das Versuchsergebnis von Experiment b schlüssig erklären kann. Begründe deine Ansicht.

4 Kombinationsversuche mit Acetabularia. In Abbildung 6 ist ein Versuch beschrieben, in dem Algenteile verschiedener Acetabularia-Arten kombiniert wurden. Stelle eine Hypothese auf, wie die Ergebnisse zu erklären sind.

3 *Acetabularia*

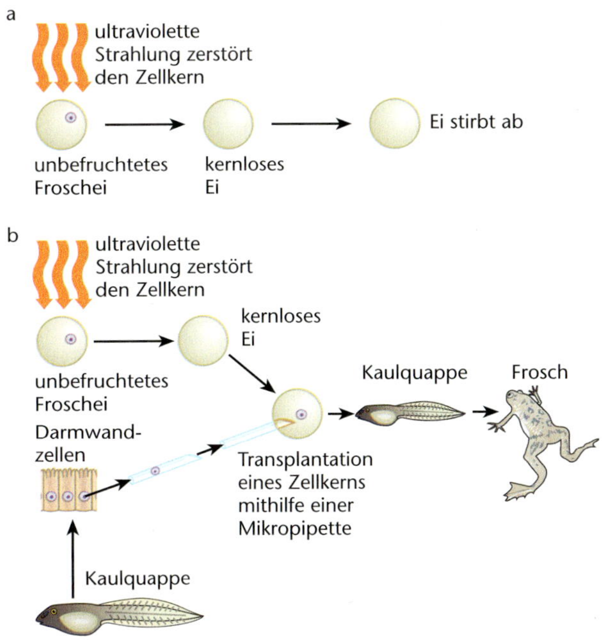

4 *Versuche an Krallenfröschen*

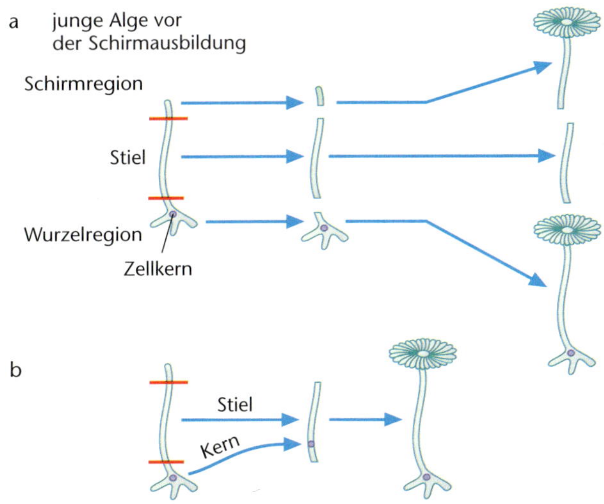

5 *Regenerationsversuche mit Acetabularia*

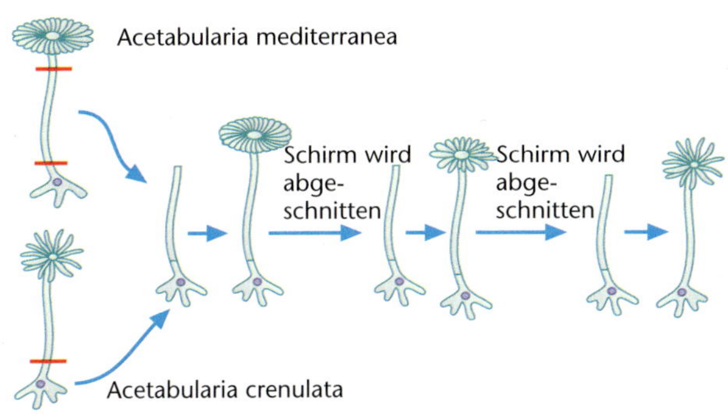

6 *Kombinationsversuche mit Acetabularia-Arten*

2.2 Chromosomen als Träger der Erbinformation

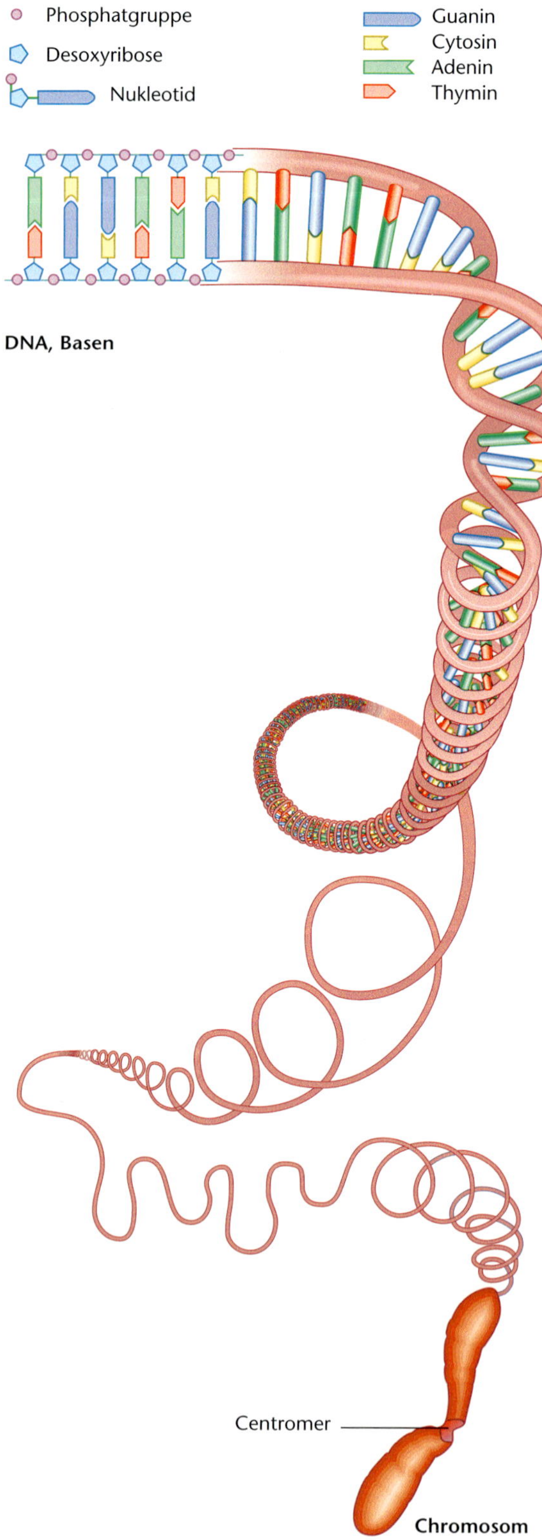

1 *Aufbau eines Chromosoms*

Jedes einzelne Chromosom besteht aus einem DNA-Molekül. Die **DNA** ist ein langes, spiralig aufgebautes Molekül aus vielen Bausteinen, den Nukleotiden. Jedes Nukleotid besteht aus einer Phosphatgruppe, dem Zucker Desoxyribose und einer Base. Es gibt vier verschiedene Basen, von denen jeweils zwei von ihrer Form zueinander passen (Abb. 1). Die Nukleotide sind paarweise angeordnet, so dass zwei zueinander passende Basen sich gegenüberstehen. Sie bilden die Sprossen einer Leiter, deren Holme aus den Phosphatgruppen und Zuckerbausteinen der Nukleotide bestehen. Diese Leiter ist wie eine verdrehte Strickleiter gewunden. In der Reihenfolge der Basenpaare im DNA-Molekül ist die Erbinformation codiert. Die einzelnen DNA-Moleküle unterscheiden sich in der Anzahl und Abfolge ihrer Basenpaare.

Normalerweise liegt die DNA als sehr langes Molekül im Zellkern. Vor der Zellteilung rollt sich die DNA auf, so dass sie im Lichtmikroskop sichtbar wird (Abb. 1). Jedes DNA Molekül entspricht einem **Chromosom.** Nach der Zellteilung nimmt die DNA wieder die fädige Form an.

Der Mensch besitzt in jeder Körperzelle 46 Chromosomen. Davon sind 22 je zwei Mal vorhanden. Sie heißen **Autosomen.** Die beiden Chromosomen dieser Chromosomenpaare werden als **homologe Chromosomen** bezeichnet. Hinzu kommen Chromosomen, die das Geschlecht des Menschen bestimmen. Sie heißen daher Geschlechtschromosomen oder **Gonosomen.** Bei den Gonosomen unterscheidet man X- und Y-Chromosomen. Frauen und Mädchen besitzen zwei X-Chromosomen, Männer und Jungen haben ein X-Chromosom und ein Y-Chromosom. Bei jedem Autosomenpaar stammt ein Chromosom von der Mutter und eines vom Vater. Auch von den beiden Gonosomen stammt eines von der Mutter und eines vom Vater. Die Körperzellen des Menschen haben also einen doppelten Chromosomensatz: 2 x 22 + XX bei einer Frau und 2 x 22 + XY bei einem Mann. Zellkerne mit einem doppelten Chromosomensatz nennt man **diploid.** Eizellen und Spermazellen haben von jedem Chromosomenpaar entweder nur das Chromosom von der Mutter oder das vom Vater. Sie haben nur einen einfachen Chromosomensatz, der aus 23 Chromosomen besteht. Man bezeichnet solche Zellen als **haploid.**

Vor einer Zellteilung verdoppelt sich jedes DNA-Molekül, wobei die beiden DNA-Moleküle völlig gleich sind. An einem Punkt berühren sie sich. Man nennt diese Stelle Centromer (Abb. 1). Zu Beginn einer Zellteilung haben die Chromosomen daher ein x-förmiges Aussehen. Sie bestehen dann aus zwei zusammengerollten DNA-Molekülen. Es sind zwei Chromosomen, die an einer Stelle, dem Centromer, zusammenhängen. Man bezeichnet sie in dieser Form als **Doppelchromosom.**

Die Zahl der Chromosomen des einfachen Chromosomensatzes einer Zelle bezeichnet man mit n.

Körperzellen		Geschlechtszellen
direkt vor der Zellteilung	zwischen zwei Zellteilungen	
46 Doppelchromosomen	46 Chromosomen	23 Chromosomen

2 *Übersicht Chromosomenzahl*

Beim Menschen ist n = 23. Körperzellen besitzen von jedem Chromosom ein Exemplar von der Mutter und eines vom Vater. Ihr Chromosomensatz beträgt 2n. Vor der Zellteilung hat sich jedes DNA-Molekül verdoppelt. Die so entstandenen DNA-Moleküle bilden ein Doppelchromosom. Durch Kern- und Zellteilung werden die Chromosomen so verteilt, dass jede Tochterzelle den diploiden Chromosomensatz mit 2n hat.

a Während der Zellteilung werden die Chromosomen im Lichtmikroskop sichtbar. Sie liegen dann als Doppelchromosomen vor. Jedes Doppelchromosom ist zweifach vorhanden. Die Chromosomen werden fotografiert und ausgeschnitten. Anschließend ordnet man sie nach Form und Größe. Die jeweils gleichen Chromosomen werden dabei nebeneinander gelegt. Man nennt diese Zusammenstellung der Chromosomen Karyogramm. So kann man feststellen, ob alle Chromosomen vollständig sind und auch in der richtigen Anzahl vorliegen. Manche Krankheiten beruhen auf einer Abweichung der Chromosomenzahl oder darauf, dass einzelne Stücke eines Chromosoms fehlen.

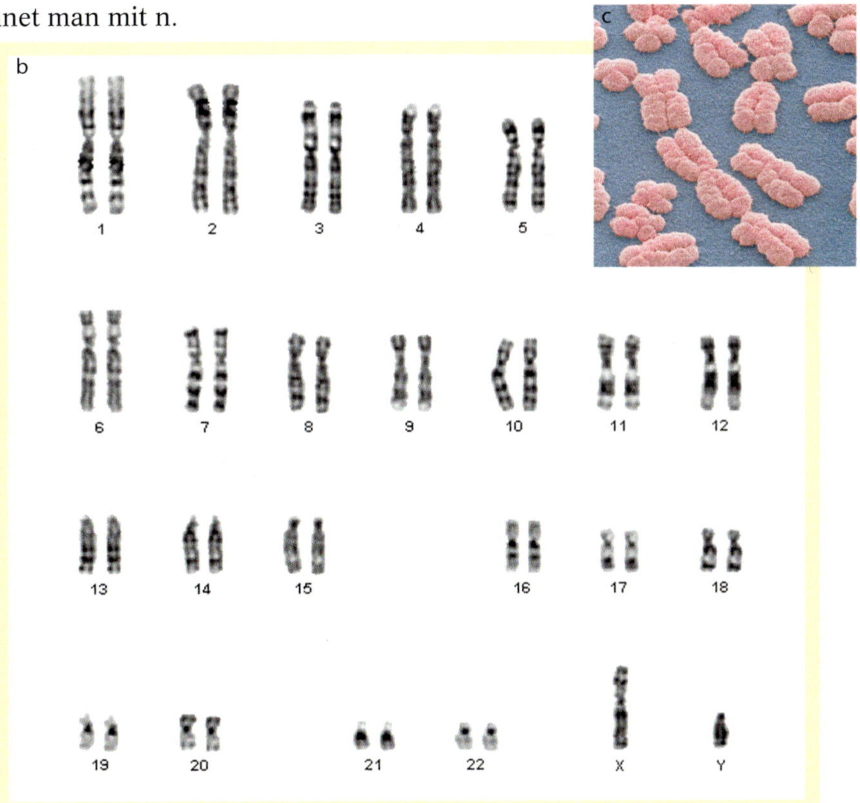

3 *a) Entstehung eines Karyogramms des Menschen, b) geordnetes Karyogramm, c) Ausschnitt aus einem ungeordneten Karyogramm*

2.3 Mitose

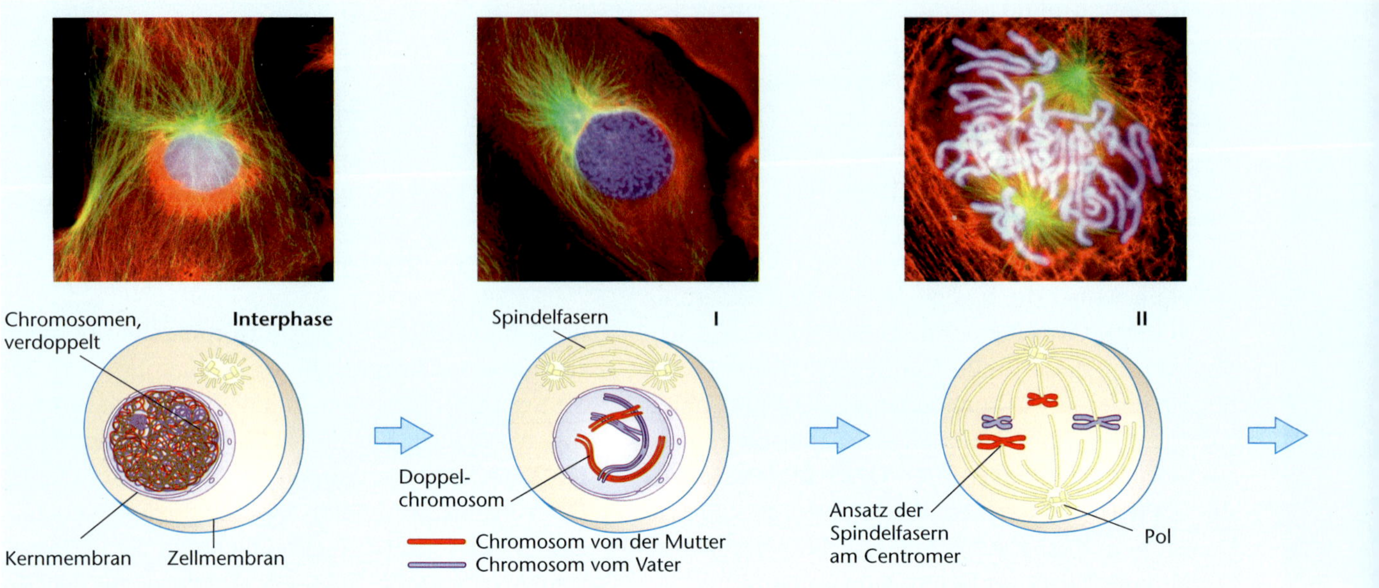

1 *Ablauf der Mitose*

Nach jeder Zellteilung haben die beiden neu entstandenen Zellen die gleiche Erbinformation wie die Zelle, aus der sie hervorgingen. Man spricht von **erbgleicher Teilung**. Die Vorgänge in der Zelle von einer Zellteilung bis zur nächsten bezeichnet man als **Zellzyklus.** Im Zellzyklus unterscheidet man **Mitose** und **Interphase.**

Die **Mitose** wird in folgende Phasen unterteilt (Abb. 1).

- I: Zu Beginn der Mitose wird die Membran des Zellkerns aufgelöst. Die DNA wird aufgerollt, die Doppelchromosomen werden im Lichtmikroskop sichtbar. Die Spindelfasern entstehen.
- II, III: Die Chromosomen sind in der Zellmitte in einer Ebene angeordnet und mit den Spindelfasern verbunden.
- IV: Die Doppelchromosomen werden getrennt. Je eines der beiden identischen Chromosomen wandert nun mithilfe der Spindelfasern zu einem Pol.
- V: An jedem Pol wird eine neue Kernmembran gebildet, die die Chromosomen umschließt. Gleichzeitig verlieren die Chromosomen wieder ihre aufgerollte Struktur und können im Lichtmikroskop nicht mehr unterschieden werden. Das Cytoplasma wird auf die entstehenden Tochterzellen aufgeteilt; die Zellen durch Membranen vollständig getrennt. Es sind zwei Zellen mit gleichen Erbinformationen entstanden; die Mitose ist beendet.

In der folgenden **Interphase** wächst die Zelle und nimmt ihre Stoffwechselfunktion wahr. Während einer bestimmten Zeit in der Interphase findet die identische Verdopplung jedes Chromosoms, also jedes DNA-Moleküls, statt. Die beiden Chromosomen bleiben im Centromer verbunden. Damit ist der Ausgangszustand vor einer erneuten Mitose wieder erreicht.

Die Zunahme an Zellen während des Wachstums eines Lebewesens ist auf den Vorgang der Mitose zurückzuführen. Durch Mitose entstehen aus einer Zelle 2, 4, 8, 16, … erbgleiche Zellen.

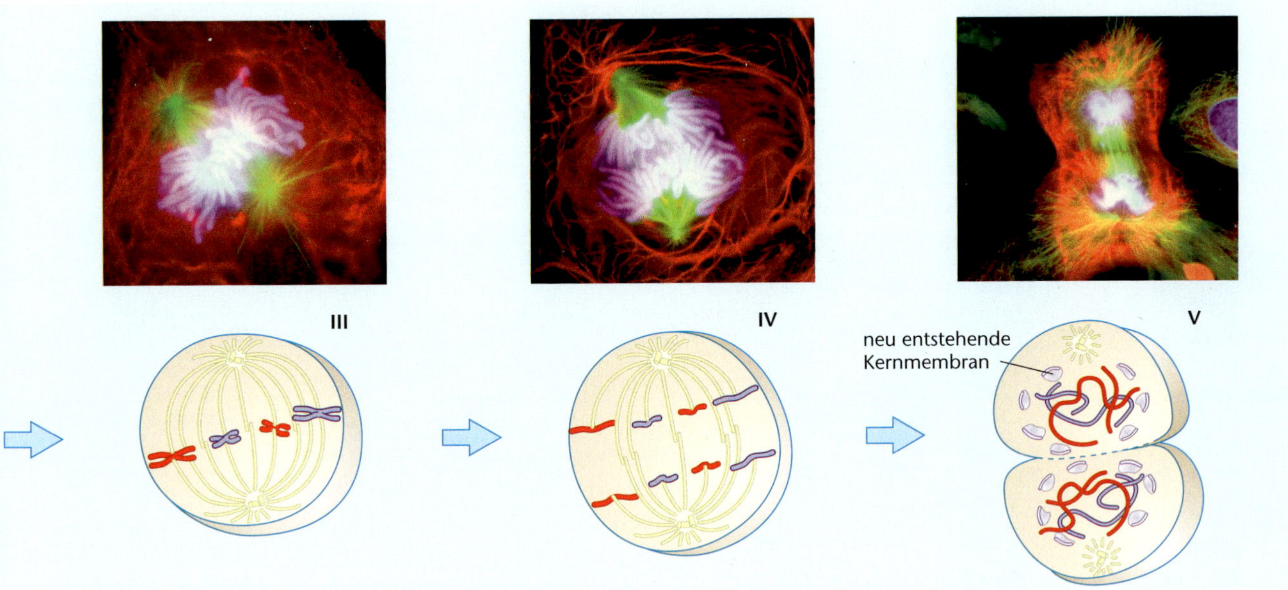

1 **Kurzvortrag Mitose.** Bereite einen Kurzvortrag von 3 bis 5 Minuten über die Mitose vor. Verwende dazu Abbildung 1.

2 **Zellen in der Mitose.** Ordne die Zellen in der Abbildung 2 den Phasen der Abbildung 1 zu. Begründe deine Zuordnung.

3 **Phasendauer im Zellzyklus.** Werte die Abbildung 3 aus.

4 **Mitose-Modelle planen und präsentieren.** Plant im Team die Darstellung der Mitose in Form eines Modells, das der Veranschaulichung dienen soll. Verständigt euch über Materialien und Vorgehensweise. Fertigt zusammen das Modell an und präsentiert es. Lasst euch von der Klasse zurückmelden, wie gut die Veranschaulichung der Mitose mit dem Modell gelungen ist.

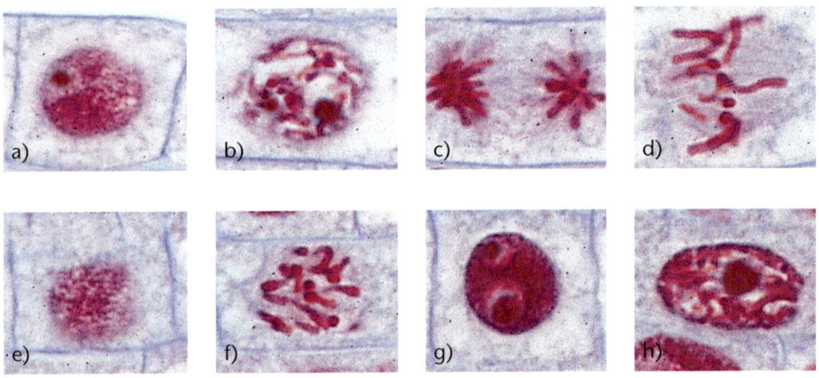

2 *Mitose in der Wurzelspitze einer Zwiebel*

Zelltyp	Interphase bis zur Verdoppelung der DNA	Dauer der Verdoppelung der DNA	Mitose
blutbildendes Knochenmark	2	8	0,7
Dünndarm	6	8	0,7
Dickdarm	22	8	0,7
Speiseröhre	170	8	0,7
Haut	989	8	0,7
Leber	9990	8	0,7

3 *Phasendauer im Zellzyklus in Stunden*

2.4 Meiose – Bildung der Geschlechtszellen

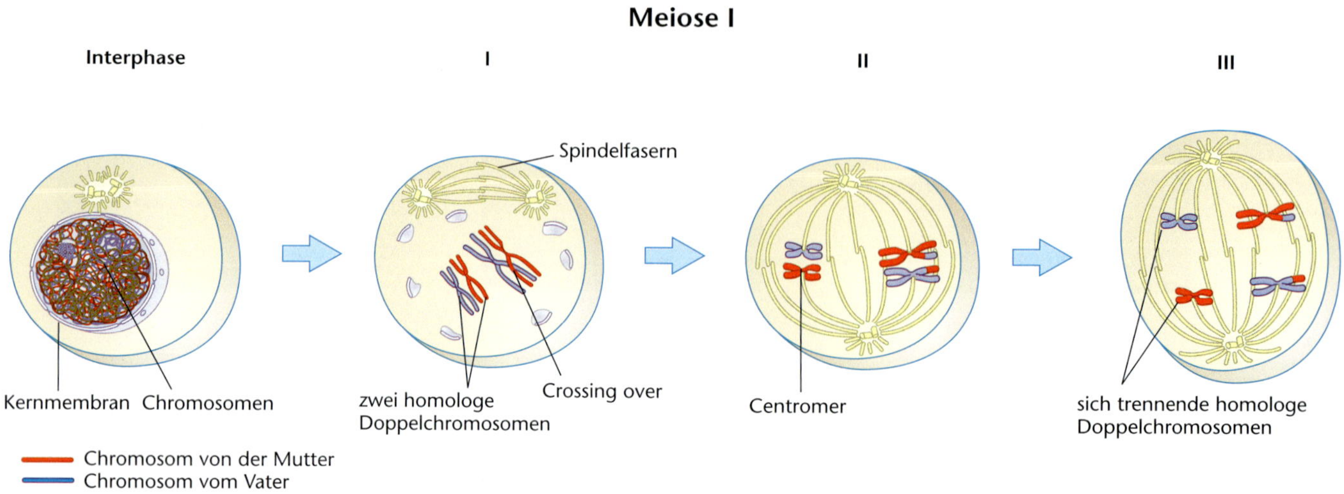

1 *Schematischer Ablauf der Meiose*

Der Vorgang, bei dem die Geschlechtszellen gebildet werden, heißt **Meiose.** Die Meiose findet bei der Frau in den Eierstöcken und beim Mann in den Hoden statt. Sie besteht immer aus zwei Teilungsschritten, der Meiose I und der Meiose II.

Zu Beginn der **Meiose I** hat die Verdopplung der DNA-Moleküle in der Ursprungszelle bereits stattgefunden. Jedes Chromosom liegt jetzt in Form von zwei homologen Doppelchromosomen vor (Abb. 1). In der Phase I lagern sich die homologen Doppelchromosomen zusammen. Man spricht von der Paarung der homologen Doppelchromosomen. Bei diesem Vorgang kann es vorkommen, dass einzelne Abschnitte der Doppelchromosomen ausgetauscht werden, so dass zum Beispiel ein Doppelchromosom vom Vater nun DNA-Abschnitte vom Doppelchromosom der Mutter enthält und umgekehrt. Den Vorgang bezeichnet man als Stückaustausch oder **Crossing over.** In den anschließenden Phasen II bis IV werden die Doppelchromosomen so auf die Tochterzellen verteilt, dass von jedem Paar Doppelchromosomen ein Exemplar in jeder Tochterzelle vorliegt. Dabei ist es völlig zufällig, ob das Doppelchromosom von der Mutter oder das vom Vater in die neue Zelle gelangt. Auch die beiden Gonosomen werden zufällig auf die beiden Tochterzellen verteilt. Die Zahl der Chromosomen wird bei dieser Teilung also halbiert. Es entstehen zwei Tochterzellen mit je einem Doppelchromosom (Phase V).

An diese erste Teilung schließt sich eine zweite Teilung an, die **Meiose II** (Abb. 1). In der Phase VI ordnen sich die Doppelchromosomen der Tochterzellen in der Mitte der Zelle an. Anschließend werden die einzelnen Chromosomen eines jeden Doppelchromosoms getrennt und zu den Zellpolen gezogen. Nach dem Ende der Teilung, Phase IX, liegen vier haploide Zellen vor. Diese Zellen besitzen nicht die gleichen Erbinformationen, da die Chromosomen vom Vater und der Mutter zufällig verteilt wurden.

Beim Mann entstehen aus den in der Meiose gebildeten Zellen die Spermien. Aus einer Ursprungszelle entstehen vier Spermien. Bei der Frau wird bei den Teilungen der Meiose das Zellplasma ungleich verteilt. Es entstehen aus der Ursprungszelle eine große Zelle, die zukünftige Eizelle, und drei sehr kleine Zellen, die nahezu kein Zellplasma enthalten. Man nennt sie Polkörperchen. Sie gehen später zugrunde. Bei der anschließenden Befruchtung verschmelzen Eizelle und Spermazelle. Es entsteht die diploide Zygote.

Meiose II

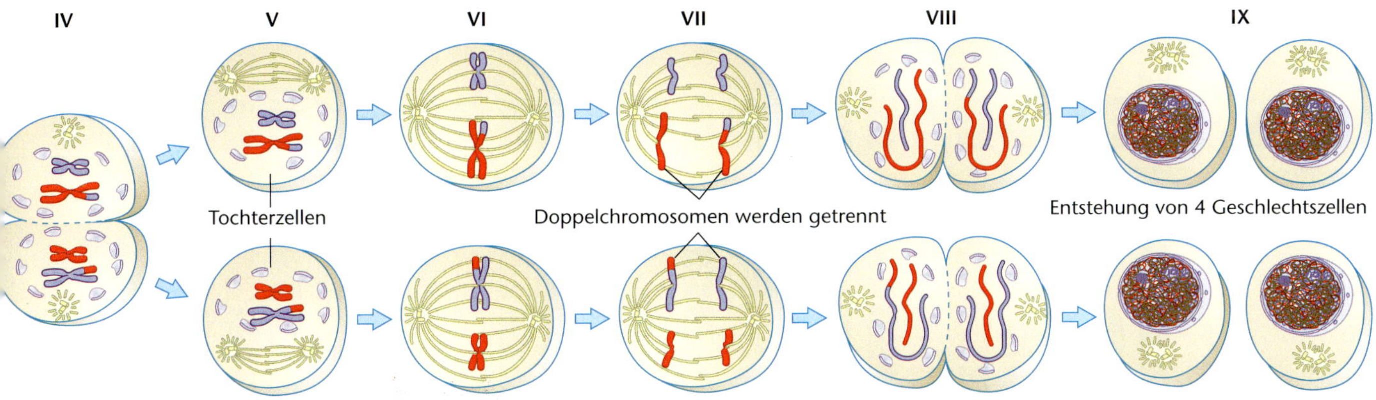

1 Meiose. Beschreibe den Ablauf der Meiose in eigenen Worten (Abb. 1). Gliedere deine Ausführungen.

2 Mitose/Meiose. Ordne die folgenden Begriffe und Aussagen der Mitose und/oder der Meiose zu.

A – erbgleiche Teilung
B – Verringerung der Chromosomenzahl
C – haploide Zellen
D – diploide Zellen
E – Centromer
F – Bildung von Geschlechtszellen
G – Crossing over
H – homologe Doppelchromosomen
I – Paarung homologer Doppelchromosomen
J – Eine neue Kernhülle wird gebildet.
K – DNA-Moleküle trennen sich.

3 Schema der Meiose. Zeichne ein Schema für die Meiose einer Zelle mit zwei verschiedenen Doppelchromosomen und Gonosomen wie in Abbildung 1. Ordne die Begriffe diploid und haploid den Abschnitten zu.

4 Geschlechtschromosomen. In welcher Phase der Meiose entscheidet sich, ob eine Spermazelle ein X oder ein Y-Chromosom enthält? Begründe deine Ansicht.

5 Zellteilungen im menschlichen Leben. Beschreibe die in Abbildung 2 dargelegten Vorgänge und gib für die Zellen 1–7 jeweils die Anzahl und Art der Chromosomen an.

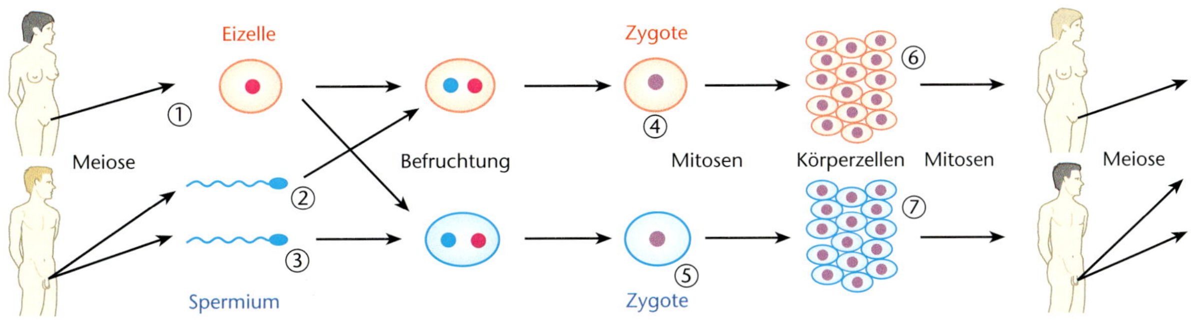

2 *Zellteilungen im menschlichen Leben*

2.5 Genetische Variabilität

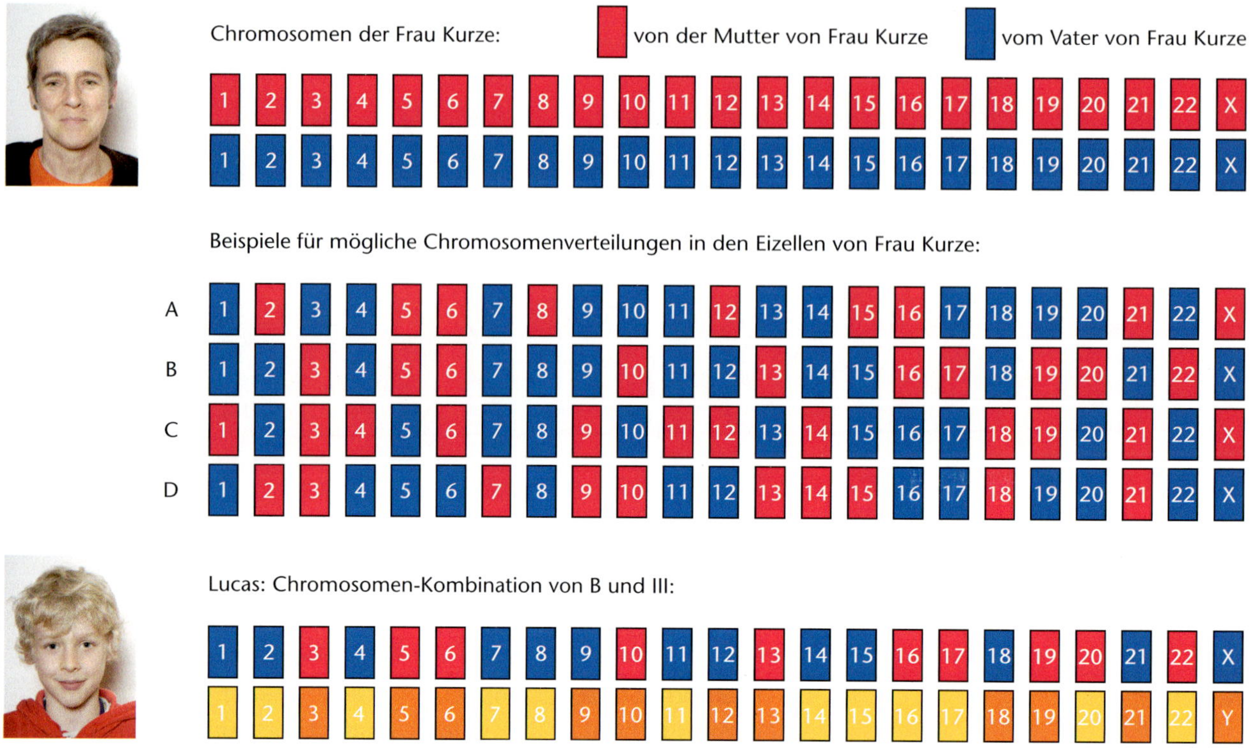

1 *Neukombination von Chromosomen bei der Bildung von Geschlechtszellen und der Befruchtung*

Die Körperzellen eines Menschen enthalten Chromosomen von dessen Mutter und Vater. In der Abbildung 1 ist vereinfacht davon ausgegangen, dass die Hälfte der Chromosomen von Frau Kurze von ihrer Mutter, die andere Hälfte von ihrem Vater stammen. Die Chromosomen werden bei der Bildung der Eizellen von Frau Kurze neu kombiniert, wobei eine unglaublich große Zahl von Kombinationsmöglichkeiten besteht (Abb. 1 A–D). Der gleiche Vorgang findet bei der Spermienbildung des Vaters statt (Abb. 1 I–IV). Durch die Befruchtung erfolgt anschließend die Kombination von mütterlichen und väterlichen Chromosomen in der Zygote. Die Zygote, und damit alle Zellen des daraus entstehenden Kindes, enthält so eine andere Kombination der Chromosomen als die Zellen der Eltern. Eine Neukombination erfolgt also sowohl bei der Bildung der Geschlechtszellen als auch bei der Befruchtung. Dadurch entsteht eine große Vielfalt, die auch **genetische Variabilität** genannt wird.

Alle Erbinformationen, die auf einem Chromosom liegen, werden gemeinsam vererbt. Sie stellen gewissermaßen ein Paket dar. Durch den Austausch von DNA zwischen homologen Doppelchromosomen beim Crossing over in der Meiose werden die Erbinformationen eines Chromosoms neu zusammengestellt. Dies hat zur Folge, dass dadurch die genetische Variabilität weiter erhöht wird.

Von Generation zu Generation hat die Fortpflanzung durch Geschlechtszellen zur Folge, dass die Erbinformationen neu gemischt werden. Es entstehen immer neue Kombinationen der Erbinformationen. Mit Ausnahme eineiiger Zwillinge haben alle Menschen neben gemeinsamen auch unterschiedliche Erbinformationen. Dies trifft auf alle Organismen zu, die sich geschlechtlich fortpflanzen. Infolge der unterschiedlichen Erbinformationen unterscheiden sich die einzelnen Individuen in ihren erblichen Eigenschaften.

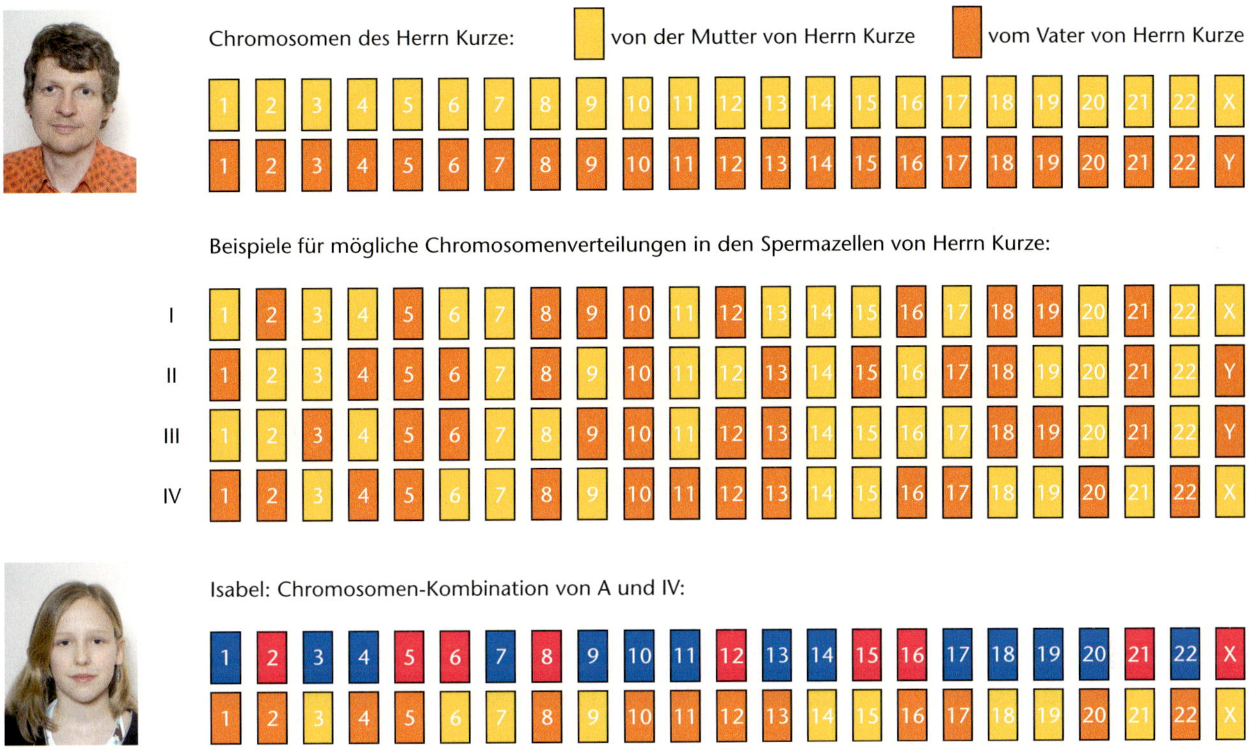

1 Kombinationsmöglichkeiten berechnen.
Die Zahl der Kombinationsmöglichkeiten der Chromosomen väterlicher und mütterlicher Herkunft bei der Bildung der Geschlechtszellen berechnet sich bei diploiden Organismen nach folgender Formel:

$x = 2^y$

wobei gilt:
x = Zahl der Kombinationsmöglichkeiten

$$y = \frac{\text{Gesamtzahl der Chromosomen}}{2}$$

Berechne für den Menschen und die in Abbildung 2 genannten Organismen die Zahl der Kombinationsmöglichkeiten.

2 Vergleich der Kinder.
a) Vergleiche die Chromosomen-Kombinationen der beiden in Abbildung 1 dargestellten Kinder.
b) Vergleiche die Chromosomen-Kombinationen von Geschwistern allgemein mit der von eineiigen Zwillingen.

3 Kombinationsmöglichkeiten von Chromosomen.
a) Frau und Herr Kurze erwarten ein weiteres Kind, einen Jungen. Zeichne unter Bezug auf Abbildung 1 eine Kombinationsmöglichkeit in dein Heft.
b) Zeichne zwei mögliche Chromosomenverteilungen in den Eizellen von Isabel in dein Heft.

Art	Anzahl (2n)
Regenwurm	32
Stechmücke	6
Karpfen	104
Rind	60
Erbse	14

2 *Chromosomenzahl (2n) einiger Lebewesen*

2.6 Gen – Protein – Merkmal

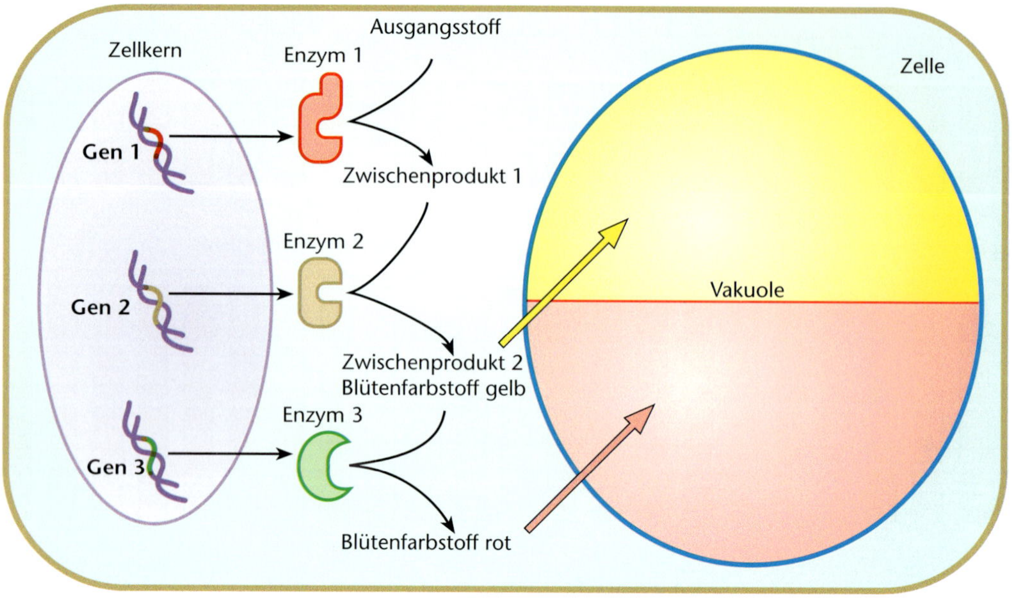

1 *Genwirkkette zur Blütenfarbe bei der Gauklerblume*

Verschiedene Zuchtsorten der Gauklerblume haben eine unterschiedliche Blütenfarbe (Abb. 1). Untersuchungen haben ergeben, dass die Blütenfarbe vom Bau eines DNA-Abschnittes in einem bestimmten Chromosom abhängt. Dieser Abschnitt ist für die Blütenfarbe zuständig.

Eine Funktionseinheit der DNA, die die Information für die Herstellung eines Proteins trägt, bezeichnet man als **Gen.** Das entsprechende Protein ist das zugehörige **Genprodukt.**

Eine große Gruppe der Proteine sind Enzyme, die Stoffwechselreaktionen katalysieren. Im Falle der Blütenfarbe der Gauklerblume ist in dem Gen die Information für die Bauanleitung eines Enzyms gespeichert. In den Zellen des Kronblattes wird dieses Enzym produziert. Zusammen mit anderen Enzymen bewirkt es, dass ein roter Farbstoff in der Zelle hergestellt wird. Der Farbstoff wird in der Vakuole der Zelle gespeichert und verleiht der Blüte die entsprechende Farbe. Die rote Farbe ist das für uns sichtbare **Merkmal.** In diesem Fall handelt es sich um ein erbliches Merkmal, weil es durch ein Gen bestimmt wird.

Häufig sind für die Ausbildung eines erblichen Merkmals mehrere Enzyme und damit die entsprechenden Gene erforderlich. So werden zur Herstellung des Blütenfarbstoffes bei der Gauklerblume mehrere Enzyme benötigt, weil die Synthese des Stoffes über mehrere Stufen verläuft. Jede Reaktion dieses Herstellungsprozesses wird von einem anderen Enzym katalysiert (Abb. 1). Im Falle der Gauklerblume ist nur die letzte Reaktion und damit nur ein Enzym verantwortlich, ob der hergestellte Farbstoff gelb oder rot aussieht. Die Abfolge von Stoffwechselreaktionen in dieser Art bezeichnet man als **Genwirkketten.** Das erbliche Merkmal, hier zum Beispiel die Blütenfarbe, ist das Ergebnis der Genwirkkette. Die Gene einer Genwirkkette müssen dabei nicht auf dem gleichen Chromosom liegen.

Die meisten Merkmale von Lebewesen sind nicht nur erblich bestimmt. Sie werden durch das Zusammenwirken von Genen und Umwelt bestimmt. Manche Merkmale eines Lebewesens werden nur durch die Umwelt beeinflusst.

A: Die Eizelle und der Pollen enthalten die Gene für die Gauklerblume. Nach der Befruchtung sind dadurch die Merkmale der Gauklerblume festgelegt. Die Gene sind damit der wichtigste Teil der Vererbung. Jedem Merkmal ist ein Gen zugeordnet, zum Beispiel das Merkmal „rote Blütenfarbe".

B: Bei der Gauklerblume gibt es rote Blüten und gelbe Blüten. Wenn man die Pflanzen kreuzt, kommt es darauf an, welche Merkmale aus dem Pollen kommen und welche aus der Eizelle. Wird die neue Blüte rot und stammte der Pollen von einer rot blühenden Pflanze, so stammt das Merkmal vom Pollen.

C: Häufig werden zur Ausbildung eines Merkmals viele Gene benötigt. Man spricht dann von einer Genwirkkette. Das ist auch bei der Blütenfarbe der Gauklerblume der Fall. Wenn nun ein Gen der Genwirkkette fehlt, so hat die Blume keine Blütenfarbe. Sie ist dann weiß, da das Merkmal „Blütenfarbe" nicht ausgebildet werden kann.

D: Auch bei der Blütenfarbe liegt eine Genwirkkette vor. Das Merkmal „rot" ist das Produkt dieser Kette, also das Genprodukt. Interessant ist bei der Züchtung, von welcher Elternpflanze die Genwirkkette vererbt wird. Sie bestimmt dann die Blütenfarbe.

E: Die Blütenfarbe ist bei der Bestäubung wichtig. Wenn eine Pflanze merkt, dass sie nicht von den Bienen bestäubt wird, ändert sie die Proteine, die die Genprodukte sind. So kann sie bestimmen, ob ihre Blüten rot oder gelb werden. Vielleicht kann die Pflanze ja auch aussuchen, welche Gene für sie besser sind.

2 *Aussagen – falsch oder richtig?*

Genwirkketten können wesentlich komplexer sein, als sie in Abbildung 1 dargestellt sind. So können aus einem Ausgangsstoff mehrere Zwischenprodukte entstehen oder mehrere Stoffe werden von einem Enzym zu einem neuen Stoff zusammengebaut.

Soll eine Genwirkkette erforscht werden, muss zunächst ermittelt werden, welche Stoffe und Gene daran beteiligt sind. Anschließend werden in einer Versuchsreihe die einzelnen Gene ausgeschaltet und jeweils überprüft, welche Stoffe noch von der Zelle gebildet werden können. Daraus lässt sich rekonstruieren, in welcher Reihenfolge die Stoffe durch die Genwirkkette gebildet werden.

Zerstörung von Gen	Stoffe, die nicht mehr gebildet werden
1	B, C, E, F
2	F
3	C, E, F
4	E, F
5	D, E, F

A = Ausgangsstoff; F = Endstoff; B, C, D, E = Zwischenprodukte

3 *Untersuchung einer Genwirkkette*

1 Genwirkkette.
a) Beschreibe die Genwirkkette in Abbildung 1.
b) Überlege, welche Folgen es in Hinblick auf das Merkmal Blütenfarbe hätte, wenn das Gen 3 in den Zellen der Blüte seine Funktion verlieren würde.

2 Sind die Aussagen richtig? Überprüfe anhand der Grundwissenseite, ob die Formulierungen in Abbildung 2 richtig sind. Begründe deine Entscheidung ausführlich. Berichtige die Aussagen in den Fällen, die du als nicht korrekt bewertet hast.

3 Erforschung einer Genwirkkette. Stelle aus den Angaben in Abbildung 3 eine mögliche Genwirkkette auf.

2.7 Gene können durch Mutationen verändert werden

1 *Normal gefärbter Tiger und weißer Tiger*

Die DNA kann durch Einflüsse von außen verändert werden. Solche Einflüsse sind zum Beispiel UV-Strahlung, radioaktive Strahlung, Röntgenstrahlung oder auch eine Reihe von Chemikalien, wie sie zum Beispiel im Zigarettenrauch enthalten sind. Manche Veränderungen der DNA erfolgen auch ohne erkennbare äußere Einwirkung. Heute weiß man, dass Veränderungen der DNA häufig vorkommen. Die Zelle verfügt über Mechanismen, die Veränderungen in der DNA reparieren können, doch nicht immer gelingt eine Reparatur. Bleibende Veränderungen der DNA nennt man **Mutationen.**

Wenn eine Körperzelle mutiert, kann das dazu führen, dass das entsprechende Genprodukt in dieser Zelle nicht mehr funktionstüchtig ist. Wird der Stoffwechsel der Zelle dadurch schwer gestört, stirbt die Zelle. Manche Mutationen haben keine Auswirkungen auf die Lebensfähigkeiten der Zelle. Mutationen in Körperzellen werden bei der Zellteilung an die Tochterzellen weitergegeben. Bei manchen Mutationen gerät die Steuerung der Zellteilung außer Kontrolle. Teilt sich die Zelle aufgrund solcher Mutationen immer weiter, kann ein Tumor entstehen. Mutationen von Körperzellen werden nicht vererbt.

Bei mehrzelligen Lebewesen wird eine Mutation nur dann an die Nachkommen übertragen, wenn die Mutation in einer Zelle stattfindet, aus der sich eine Geschlechtszelle bildet. Eine solche Zelle gehört der **Keimbahn** an. Darunter versteht man die Abfolge derjenigen Zellen, ausgehend von der Zygote, aus denen sich schließlich die Geschlechtszellen entwickeln (Abb. 3). Werden Mutationen durch die Geschlechtszellen weitergegeben, besitzen alle Körperzellen des neuen Lebewesens diese veränderte Erbinformation. So fehlt dem Tiger in Abbildung 1 der rote Farbstoff im gesamten Fell.

Mutationen können nachteilig, vorteilhaft oder ohne erkennbare Auswirkungen sein. Mutationen tragen zur genetischen Variabilität einer Art bei. Bei Veränderungen der Umwelt hat möglicherweise ein Individuum mit einer solchen Mutation einen Überlebensvorteil, während andere Individuen mit der Veränderung nicht zurechtkommen. Mutationen sind in der Geschichte der Lebewesen, der Evolution, eine Ursache für Neues.

2 *Schneehase im Winter und im Sommer*

1 Diploide Organismen. Begründe, warum bei diploiden Organismen eine Fehlfunktion nicht immer auftritt, obwohl die Mutation, die diese Fehlfunktion zur Folge hat, auf einem Chromosom vorhanden ist.

2 Bedeutung von Mutationen in der Evolution. Der Schneehase ist mit dem Feldhasen eng verwandt; er stammt wahrscheinlich von ihm ab. Er lebt im hohen Norden in schneereichen Gebieten. Im Gegensatz zum Feldhasen hat er im Winter ein weißes Fell (Abb. 2). Stelle eine begründete Hypothese zur Entstehung der weißen Fellfarbe beim Schneehasen auf.

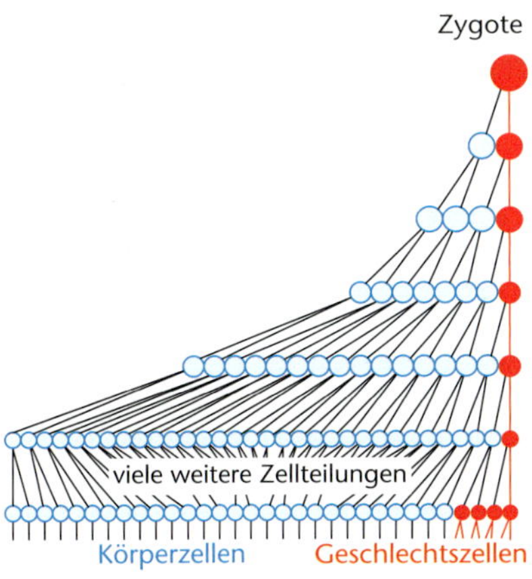

3 *Keimbahn*

3 Bedeutung von Mutationen in der Ökologie. Nach wiederholtem Einsatz von Insektiziden beobachtet man häufig, dass die bekämpften Insekten wieder an Zahl zunehmen, nun aber gegen das Insektengift resistent sind. Abbildung 4 zeigt die Vorgänge, die dazu führen. Beschreibe diese Vorgänge. Erläutere die Rolle von Mutationen dabei.

4 Bedeutung von Mutationen in der Medizin. Abbildung 5 zeigt den typischen Verlauf der Behandlung eines Aids-Patienten mit dem Medikament 3TC, das die Vermehrung von HI-Viren verhindern soll. Interpretiere die Abbildung und nimm zur Anwendung des Medikaments in der Aids-Therapie Stellung.

5 Röntgen. Begründe, warum beim Röntgen besonders die Geschlechtsorgane durch Blei abgeschirmt werden und man Schwangere nicht röntgt.

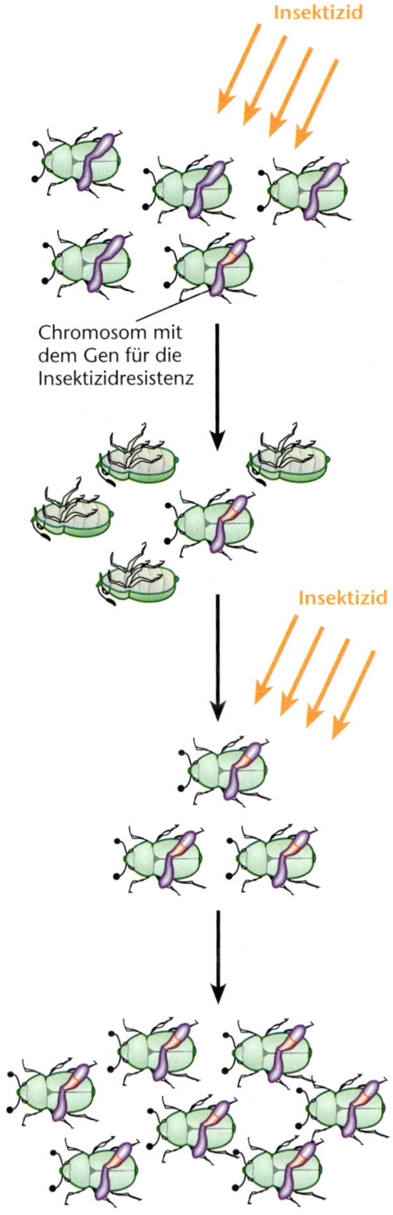

4 *Resistenzbildung bei Insekten*

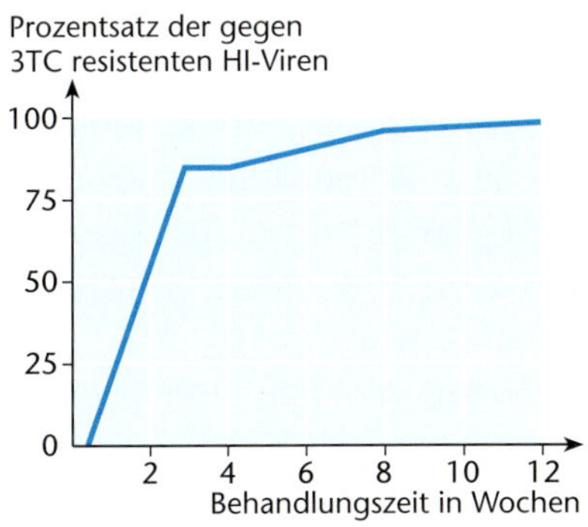

5 *Behandlungsergebnis von Aids-Patienten mit 3TC*

2.8 Gene können an- und abgeschaltet werden

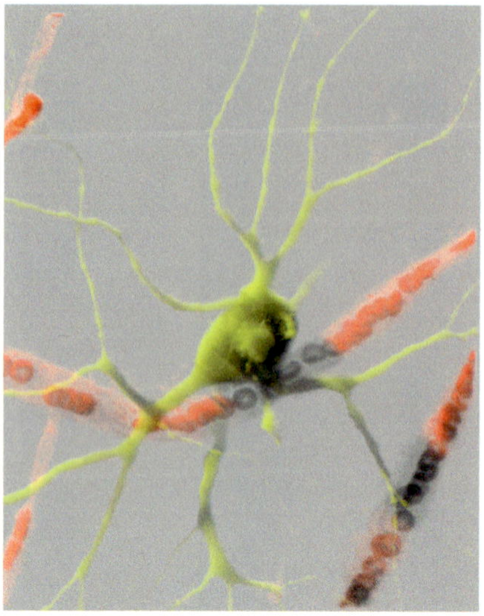

1 *Nervenzelle des Menschen mit Blutkapillaren und Roten Blutkörperchen*

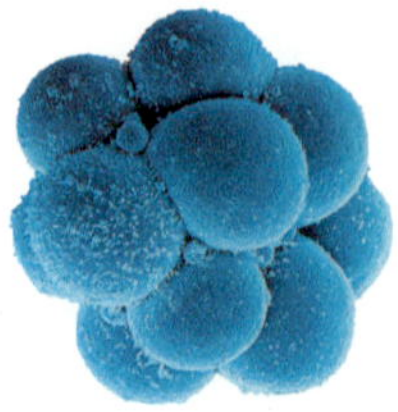

2 *Menschlicher Embryo einige Stunden nach der Befruchtung*

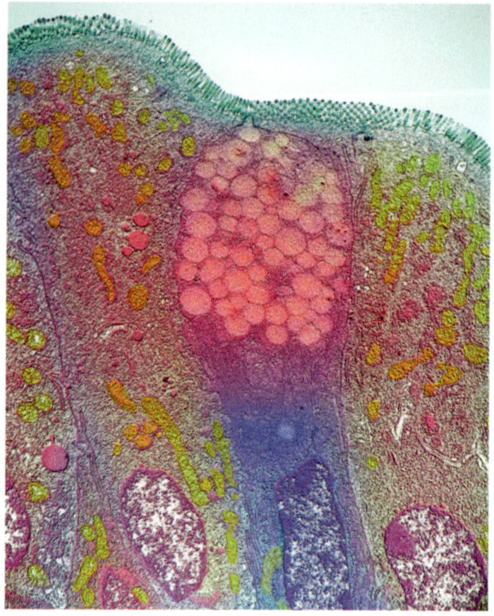

3 *Darmzellen des Menschen. Eine Becherzelle produziert Schleim (rosa Kreise), der in den Darm abgegeben wird.*

Beim Menschen entsteht, wie bei allen mehrzelligen Organismen aus der Zygote ein vollständiger Organismus. Die ersten Zellen in der Entwicklung sind noch gleich gebaut. Je weiter die Embryonalentwicklung fortschreitet, umso mehr verschiedenartige Zelltypen entstehen. Man nennt diese Vorgänge **Zelldifferenzierung.** Je nach Entwicklungsstadium und Ort im Organismus werden in den verschiedenen Zellen einzelne Gene an- oder abgeschaltet. Nur bei aktiven Genen werden die Informationen abgelesen und die entsprechenden Proteine beziehungsweise Enzyme hergestellt. Dadurch wird die Entwicklung der Zelle gesteuert. Ob eine Drüsenzelle oder eine Nervenzelle entsteht, hängt davon ab, welche Gene in der Zelle aktiv sind.

Während der Zelldifferenzierung wird in den verschiedenen Zellen ein Teil der Gene dauerhaft abgeschaltet. Diese Zellen können dann keine andere Funktion mehr wahrnehmen. Nur einige spezielle Zellen können auf alle Gene zurückgreifen. Man nennt sie **Stammzellen.** Stammzellen spielen eine große Rolle bei der Erneuerung von Organen und zum Beispiel bei der Heilung nach Verletzungen.

Die Zellen eines Organs haben eine bestimmte Aufgabe. Dafür laufen in den Zellen bestimmte Stoffwechselreaktionen ab, zum Beispiel produziert eine Darmzelle bei Bedarf Verdauungsenzyme. Die dazu benötigten Enzyme werden von der Zelle hergestellt. Die entsprechenden Gene für die Enzymherstellung werden in Darmzellen nach Bedarf an- und abgeschaltet. Zellen können auch auf äußere Einflüsse reagieren. So produzieren Hautzellen nach UV-Bestrahlung verstärkt Melanin, das die Haut dunkler färbt und einen Schutz vor erneuter UV-Einstrahlung bietet. Für die Melaninproduktion werden Gene aktiviert und später wieder abgeschaltet. Auch Krankheiten verursachen in Zellen, zum Beispiel in Zellen des Immunsystems, eine veränderte Genaktivität. Die Genaktivität hängt also auch von der Umwelt ab.

4 *Stammesgeschichtliche alte Merkmale treten manchmal wieder auf*

1 Gedankenmodell: „Genombuch". Ein Buch mit vielen Kapiteln, das eine Fülle von Informationen über Arbeitsabläufe enthält, stellt ein Modell für die Arbeitsweise der Gene dar. Das Buch wird von Personen mit unterschiedlichen Arbeitsbereichen genutzt. Einige Einführungskapitel werden von allen Personen gelesen, die weiteren Kapitel nur, soweit sie zu den eigenen Arbeitsbereichen gehören. Vergleiche die Arbeitsweise der Gene mit diesem Modell. Gehe dabei auf die Spezialisierung von Zellen ein. Was kann das Modell leisten und wie könnte es verbessert werden?

2 Proteine im Erbsenkeimling. Werte die Abbildung 5 aus und setze die Ergebnisse der Untersuchung in Beziehung zum Grundwissentext.

3 Gene in der Entwicklung des Grasfrosches. Werte die Abbildung 6 aus und setze die Ergebnisse des Versuches in Beziehung zu den Aussagen des Grundwissentextes.

4 „Rückschläge" der Evolution. In seltenen Fällen findet man bei Menschen Körpermerkmale, die man als „Rückschläge" der Evolution ansieht. Ein Beispiel dafür ist eine fellartige Körperbehaarung bei manchen Menschen (Abb. 4). Versuche, das Auftreten dieses Merkmals mithilfe des Grundwissentextes zu erklären.

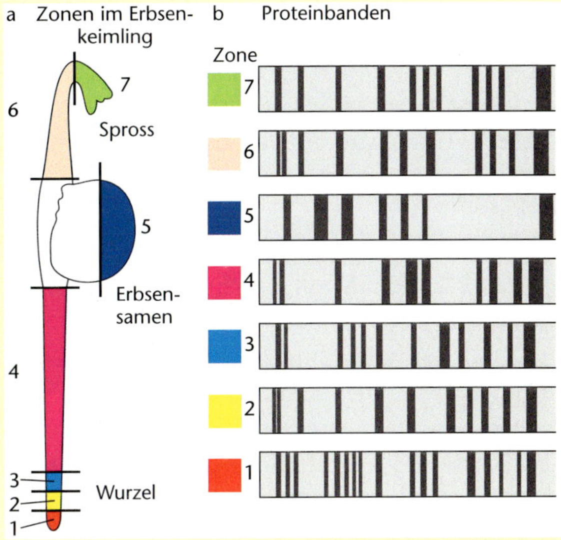

Bei einem Erbsenkeimling wurden Gewebeproben aus den verschiedenen Zonen entnommen und auf Proteine untersucht. Bei der Untersuchungsmethode steht in der Übersicht in b jede Bande für ein Protein. Banden, die in der Abbildung 5 b vertikal übereinanderstehen, repräsentieren gleiche Proteine.

5 *Proteine im Erbsenkeimling*

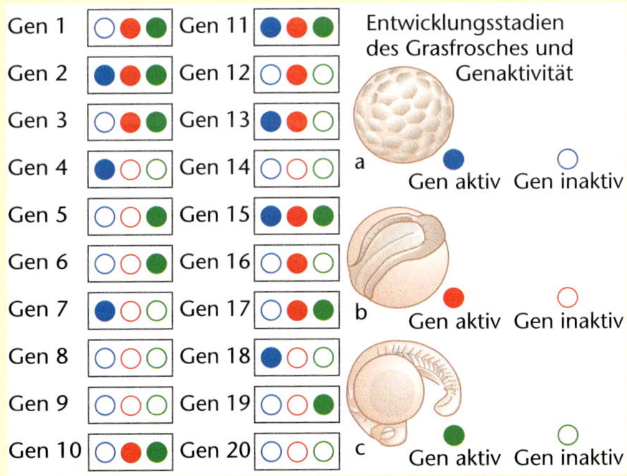

Im Versuch wurde die Aktivität von 20 Genen in Zellen der gleichen Region während der Grasfroschentwicklung untersucht. Die Aktivität jedes der 20 Gene ist in den drei Entwicklungsstadien durch drei unterschiedliche Farben dargestellt.

6 *Genaktivität beim Grasfrosch*

3 Regeln der Vererbung

3.1 Gregor Mendels Versuche zur Vererbung

GREGOR MENDEL (1822–1884), ein Augustinermönch, hat als erster genauere Erkenntnisse darüber gewonnen, wie es zur Ähnlichkeit zwischen Eltern und ihren Nachkommen kommt (Abb. 1). Er nutzte für seine Untersuchungen Erbsenpflanzen. MENDEL säte in mehreren Versuchen gelbe und grüne Erbsensamen aus. Die Pflanzen wuchsen heran und entwickelten Blüten (Abb. 3). Bei der Bestäubung der Blüten gelangt unter natürlichen Bedingungen nur Pollen der eigenen Blüte auf die Narbe. Dieser Vorgang wird **Selbstbestäubung** genannt. Nach der Befruchtung entwickeln sich die Samen, die man Erbsen nennt. Sie liegen in einer Hülse (Abb. 3). Einige der Erbsenpflanzen, die sich bei MENDELs Versuchen entwickelten, enthielten in der Hülse gelbe und grüne Samen. MENDEL zog daraus den Schluss, dass jede Pflanze zwei Erbfaktoren in sich tragen müsse, die die Ausbildung dieser Merkmale bewirken. Diese Erbfaktoren werden heute als **Gene** bezeichnet. MENDEL nannte Pflanzen mit grünen und gelben Samen **mischerbig,** da er davon ausging, dass sie sowohl Gene für grüne als auch für gelbe Samenfarbe aufwiesen. Die Gene für die Samenfarbe konnten nach seiner Hypothese entweder zur Ausbildung von grüner oder gelber Samenfarbe führen. Diese beiden möglichen Ausprägungen des Gens werden heute **Allele** genannt.

1 *Gregor Mendel*

Die meisten Erbsenpflanzen enthielten in den Hülsen entweder nur gelbe oder nur grüne Erbsen. MENDEL säte diese Erbsen erneut aus. Nach dem Heranwachsen der Erbsenpflanzen fand in den Blüten Selbstbestäubung statt. Aus den ausgesäten gelben Erbsen wuchsen in der nächsten Generation Erbsenpflanzen heran, die ausschließlich gelbe Erbsen in ihren Hülsen enthielten. Erbsenpflanzen, die aus grünen Samen hervorgingen, erzeugten nur grüne Erbsensamen. Erbsenpflanzen, die in vielen weiteren Generationen immer ausschließlich die gleiche Samenfarbe aufwiesen, nannte MENDEL **reinerbig.** Seiner Hypothese nach besaßen sie zwei identische Allele für die Ausprägung des Merkmals Samenfarbe.

Als Elterngeneration für weitere Untersuchungen wählte MENDEL ausschließlich die von ihm herangezogenen, reinerbigen Erbsenpflanzen. Er bestäubte in einem ersten Versuch Erbsenpflanzen aus gelben Samen mit Pollen von Erbsenpflanzen aus grünen Samen. Da dieses unter natürlichen Bedingungen nicht geschieht, führte er eine **künstliche Fremdbestäubung** durch (Abb. 2). Bei der Auswertung dieser Versuche mittels statistischer Analyse konnte er mathematische Gesetzmäßigkeiten feststellen, die er veröffentlichte. Sie blieben aber unbeachtet und wurden erst Anfang des 20. Jahrhunderts wieder entdeckt.

2 *Künstliche Fremdbestäubung bei Erbsenpflanzen*

3 *Erbsenpflanzen mit Blüten, Hülsen und Samen*

1 Künstliche Fremdbestäubung. Beschreibe anhand von Abbildung 2, wie die künstliche Fremdbestäubung abläuft. Begründe, warum MENDEL ein solch kompliziertes Verfahren gewählt hat.

2 MENDELs Versuchsansatz. MENDEL suchte die Erbsenpflanzen, die er als Elterngeneration für seine Vererbungsversuche nutzte, sehr sorgfältig aus. Er verwendete nur Erbsenpflanzen, die reinerbig für das untersuchte Merkmal waren. Um dies herauszufinden führte er Vorzuchten durch, bei denen jeweils Selbstbestäubung stattfand. Die Ergebnisse einiger Vorzuchten für das Merkmal „gelbe" beziehungsweise „violette Blütenfarbe" sind in Abbildung 4 dargestellt. Die Vorzucht 1a und 1b führte er mit gelb blühenden Erbsenpflanzen. Die Zahl der daraus entstehenden Pflanzen mit den beiden unterschiedlichen Blütenfarben ist in der folgenden Zeile dargestellt (Abb. 4). Aus diesen ersten Nachkommen wählte er wieder eine Pflanze zur Selbstbestäubung aus, die die gleiche Blütenfarbe wie die Elterngeneration hatte. Deren Nachkommen sind in der nächsten Zeile dargestellt. Dieses Verfahren führte er über mehrere Generationen durch. Bei den Vorzuchten 2a und 2b verfuhr er genauso, nur dass er immer Pflanzen mit violetten Blüten zur Selbstbestäubung auswählte.

a) Beschreibe MENDELs Versuchsergebnisse. Bei welchen Vorzuchten konnte er von reinerbigen Pflanzen ausgehen? Begründe deine Entscheidung.

b) Welche Allele weisen die Pflanzen der Elterngeneration der verschiedenen Vorzuchten auf?

	Vorzucht 1a		Vorzucht 1b		Vorzucht 2a		Vorzucht 2b	
Elterngeneration								
1. Nachkommengeneration	24	0	14	0	2	11	0	13
2. Nachkommengeneration	15	0	17	0	0	9	0	15
3. Nachkommengeneration	23	1	21	0	3	11	0	11
4. Nachkommengeneration	19	0	11	0	3	13	0	18
5. Nachkommengeneration	17	0	13	0	1	17	0	14
6. Nachkommengeneration	16	2	16	0	1	16	0	19

4 *Versuchsergebnisse von Mendels Vorzuchten*

3 Hypothesen zur Vererbung. Vergleiche anhand der Abbildung 5 die Hypothese von FRANCIS GALTON zur Vererbung der Erbanlagen mit der von MENDEL. Nenne wesentliche Unterschiede.

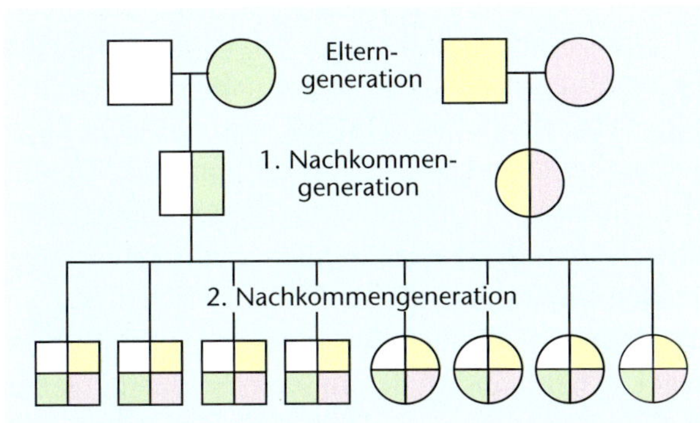

5 *Theorie von Galton 1822–1911 zur Weitergabe der Erbanlagen*

3.2 Mendel stellt Regeln zur Vererbung auf

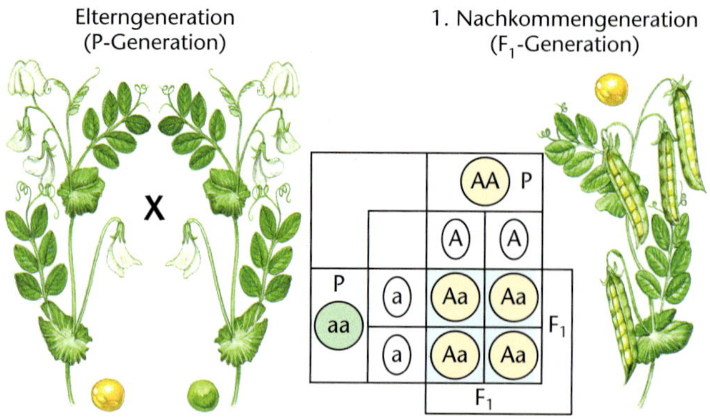

1. Mendelsche Regel – Uniformitätsregel
Wenn reinerbige Individuen einer Art gekreuzt werden, die sich in einem Merkmal unterscheiden, dann ist bei allen Nachkommen in der F_1-Generation das betrachtete Merkmal gleich (uniform).
A = Erbanlage für gelbe Samenfarbe
a = Erbanlage für grüne Samenfarbe

1 *Uniformitätsregel*

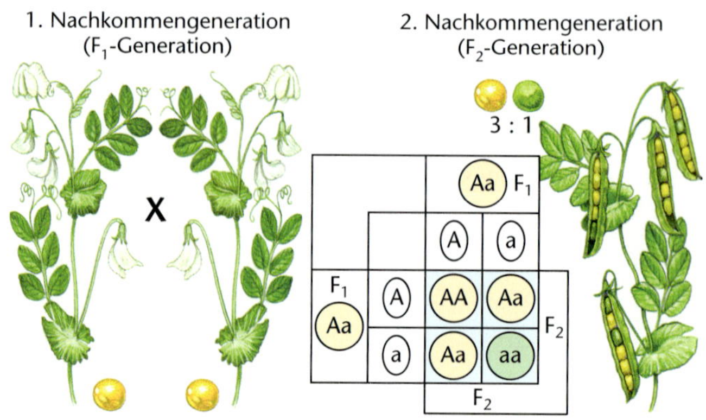

2. Mendelsche Regel – Spaltungsregel
Wenn in Bezug auf ein Merkmal mischerbige Individuen der F_1-Generation miteinander gekreuzt werden, treten in der F_2-Generation beide betrachteten Merkmale im Zahlenverhältnis 3:1 wieder auf.
A = Erbanlage für gelbe Samenfarbe
a = Erbanlage für grüne Samenfarbe

2 *Spaltungsregel*

MENDEL führte eine künstliche Fremdbestäubung mit einer reinerbigen Erbsenpflanze aus grünen Samen und einer reinerbigen Pflanze aus gelben Samen durch. Die beiden Pflanzen sind die Elterngeneration, die so genannte Parental-Generation (P-Generation). Die Samen, die die erste Nachkommengeneration oder auch 1. Filialgeneration (F_1-Generation) bildeten, waren ausschließlich gelb. Aus den Ergebnissen dieser Versuche leitete er die **Uniformitätsregel** ab (Abb. 1).

MENDEL säte die gelben Erbsen der F_1-Generation aus und untersuchte die Samen, die sich nach Selbstbestäubung an den Erbsenpflanzen entwickelten. Sie stellen die 2. Filialgeneration, die F_2-Generation, dar. Die neu entstandenen Pflanzen besaßen neben Hülsen mit ausschließlich gelben beziehungsweise grünen Samen auch solche, die sowohl gelbe als auch grüne Samen enthielten. Aus der Tatsache, dass sich dabei immer wieder das Zahlenverhältnis 3:1 zwischen gelben und grünen Samen ergab, leitete er die **Spaltungsregel** ab (Abb. 2). An der äußeren Erscheinung der F_1-Generation, hier den gelben Samen, kann man nicht erkennen, ob die Pflanzen auch ein Allel für die Ausprägung der grünen Samenfarbe besitzen. Deshalb unterscheidet man das Erscheinungsbild eines Lebewesens, den **Phänotyp**, von seinem **Genotyp.**

MENDELs Beobachtungen lassen sich anhand eines Erbschemas erklären (Abb. 1). Im Genotyp weisen die reinerbigen Individuen der P-Generation je zwei gleiche Allele, gelb/gelb (AA) beziehungsweise grün/grün (aa), für das Merkmal „Samenfarbe“ auf. Jedes Elternteil gibt nur eines seiner beiden Allele an die Nachkommen der F_1-Generation weiter, ein Elternteil das Allel für gelbe Samen und das andere ein Allel für grüne Samen. Die Individuen der F_1-Generation erhalten auf diese Weise von ihren Eltern für das Merkmal „Samenfarbe“ zwei unterschiedliche Allele (Aa). Trotz zweier unterschiedlicher Allele entwickelt sich in der F_1-Generation nur der Phänotyp „gelbe Samen“. Das Allel für gelbe Erbsen setzt sich also bei der Ausbildung des Phänotyps durch. MENDEL nannte dieses Allel **dominant,** das Allel für den nicht ausgebildeten Phänotyp „grüne Samen“ **rezessiv.** Wenn sich bei mischerbigen Individuen ein dominantes Allel gegenüber einem rezessiven durchsetzt, spricht man von einem **dominant-rezessiven Erbgang.**

1 Kreuzungsversuche MENDELs.
a) Erläutere das Erbschema der Spaltungsregel (Abb. 2). Gib das Zahlenverhältnis der verschiedenen Phänotypen und Genotypen an.
b) In Abbildung 3 sind Ergebnisse von weiteren Kreuzungsversuchen MENDELs zusammengestellt. Ermittle für jedes untersuchte Merkmal, welches Allel für die Ausbildung des dargestellten Merkmals dominant und welches rezessiv ist. Begründe deine Aussagen. Berechne jeweils das Zahlenverhältnis der Phänotypen in der F_2-Generation.

2 Vererbung der Fellfarbe bei der Maus. Eine reinerbige weiße Maus wird mit einer reinerbigen schwarzen Maus gekreuzt. Die Erbanlage für die schwarze Fellfarbe bei Mäusen ist dominant. Zeichne ein Erbschema für die F_1-Generation. Finde passende Symbole für die Phänotypen und Genotypen. Verfahre für die F_2-Generation entsprechend. Beschreibe deine Ergebnisse und vergleiche sie mit MENDELs Ergebnissen.

3 Vererbung beim Mais. Der Blütenstand der Maispflanze, der Maiskolben, besteht aus vielen kleinen Einzelblüten. Aus jeder Einzelblüte entsteht ein Maiskorn. Reinerbiger gelber wird mit reinerbigem blauen Mais gekreuzt (Abb. 4). Die Individuen der F_1-Generation werden wieder miteinander gekreuzt. Welcher Generation ist der Maiskolben mit den gelben und blauen Maiskörnern zuzuordnen? Was kannst du über die Allele und den Erbgang aussagen? Zeichne ein Erbschema.

4 Modellversuch zur Spaltungsregel.
a) Besorge 100 Centstücke und zwei Kästen. Lege 50 Münzen in jeden Kasten. Nun verbinde einem Mitschüler/einer Mitschülerin die Augen und fordere ihn/sie auf, aus jedem Kasten jeweils eine Münze zu holen und sie paarweise auf den Tisch zu legen. Es sind ebenso wie bei den Genotypen der F_2-Generation drei Kombinationsmöglichkeiten vorhanden, nämlich Kopf/Kopf, Kopf/Zahl und Zahl/Zahl. Nachdem alle Münzen gelegt sind, zähle aus, wie häufig jede Kombination aufgetreten ist. Wiederhole diesen Versuch mehrmals und vergleiche das Zahlenverhältnis der entstandenen Kombinationen mit dem Zahlenverhältnis der Genotypen in der F_2-Generation in Abbildung 2.
b) Stelle dar, inwieweit dieser Versuch auch die Vorgänge bei der Meiose und der Befruchtung modellhaft repräsentiert.

Erstellen eines Erbschemas

Im Erbschema werden die Gene durch Buchstaben symbolisiert. Dominante Allele werden mit großen Buchstaben, rezessive mit entsprechenden kleinen Buchstaben bezeichnet. Der Großbuchstabe steht im Genotyp vorne.
Der Phänotyp in Bezug auf die Samenfarbe wird zum Beispiel durch grün beziehungsweise gelb gefärbte Kreise veranschaulicht.

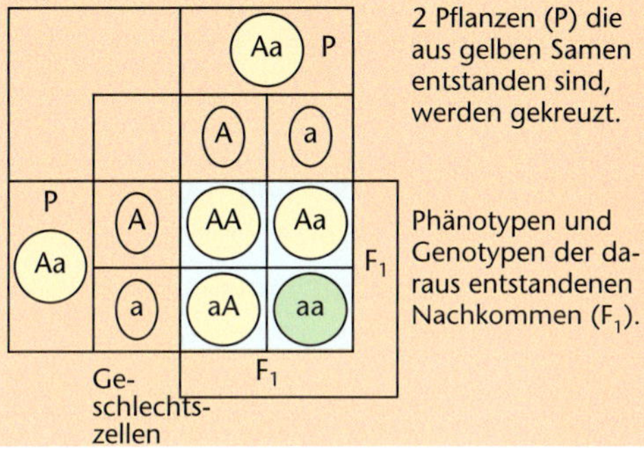

Färbung der Samen	gelb 	grün 	P: gelbe oder grüne Samen F_1: nur gelbe Samen F_2: 6022 gelbe Samen und 2001 grüne Samen
Gestalt der Samen	rund 	runzelig 	P: runde oder runzlige Samen F_1: nur runde Samen F_2: 5474 runde Samen und 1850 runzelige Samen
Gestalt der Hülse	einfach gewölbt 	eingeschnürt 	P: einfach gewölbte oder eingeschnürte Hülsen F_1: nur einfach gewölbte Hülsen F_2: 882 einfach gewölbte und 299 eingeschnürte Hülsen
Färbung der Hülse	grün 	gelb 	P: grüne oder gelbe Hülsen F_1: nur grüne Hülsen F_2: 428 grüne Hülsen und 152 gelbe Hülsen

3 *Versuchsergebnisse Mendels*

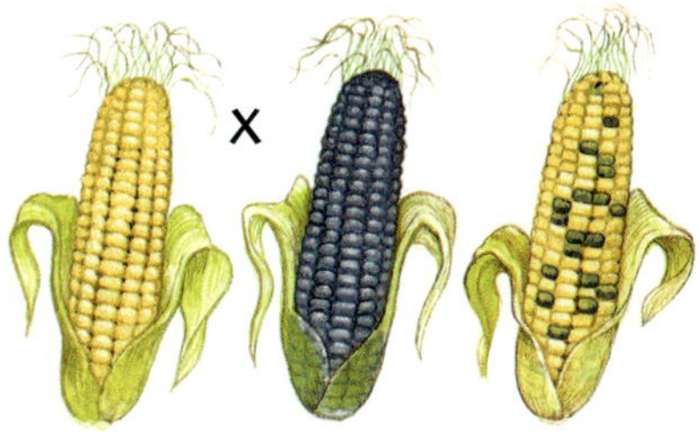

4 *Maiskolben*

3.3 Die Mendelsche Regel von der Neukombination

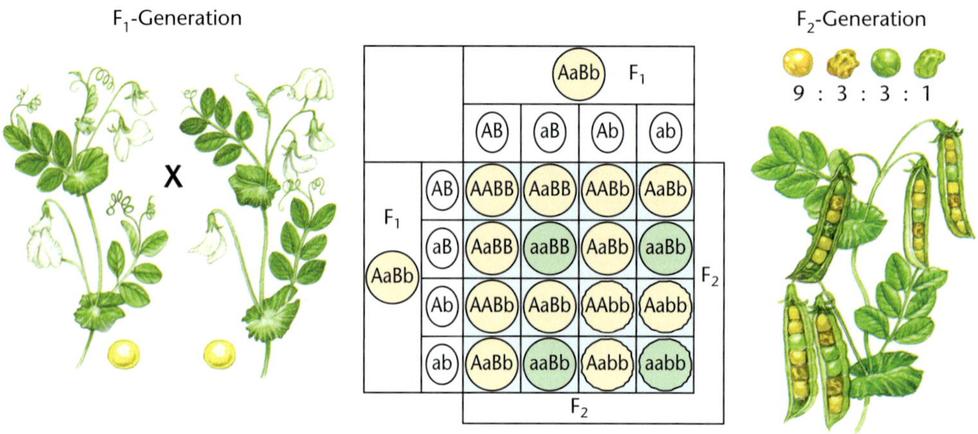

3. Mendelsche Regel
Regel von der Neukombination
Bei der Kreuzung von Individuen, die sich in mehreren Merkmalen unterscheiden, können bei Individuen der Folgegenerationen neue Merkmalskombinationen auftreten. Die Erbanlagen werden unabhängig voneinander vererbt.
A = gelb
a = grün
B = rund
b = runzlig

1 *Regel von der Neukombination*

MENDEL kreuzte auch Erbsenpflanzen, bei denen sich zwei Merkmale unterschieden, nämlich Farbe und Form der Samen (Abb. 1). Er wählte als Elterngeneration reinerbige Erbsenpflanzen mit glatten, gelben Samen und solche mit grünen, runzeligen Samen. Nach der Fremdbestäubung bildeten sich in den Hülsen ausschließlich gelbe und glatte Samen. Sie bilden die F_1-Generation. Bei der Kreuzung der Pflanzen der F_1-Generation untereinander entwickelten sich insgesamt 556 Samen. MENDEL zählte 315 gelb-glatte, 101 gelb-runzelige, 108 grün-glatte und 32 grün-runzelige Samen. Er errechnete daraus für die vier unterschiedlichen Phänotypen ein Zahlenverhältnis von ungefähr 9:3:3:1. Er wiederholte diese Kreuzung mehrfach. Dabei erhielt MENDEL immer ähnliche Ergebnisse. Die Merkmalskombination „grün-runzelige“ Samen, die in der F_1-Generation gefehlt hatte, trat in der F_2-Generation erneut auf. Es waren aber auch zwei völlig neue Phänotypen, nämlich gelb-runzelige und grün-glatte Samen, entstanden. Bei einer Kreuzung von Lebewesen, die sich in zwei Merkmalen unterscheiden, können in der F_2-Generation völlig neue Merkmalskombinationen auftreten. MENDEL nahm deshalb an, dass Allele unabhängig voneinander vererbt werden. Seine Ergebnisse fasste MENDEL in der **Regel von der Neukombination** als 3. Mendelsche Regel zusammen (Abb. 1).

MENDELs Ergebnisse lassen sich mithilfe eines Kreuzungsschemas nachvollziehen (Abb. 1). Die F_1-Generation besitzt einen einheitlichen Genotyp (AaBb) und einen einheitlichen Phänotyp (gelber, glatter Samen). Auch in diesem Fall trifft also die 1. Mendelsche Regel, die Uniformitätsregel, zu.

Von der F_1-Generation können vier unterschiedliche Kombinationen der Allele weitergegeben werden. Dies sind die Allelkombinationen AB, Ab, aB oder ab (Abb. 1). Für die F_2-Generation ergeben sich daher 16 Möglichkeiten, wie die Allele kombiniert werden können. In der F_2-Generation gibt es neun verschiedene Genotypen. Zwei neue Phänotypen, die weder in der P-Generation noch in der F_1-Generation vorkamen, treten auf: Erbsenpflanzen mit gelb-runzeligen Samen, deren Genotyp durch die Buchstaben AAbb oder Aabb gekennzeichnet ist, und Pflanzen mit grün-glatten Samen, die den Genotyp aaBB oder aaBd besitzen. Dieses Ergebnis lässt sich so erklären: Jede Pflanze der F_1-Generation besitzt für die beiden Merkmale „Samenfarbe“ und „Samenform“ jeweils zwei Allele. Diese trennen sich vor der Bestäubung und sind unabhängig voneinander. In den nachfolgenden Generationen können sie neu kombiniert werden.

1 Vererbung der Fellfarbe beim Rind – ein Erbgang mit zwei Merkmalspaaren. Einfarbige rotbraune Rinder wurden mit schwarzgescheckten Rindern gekreuzt (Abb. 2, 3). Die Rinder der F_1-Generation sind einfarbig schwarz. Diese Rinder werden wiederum untereinander gekreuzt. Welche Allele sind dominant, welche rezessiv? Lege ein Kreuzungsschema für die F_2-Generation an und notiere, welchen Genotyp und welchen Phänotyp die Individuen aufweisen. Verwende für die Allele geeignete Buchstaben und überlege dir, wie du den Phänotyp darstellen kannst.

2 Vererbung des Fells beim Meerschweinchen. In Abbildung 4 findest du einen Ausschnitt aus einer alten Schullehrtafel zur 3. Mendelschen Regel. Ermittle zunächst die Genotypen der P-Generation und der F_1-Generation. Begründe, welche Phänotypen in der F_2-Generation entstehen werden und in welchem Verhältnis sie auftreten.

3 Vererbung der Hülsenfarbe. Zwei reinerbige Erbsenpflanzen werden gekreuzt. Ein Elternteil ist aus gelbem, rundem Samen entstanden, der in einer grünen Hülse heranreift. Der andere Elternteil hat sich aus grünem, runzeligem Samen entwickelt, dessen Hülse vor der Reife gelb gefärbt war (Abb. 5). Das Allel für die Ausbildung der grünen Hülsenfarbe ist dominant. Stelle ein Kreuzungsschema für die F_1- und die F_2-Generation auf. Welche Geno- und Phänotypen entstehen in der F_2-Generation? Berechne das Verhältnis der Geno- und Phänotypen.

4 Weiße Leistenkrokodile. In einem Zoo gibt es ein Leistenkrokodil mit einem weißen Panzer und roten Augen, ein so genanntes Albino-Krokodil. Diese Merkmale sind auf rezessive Allele zurückzuführen. Alle anderen Krokodile besitzen einen bräunlichen Panzer und grünliche Augen (Abb. 6). Man kennt kein Leistenkrokodil, das einen bräunlichen Panzer und rote Augen oder einen weißen Panzer und grünliche Augen aufweist. Es ist noch nie gelungen, durch Kreuzungen weiße Krokodile mit grünlichen Augen zu züchten. Inwiefern ist dies ein Widerspruch zu MENDELs Aussage, dass Allele unabhängig voneinander vererbt werden? Stelle begründete Hypothesen auf, die diesen Widerspruch erklären.

2 *Schwarzgeschecktes Rind*

3 *Rotbraunes Rind*

4 *Alte Schullehrtafel*

5 *Samen- und Hülsenfarbe von Erbsen*

6 *Leistenkrokodil*

3.4 Intermediäre Erbgänge

1 *Wunderblumen mit roten, weißen und rosa Blüten*

Einige Jahrzehnte nach MENDELs Untersuchungen führte KARL CORRENS, ein deutscher Forscher, Vererbungsversuche mit der Wunderblume durch. Die Wunderblume kommt in einer rot blühenden und in einer weiß blühenden Form vor (Abb. 1). CORRENS überprüfte zunächst die Reinerbigkeit der Elternpflanzen. Dann kreuzte er weißblütige Wunderblumen mit rotblütigen Pflanzen. Sämtliche Pflanzen der F_1-Generation entwickelten rosa gefärbte Blüten (Abb. 1, 2a). Diese Blütenfarbe kam in der Elterngeneration nicht vor. Die Allele des Gens für die Ausbildung der Blütenfarbe wirken bei der Ausbildung des Phänotyps offensichtlich beide gleich stark. Dies bezeichnet man auch als Kodominanz. CORRENS nannte diesen Erbgang zwischenelterlichen oder **intermediären Erbgang.**

Die rosa blühenden Wunderblumen der F_1-Generation wurden in einem weiteren Schritt untereinander gekreuzt. In der F_2-Generation traten rosa blühende, aber auch wieder wie in der Elterngeneration weiß und rot blühende Individuen auf. (Abb. 2b). Die Blütenfarben Rot, Rosa und Weiß traten dabei im Zahlenverhältnis von 1:2:1 auf.

MENDEL hatte angenommen, dass in der F_2-Generation drei verschiedene Genotypen im Verhältnis 1:2:1 entstehen. Das Zahlenverhältnis der Genotypen stimmt beim dominant-rezessiven Erbgang nicht mit dem Verhältnis der Phänotypen überein. Beim intermediären Erbgang ergibt sich dieses Verhältnis auch für den Phänotyp. MENDELs Vermutungen wurden also auch durch die Versuchsergebnisse von CORRENS bestätigt.

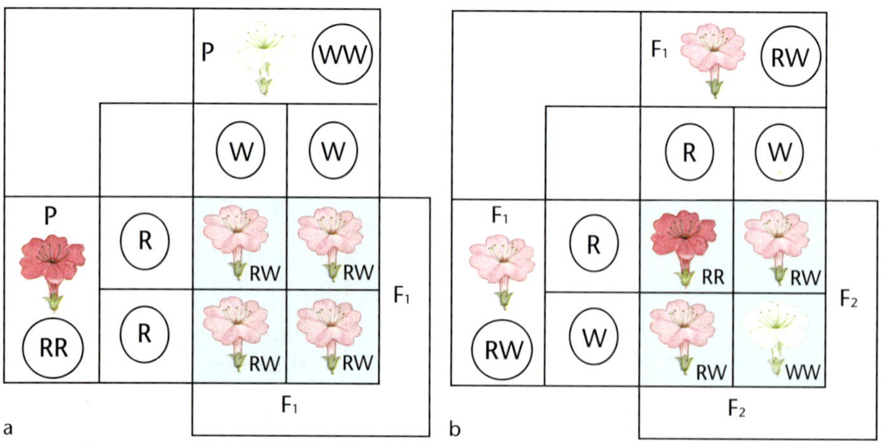

2 *Erbgang bei der Wunderblume*

Anwendung der 2. MENDELschen Regel beim intermediären Erbgang. Wenn in Bezug auf ein Merkmal mischerbige Individuen der F_1-Generation miteinander gekreuzt werden, treten in der F_2-Generation die Merkmale der P-Generation wieder auf, aber auch das Merkmal der F_1-Generation. Das Zahlenverhältnis ist 1:2:1.

3 *Minorkarasse-Hühner*

1 Minorkarasse-Hühner. Bei der Kreuzung schwarzer Hühner mit weißen Hühnern entstehen Hühner mit einem mosaikartig gefärbten Gefieder, diese wird auch Minorka-Rasse genannt. In Abbildung 3 ist ein Erbgang dieser Kreuzung dargestellt. Notiere für die mit Ziffern gekennzeichneten Tiere den Genotyp. Verwende zum Beispiel S für Schwarz und W für Weiß. Kann der Versuch, die Minorka-Form reinerbig weiterzuzüchten, erfolgreich sein? Begründe deine Ansicht.

2 CORRENS Versuchsergebnisse. In der F_2-Generation zählte CORRENS bei seinem ersten Versuch 121 Wunderblumen mit weißen Blüten und 119 mit roten Blüten, 241 Wunderblumen besaßen rosa Blüten. In einem anderen Versuch wurden in der F_2-Generation 187 rote, 186 weiße und 372 rosa blühende Wunderblumen gezählt. Berechne jeweils die Zahlenverhältnisse und werte die Ergebnisse aus.

3 Erbgang mit zwei Merkmalspaaren. Es wird eine Kreuzung einer reinerbigen Wunderblume mit weißen Blüten und hellgrünen Blättern mit einer reinerbigen Wunderblume, die rote Blüten und dunkelgrüne Blätter besitzt, durchgeführt. Kein Allel ist dominant. Welche Phänotypen und welche Genotypen erhält man? Gib die Ergebnisse für die F_1- und die F_2-Generation an.

4 Dunkelfaktor beim Wellensittich. Der Dunkelfaktor ist für die Dunkelheit der Grundfarbe des Wellensittichs verantwortlich. Es gibt drei Gefiederfarben (Abb. 4). Die Züchter nennen sie hellgrün (a), dunkelgrün (b) und olivgrün (c). Olivgrün besitzt zwei Allele des Dunkelfaktors. Bei den in Abbildung 4 dargestellten Wellensittichen handelt es sich um zwei reinerbige Eltern sowie einen Nachkommen. Begründe, ob es sich um einen intermediären oder dominant-rezessiven Erbgang handelt. Ordne die Tiere den Generationen zu.

4 *Gefiederfarbe von Wellensittichen*

5 Rückkreuzung bei der Rose. Bei der Kreuzung einer Rose mit gelber Blüte und einer mit roter Blüte entstehen in der F_1-Generation Rosen mit orangen Blüten (Abb. 5). Stelle den Erbgang bis zur F_2-Generation dar, wenn die Rose mit roter Blüte mit einer Rose mit oranger Blüte gekreuzt wird.

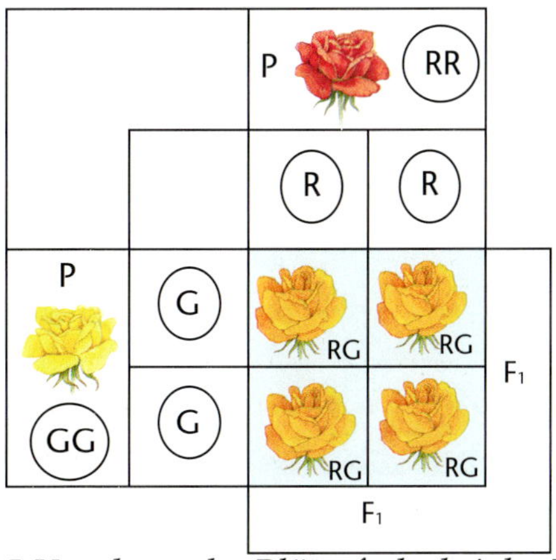

5 *Vererbung der Blütenfarbe bei der Rose*

3.5 Züchtungsmethoden

Durch Kreuzung verschiedener Wildgräser entstanden die heutigen Getreidesorten. Im Laufe der Züchtung erhöhte sich die Zahl der Chromosomen im Genom der Pflanzen. Wildgras 1 hat zum Beispiel 14 Chromosomen, Triticale 42.

1 *Wildformen und Zuchtformen bei Getreidesorten. Die Buchstaben A, B, E, R stehen jeweils für alle Chromosomen der entsprechenden Pflanze.*

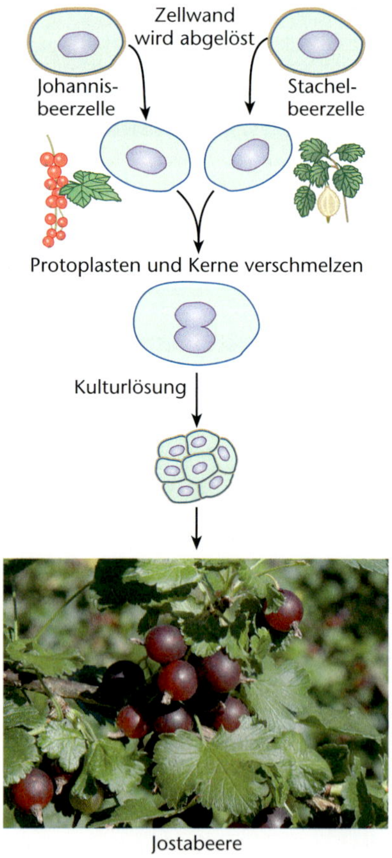

2 *Züchtung der Jostabeere durch Protoplastenfusion*

Bei der Züchtung gibt es unterschiedliche Verfahren, die auch kombiniert werden können. Bei der **Auslesezüchtung** wird ein Tier oder eine Pflanze mit einem gewünschten Merkmal weiter vermehrt. Häufig wird dabei durch Rückkreuzung angestrebt, ein Merkmal reinerbig zu erhalten. Bei der **Kombinationszüchtung** werden aufgrund der Mendelschen Regeln zwei Individuen gekreuzt, die je ein gewünschtes Merkmal reinerbig besitzen. Die Nachkommen sollen beide Merkmale reinerbig aufweisen. Die **Mutationszüchtung** erhöht die Mutationsrate bei Pflanzensamen (zum Beispiel durch Röntgenbestrahlung), mit der Absicht, dass dabei auch positive Mutationen entstehen, die dann durch Auslesezüchtung und Kombinationszüchtung weitergegeben werden. Bei vielen Pflanzen hat man die Erfahrung gemacht, dass der Ertrag höher ausfällt, wenn man zwei verschiedene reinerbige Pflanzen kreuzt. Die Ertragssteigerung ist dabei auf die mischerbige F_1-Generation beschränkt. Diese Art der Züchtung bezeichnet man als **Heterosiszüchtung.**

Entstehen bei der Meiose durch einen Fehler diploide Geschlechtszellen, erhält man bei der Befruchtung **polyploide** Organismen. Sie haben einen vielfachen Chromosomensatz. Haben sie zum Beispiel einen vierfachen Chromosomensatz, sind sie tetraploid. Viele Pflanzen mit polyploidem Chromosomensatz sind lebensfähig und bringen in der Regel größere Früchte hervor. Auch durch Protoplastenfusion kann man polyploide Pflanzen erhalten. Dabei werden zwei Pflanzenzellen durch Stromstöße dazu gebracht, miteinander zu verschmelzen. So werden auch neue Arten gezüchtet (Abb. 2).

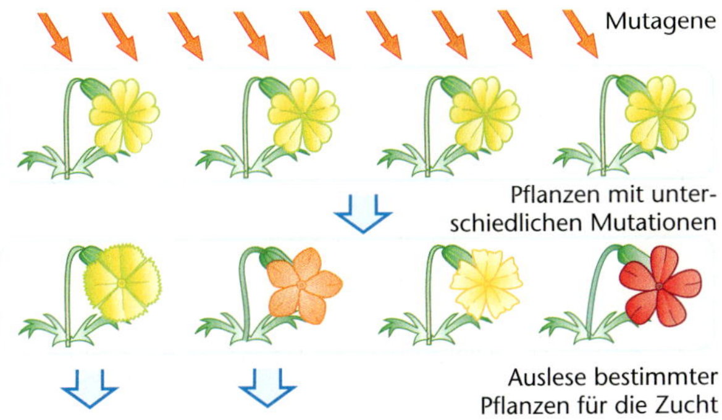

3 *Mutationszüchtung*

1 Mutationszüchtung. Beschreibe die Vor- und Nachteile der Mutationszüchtung (Abb. 3). Gib den günstigsten Zeitpunkt für die Anwendung der Mutagene an und begründe deine Meinung.

2 Merkmalkombination durch Züchtung. Bei der diploiden Lupine existieren zwei reinerbige Formen. Die erste enthält Bitterstoffe in ihren Früchten, besitzt aber eine Hülse, die unempfindlich gegen Aufplatzen ist. Die zweite Sorte hat Früchte ohne Bitterstoffe, jedoch platzen die Hülsen bei der geringsten Berührung auf. Das Merkmal „Bitterstoffe (B)" ist dabei dominant über das Merkmal „ohne Bitterstoffe (b)" und das Merkmal „unempfindlich gegen Berührung (p)" rezessiv gegenüber dem Merkmal „empfindlich (P)". Durch Kombinationszüchtung soll aus beiden Sorten eine neue Sorte gezüchtet werden, deren Früchte ohne Bitterstoffe sind und deren Hülsen unempfindlich gegen das Aufplatzen sind. Beschreibe, wie man am besten diese neue Sorte erhalten kann, und begründe den aufgezeigten Weg.

Bei den meisten Pflanzen entstehen die männlichen Geschlechtszellen nicht unmittelbar aus der Meiose. Aus den haploiden Zellen am Ende der Meiose entsteht durch Zellteilung erst eine mehrzellige haploide Spore, das Pollenkorn. Man nennt sie Mikrospore. In ihr bilden sich durch Mitosen die Geschlechtszellen.
Zellen des haploiden Pollenkorns werden in Gewebekultur mit Colchizin behandelt. Colchizin verhindert die Ausbildung der Spindelfasern in der Mitose. Dadurch erfolgt keine Trennung der Doppelchromosomen. So entsteht eine nicht lebensfähige Zelle ohne Chromosomen und eine diploide Tochterzelle. Aus ihr wächst nach Auswaschung des Giftes in der Kultur eine reinerbige, diploide Pflanze heran.

5 *Mikrosporenkultur*

3 Mikrosporenkultur. Die Mikrosporenkultur wird verwendet, um möglichst schnell Inzuchtlinien herzustellen. Darunter versteht man reinerbige Organismen, die zu Züchtungszwecken eingesetzt werden (Abb. 5).
a) Stelle den Ablauf in einem Fließdiagramm dar.
b) Fertige eine Skizze zur entscheidenden Zellteilung an, die den Einsatz von Colchizin deutlich werden lässt. Beschränke dich dabei auf eine Zelle mit zwei Chromosomen.

4 Gewebekultur. Die Abbildung 4 beschreibt eine Methode, um aus einzelnen Zellen von Pflanzen wieder ganze Pflanzen zu regenerieren. Beschreibe den Ablauf dieser Methode. Begründe, warum diese Gewebekulturmethode als Schlüssel für viele moderne Züchtungsmethoden bei Pflanzen angesehen werden kann.

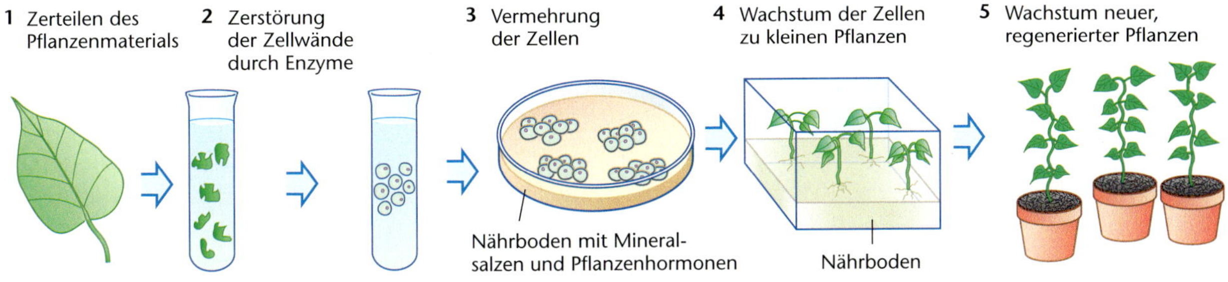

4 *Gewebekultur*

3.6 Modifikationen

1 *Chinesische Primel, weiß und rot blühend*

2 *Russenkaninchen, schwarzweiß und mit weißem Fell*

Die chinesische Primel wird von Gärtnern mit weißen oder roten Blüten angeboten (Abb. 1). Beide Pflanzen können aus dem gleichen Samen gezogen werden. Wird die chinesische Primel kurz vor dem Aufblühen bei Temperaturen unter 30 Grad Celsius gehalten, bringt sie rote Blüten hervor. Bei Temperaturen über 30 Grad Celsius entwickeln sich hingegen weiße Blüten, die auch bei anschließender Abkühlung erhalten bleiben. Bei der chinesischen Primel verursachen also Umwelteinflüsse die Ausprägung des Merkmals „Blütenfarbe“. Diese aufgrund von Umwelteinflüssen unterschiedlich ausgeprägten Merkmale nennt man **Modifikationen.** Wird Samen der weiß blühenden Form der chinesischen Primel ausgesät, so entwickeln sich bei Temperaturen unter 30 Grad Celsius erneut Primeln mit roten Blüten. Wenn die Primeln bei höheren Temperaturen gehalten werden, bilden sich weiße Blüten aus. Modifikationen werden also nicht vererbt.

Das weiße Russenkaninchen ist eine Zuchtform unseres Hauskaninchens. Hält man Jungkaninchen des gleichen Wurfes in Ställen bei unterschiedlichen Temperaturen, so unterscheiden sich die Tiere bald durch ihre Fellfärbung. Die Tiere, die im warmen Stall leben, sind fast reinweiß. Die Tiere im kalten Stall zeigen an den Körperspitzen, den kältesten Teilen des Körpers, dunkle Färbungen. Sie haben schwarze Pfoten, schwarze Schwanzspitzen, Ohren und Nasen (Abb. 2). In einem Kontrollversuch wurde das schwarze Haar entfernt und die Tiere wurden in einem warmen Stall untergebracht. Unter diesen Bedingungen wuchsen die Haare weiß nach.

Buchenblätter, die von demselben Baum stammen, weisen unterschiedliche Längen auf (Abb. 3). Beim Messen der Länge zeigt sich, dass bestimmte Längen häufiger sind als andere. Sehr kurze und sehr lange Blätter sind selten, mittellange dagegen verhältnismäßig häufig. Da die Buchenblätter alle von derselben Pflanze stammen, kann die unterschiedliche Länge nur auf unterschiedlich wirkende Umwelteinflüsse zurückzuführen sein. Schon an demselben Zweig sind die Blätter verschieden lang, da nicht alle gleich gut mit Mineralsalzen und Wasser versorgt werden. Längenunterschiede können auch durch die unterschiedliche Lichtintensität, der die Blätter ausgesetzt sind, verursacht werden. Die Buche besitzt für die Ausbildung des Merkmals „Blattlänge“ erblich festgelegte Grenzen, innerhalb derer sie auf bestimmte Umwelteinflüsse wie Lichtintensität oder Temperatur mit unterschiedlicher Blattlänge reagieren kann. Den Bereich, in dem ein Tier oder eine Pflanze mit Abwandlungen des Phänotyps auf Umwelteinflüsse reagieren kann, nennt man **Reaktionsnorm.** Die Reaktionsnorm weist bestimmte Grenzwerte auf. So wird ein Buchenblatt niemals länger als 20 Zentimeter. Die Reaktionsnorm ist genetisch festgelegt, sie bleibt bei allen Nachkommen gleich.

1 Modifikation.

a) Beschreibe mögliche Ursachen für die unterschiedliche Blattlänge der in Abbildung 3 dargestellten Blätter, die alle von demselben Baum stammen. Wie könnte man beweisen, dass die unterschiedliche Blattlänge nicht genetisch bedingt ist?

b) Wissenschaftler nennen die Form der Modifikation bei den Buchenblättern fließende Modifikation, während die Modifikation bei den Russenkaninchen umschlagende Modifikation genannt wird. Definiere diese beiden Formen und grenze sie voneinander ab.

2 Unterschiedliche Größe von Bohnensamen. In Abbildung 4 sind zwei unterschiedlich lange Bohnensamen dargestellt, die von derselben Elternpflanze stammen. Diese beiden Bohnensamen ließ man unter unterschiedlichen Umweltbedingungen zu Bohnenpflanzen heranwachsen. Der Pflanze, die aus dem kleinen Samen heranwuchs, bot man günstige, der Pflanze, die aus dem großen Samen heranwuchs, ungünstige Umweltbedingungen. Die Bohnensamen, die von den Pflanzen gebildet wurden, waren wieder unterschiedlich groß. Beschreibe das Ergebnis und erkläre es.

3 *Modifikation bei Buchenblättern eines Baumes*

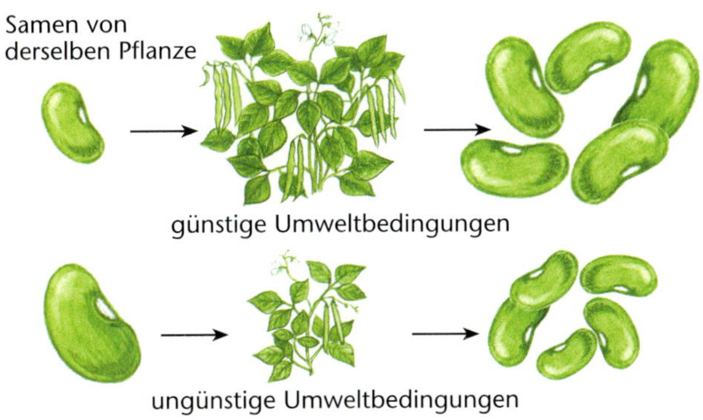

4 *Modifikation bei Bohnensamen*

3 Modifikationskurve. Die Länge von Bohnensamen, die durch Selbstbestäubung an einer Bohnenpflanze entstanden, kann in einer Kurve dargestellt werden (Abb. 5).

a) Beschreibe diese Kurve. Die X-Achse ist nicht benannt. Was wird auf ihr abgetragen?

b) Würde man die Größe der Menschen in Deutschland grafisch auftragen, ergäbe sich eine ähnliche Kurve. Begründe, warum dies keine Modifikationskurve ist.

4 Anzahl der Roten Blutkörperchen bei unterschiedlicher Höhe. Bei zwölf Teilnehmern einer Hochgebirgsexpedition wurde über längere Zeit die Anzahl der Roten Blutkörperchen gemessen (Abb. 6). Beschreibe die Veränderungen. Worauf führst du die Veränderungen zurück? Begründe, warum manche Hochleistungssportler an hoch gelegenen Orten wie z. B. Mexico-Stadt trainieren.

5 Variabilität. Beschreibe die genetische Variabilität und die Variabilität durch Modifikation. Grenze beide Begriffe voneinander ab.

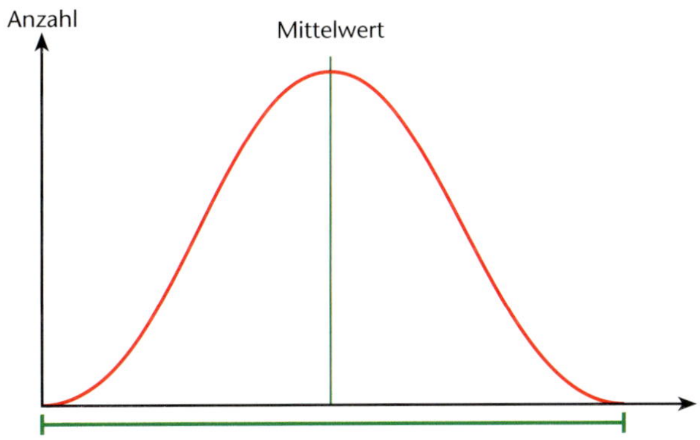

5 *Modifikationskurve*

Datum	Höhe	Anzahl der Roten Blutkörperchen (Durchschnittswerte der zwölf Teilnehmer)
10.4.	210 m	4,5 Mio./mm³
12.5.	1350 m	5,2 Mio./mm³
28.5.	3050 m	6,6 Mio./mm³
21.6.	4050 m	7,7 Mio./mm³
27.6.	5500 m	8,3 Mio./mm³

6 *Zahl der Roten Blutkörperchen bei unterschiedlicher Höhe*

Eine Modifikationskurve mit Excel© erstellen

In der Tabelle der Abbildung 1 ist die Länge von Bohnen, die von einer Pflanze geerntet wurden, aufgeführt. Diese Daten kann man auch anhand einer grafischen Darstellung als Diagramm deutlich machen. Dafür eignet sich ein Tabellenverarbeitungsprogramm wie zum Beispiel Excel©.

Zuerst muss man die Tabelle eingeben. Dazu überträgt man die Daten und die Überschriften (Anzahl und Länge).

Anzahl	Länge
2	7–10 mm
9	11–14 mm
13	15–18 mm
17	19–22 mm
13	23–26 mm
9	27–30 mm
2	31–34 mm

1 *Bohnenlänge*

1. Man markiert die erste Tabellenspalte ohne die Überschrift. (Abb. 2: grau markierter Bereich). Die Markierung ist sehr wichtig, sie entscheidet über die Art der Darstellung.

2. In der Symbolleiste das Symbol für den Diagramm-Assistenten anklicken oder über das Menü „Einfügen" den Eintrag „Diagramm" auswählen.

3. Es öffnet sich der Diagramm-Assistent, der durch die Bearbeitung führt. Man kann nun entscheiden, welche Art der Darstellung man auswählen möchte. Man entscheidet sich in diesem Fall für die Liniendarstellung mit Datenpunkten (Abb. 2 [1]).

4. Über die Schaltfläche „Weiter" (Abb. 2 [2]) führt der Assistent durch die weiteren Menüpunkte, in denen man zum Beispiel im Register „Legende" die Position der Legende verändern kann oder im

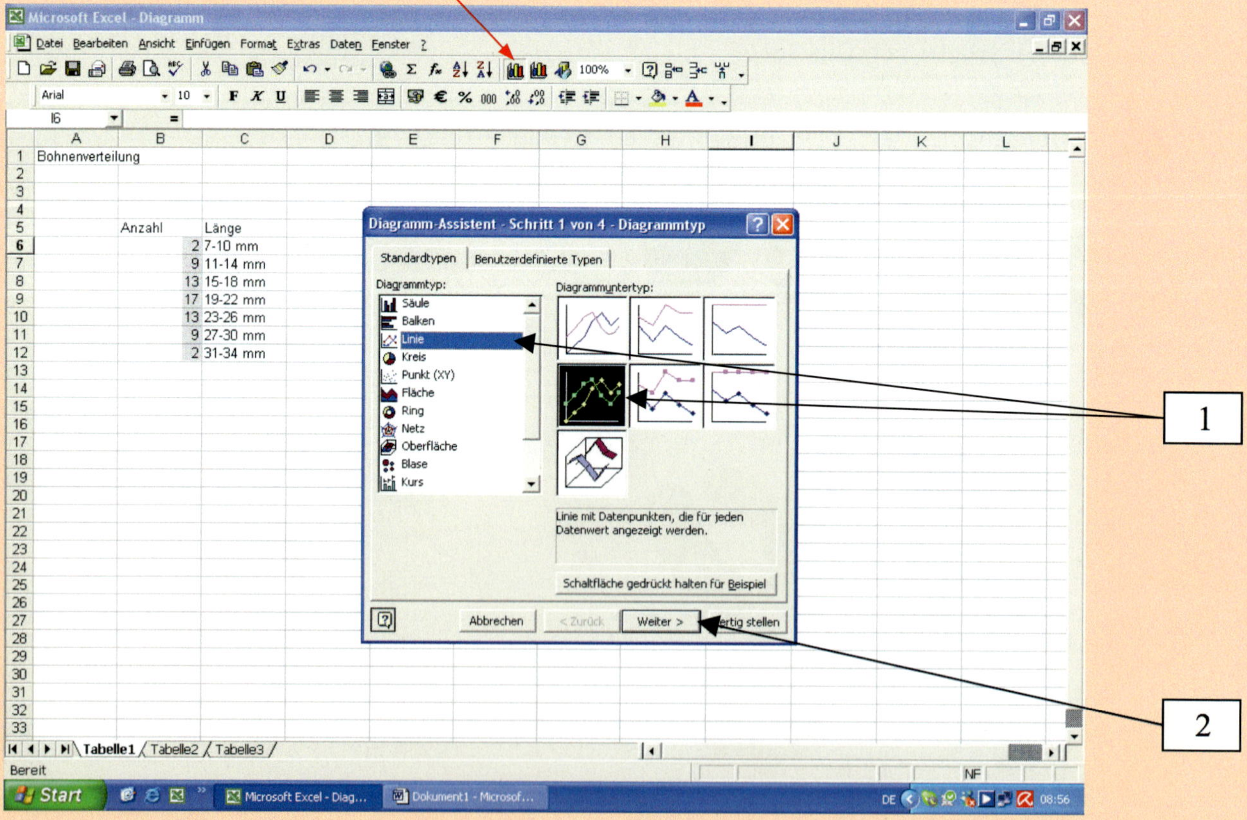

2 *Diagrammtyp auswählen*

Register „Datenbeschriftungen" zusätzlich noch die Werte in das Diagramm eintragen kann.

All diese Menüpunkte können am Ende nachträglich über das Kontextmenü (Diagramm markieren und dann rechte Maustaste betätigen) geändert werden.

Sinnvoll wäre allerdings bei diesem Diagramm sofort im Schritt 3 von 4 (Abb. 3 [3]) im Diagramm-Assistenten in der Kategorie Titel (Abb. 3 [4]) den Diagrammtitel, Rubrikenachse und Größenachse mit dem jeweiligen Text in der nebenstehenden Abbildung einzutragen.

5. Über die Schaltfläche „Weiter" (Abb. 3 [5]) führt der Diagramm-Assistent zum letzten Menüpunkt (Schritt 4 von 4).
Hier gibt es die Möglichkeit über den Menüpunkt „Zurück" nochmal etwas zu ändern oder aber man entscheidet sich für den Menüpunkt „Weiter". Hier hat man die Auswahl, ob das Diagramm neben der Tabelle eingefügt werden soll oder aber in einem neuen Tabellenblatt.
Entscheidet man sich jedoch gleich für den Menüpunkt „Fertig stellen", so erhält man ein fertiges Diagramm, das neben der Tabelle dargestellt wird.

Störend in diesem Diagramm ist die Legende „ Reihe 1" (Abb. 4 [6]). Man kann ein Diagramm nachträglich bearbeiten, indem man, wie bereits oben im Text erwähnt, das Kontexmenü, in diesem Fall für die Legende, öffnet. Hierzu markiert man die Legende (den Text „Reihe 1 mit linker Maustaste anklicken). Man öffnet das Menü, indem man die rechte Maustaste betätigt. Es öffnet sich ein Menü, das sich ausschließlich mit der Legende befasst. Es wird der Befehl „Markierung löschen" ausgewählt.

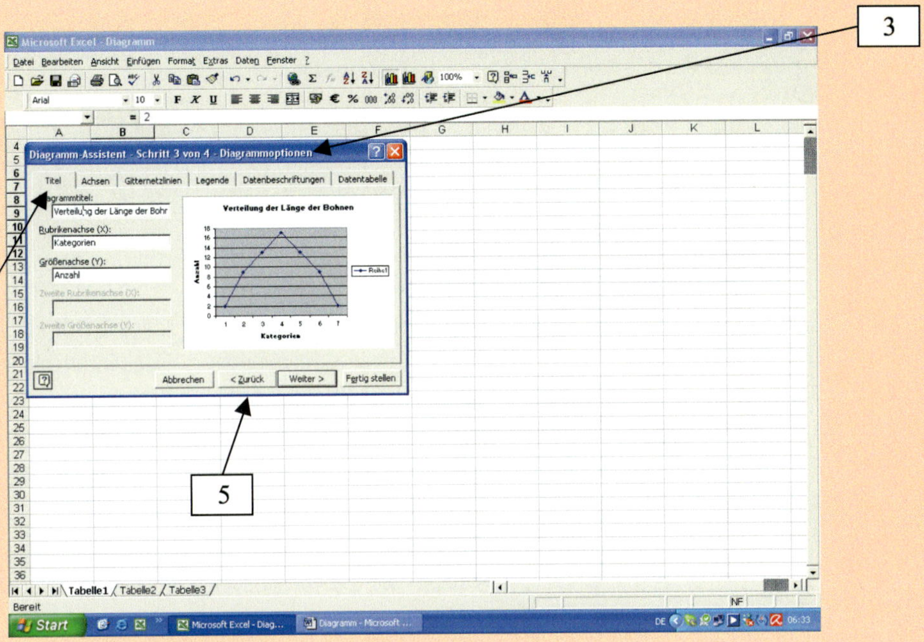

3 *Diagrammoptionen*

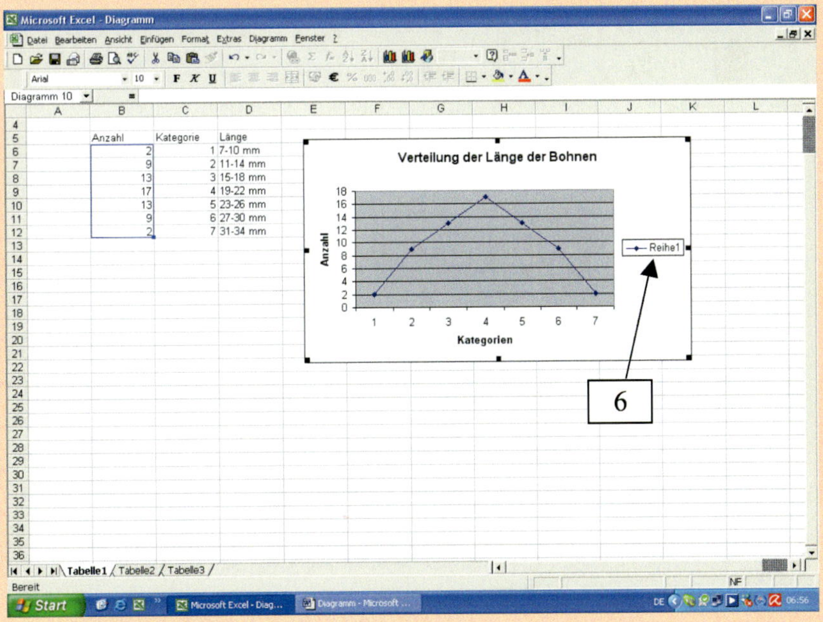

4 *Fertiges Diagramm mit Legende*

3.7 Anwendungen von Stammbaumuntersuchungen

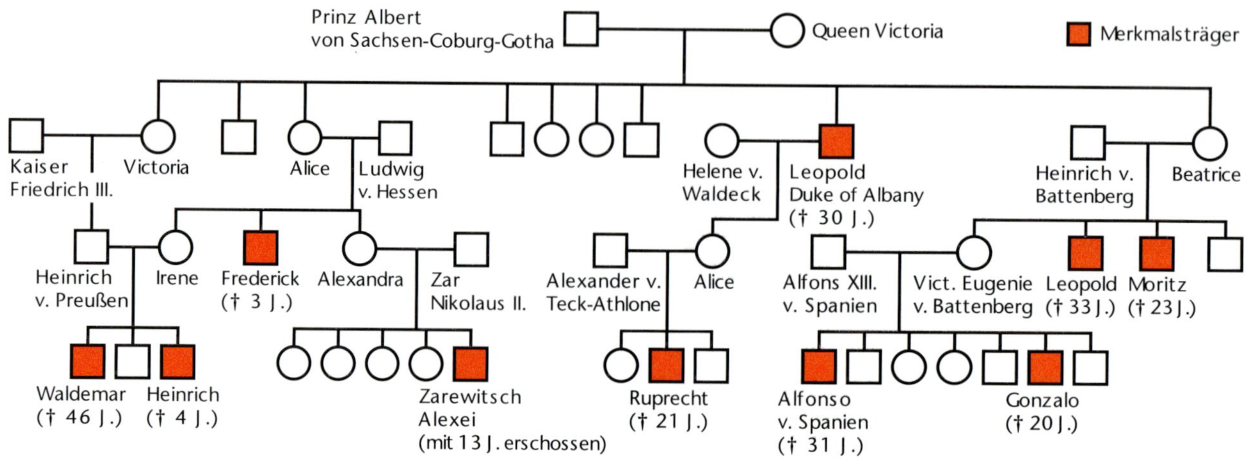

1 *Bluterkrankheit im europäischen Hochadel*

Bei der Bluterkrankheit ist die Blutgerinnung gestört. Harmlose Verletzungen können dadurch lebensbedrohend sein. Die Bluterkrankheit wird vererbt. Sie war besonders im Adel weit verbreitet (Abb. 1). Treten in einer Familie Erbkrankheiten auf, lässt sich aus dem Stammbaum häufig ermitteln, wie groß die Wahrscheinlichkeit für ein weiteres Kind ist, die Erbkrankheit zu haben (Abb. 2). Dies ist wichtig für eine genetische Beratung, wenn Eltern aus Familien, in denen Erbkrankheiten vorkommen, vor der Entscheidung stehen, ein weiteres Kind zu bekommen.

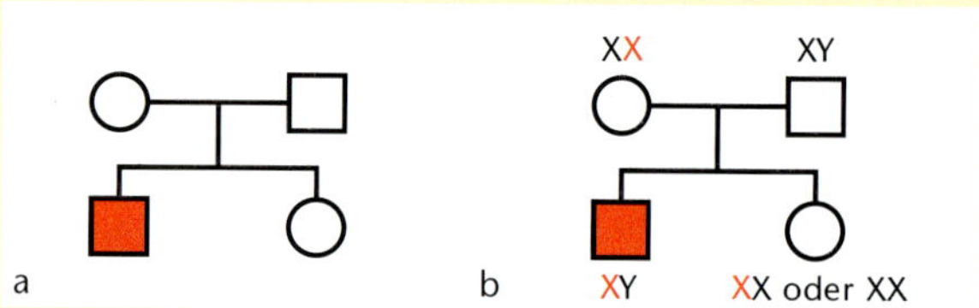

Ein Elternpaar hat einen Sohn, der Bluter ist und eine gesunde Tochter (a). Keiner der Eltern ist Merkmalsträger. Bei der Frage, wie groß die Wahrscheinlichkeit ist, dass ein weiteres Kind mit der Bluterkrankheit geboren wird, geht man so vor: Das Merkmal wird X-chromosomal-rezessiv vererbt. Daraus ergeben sich die Genotypen bezüglich des Merkmals (b). Die Wahrscheinlichkeit, dass das Merkmal in der nächsten Generation auftritt, muss für jedes weitere Kind neu betrachtet werden. Dazu muss man alle möglichen Geschlechtszellen des Vaters mit den möglichen Geschlechtszellen der Mutter im Erbschema kombinieren (c).

		Geschlechtszellen des Vaters	
		X	Y
Geschlechtszellen der Mutter	X	XX	XY
	X	XX	XY

c

Die vier Möglichkeiten zeigen, dass zu 50 % Söhne gezeugt werden, wobei die Wahrscheinlichkeit, dass ein Sohn bluterkrank ist, 1:1 beträgt. Zu 50 % treten Töchter auf, die alle gesund sind, wobei sie zu 50 % Überträgerinnen des Gens für das Merkmal Bluterkrankheit sind. Die Wahrscheinlichkeit für das Auftreten des Blutermerkmals im Phänotyp beträgt also 1:3.

2 *Wahrscheinlichkeit für ein Merkmal*

A
Von Natur aus lockige Haare treten bei der Kombination ll, glatte Haare bei LL und gewellte Haare bei Ll auf.

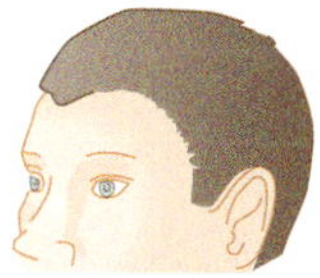

B
Ein vorgezogener Haaransatz wird durch ein dominantes Allel H, ein gerader Haaransatz durch die Kombination hh hervorgerufen.

C
Ein rezessives Allel d bewirkt, dass das oberste Daumenglied weit zurückgebogen werden kann.

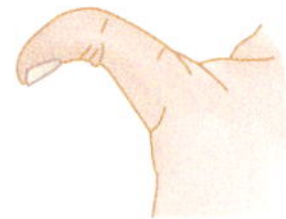

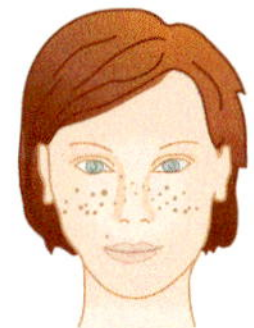

G
Jemand hat von Natur aus Sommersprossen im Gesicht, wenn die Kombination der Allele Rr oder RR ist. Sommersprossen fehlen bei der Kombination rr.

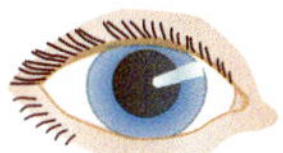

D
Bedingt durch die Kombination zweier rezessiver Allele pp wird fast kein Pigment in die Regenbogenhaut eingelagert. Dann ist die Augenfarbe blau.

E
Ein dominantes Allel F bewirkt, dass auf einem oder mehreren der mittleren Fingerglieder Haare wachsen. Das Fehlen von Haaren auf dem mittleren der drei Fingerglieder aller Finger wird durch die Kombination ff hervorgerufen.

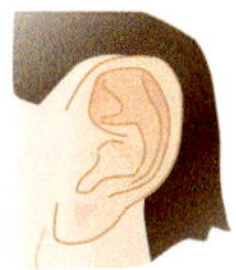

F
Die Kombination OO oder Oo bewirkt, dass die Ohrmuschel unten ein freies Ohrläppchen hat, bei oo ist das Ohrläppchen an die Kopfhaut angewachsen.

3 *Vererbte Merkmale beim Menschen*

1 Genetische Vielfalt. Abbildung 3 zeigt genetisch bedingte Merkmale des Menschen. Es wird angenommen, dass jede dieser Eigenschaften nur durch ein Allelpaar eines autosomalen Gens hervorgerufen wird. Untersucht anhand dieser Angaben die genetische Vielfalt in eurer Klasse. Überlegt vorab, wie ihr dabei vorgehen wollt.

2 Rot-Grün-Sehschwäche. Der Erbgang ist X-chromosomal-rezessiv. Zeichne den Stammbaum der Familie von Mr. SCOTT und trage alle Genotypen der Familienmitglieder ein. Werte dazu den Text in Abbildung 4 aus. Erkläre, warum eine Rot-Grün-Sehschwäche bei Männern häufiger vorkommt als bei Frauen.

3 Verwandtenehen. Nimm anhand der Abbildung 5 zum Verbot von Ehen zwischen Geschwistern und der Warnung vor Verwandtenehen begründet Stellung.

„Ich kenne kein Grün in der Welt. Vor einigen Jahren habe ich meine Tochter mit einem vornehmen Mann vermählt. Am Tage vor der Hochzeit kam er in einem neuen Mantel aus bestem Stoff in mein Haus. Ich war sehr gekränkt, dass er, wie ich glaubte, in Schwarz gekleidet war, der Farbe der Trauer. Ich sagte ihm, er solle gehen und den Mantel wechseln. Aber meine Tochter sagte, dass mich meine Augen trögen. Der Mann trug einen feinen weinroten Mantel. Dieser aber war für meine Augen schwarz. Es handelt sich um ein altes Familienleiden. Mein Vater hatte genau dieselbe Krankheit. Meine Mutter und eine meiner Schwestern konnten fehlerfrei sehen. Meine zweite Schwester war farbuntüchtig wie ich. Sie hatte zwei Söhne, die beide an dieser Krankheit litten. Ihre Tochter war dagegen normalsichtig. Ich selber habe einen Sohn und eine Tochter, die beide alle Farben ohne Ausnahme sehen können. Das Gleiche gilt für meine Frau. Der Bruder meiner Mutter hat denselben Fehler wie ich."

4 *Im Jahr 1777 schrieb Mr. Scott diesen Brief an einen Freund*

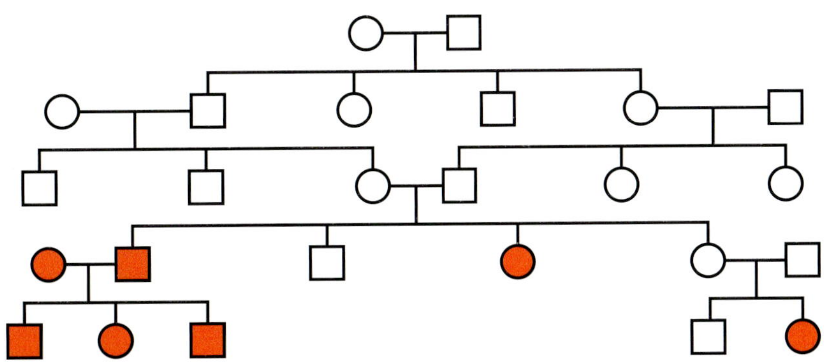

5 *Stammbaum mit Verwandtenehe*

3.8 Die Hautfarbe – ein Beispiel für Polygenie

1 *Familie Simmons mit ihren Zwillingen und dem älteren Sohn*

Die Hautfarbe wird durch einen dunklen Farbstoff, das Melanin, hervorgerufen. Melanin wird in den Pigmentzellen der Oberhaut hergestellt. Von hier aus gelangt der Farbstoff in die benachbarten Hautzellen und wird dort in Bläschen konzentriert eingelagert. Je mehr dieser Bläschen pro Fläche vorhanden sind, umso dunkler ist die Haut. Melanin schützt die Haut vor UV-Strahlung.

Man kann die unterschiedliche Intensität der Hautfarbe nur erklären, wenn mehrere Gene für sie verantwortlich sind. Man geht heute davon aus, dass wahrscheinlich vier Gene mit jeweils einem Allelpaar für die Hautfarbe verantwortlich sind. Diese Gene befinden sich auf verschiedenen Chromosomen. Jedes Allel verursacht eine bestimmte Melaninbildung, wobei sich diese zu einer Gesamtfarbe summiert. Man nennt diese Art der Vererbung, bei der ein Merkmal durch die Aktivität mehrerer Gene bestimmt ist, **Polygenie.** Je mehr Allelpaare ein Merkmal bestimmen, umso feiner ist die Abstufung. So entstehen fließende Übergänge. Allerdings ist das Zusammenwirken der verschiedenen Allele noch nicht ganz geklärt. Neben der Hautfarbe werden zum Beispiel auch die Haarfarbe und die Körpergröße und manche Krankheiten polygen vererbt.

Zwar ist die Hautfarbe erblich festgelegt, doch kann die Produktion von Melanin bei vielen helleren Hauttypen durch UV-Strahlung innerhalb genetisch festgelegter Grenzen zusätzlich angeregt werden. Hierbei handelt es sich um eine Modifikation. Die dadurch erhaltene Bräunung verblasst wieder, wenn die Haut längere Zeit keiner UV-Strahlung ausgesetzt ist.

1 Modell zur Vererbung durch Polygenie.
Zum Verständnis der Vererbung der Hautfarbe nehmen wir ein stark vereinfachtes Modell zu Hilfe. Das Modell geht von der Annahme aus, dass drei Gene, die auf verschiedenen Chromosomen liegen, mit je einem Allelpaar die Hautfarbe bestimmen. Beim ersten Gen treten die Allele a und A, beim zweiten die Allele b und B sowie beim dritten die Allele c und C auf. Die Allele, die durch kleine Buchstaben gekennzeichnet sind, führen zur Ausbildung eines Pigmentpunktes pro betrachteter Fläche, Allele, die durch Großbuchstaben dargestellt sind, zu zwei Pigmentpunkten pro Fläche. Ein Mensch mit der Allelkombination aabbcc ist also demnach hellhäutig, ein Mensch mit AABBCC dunkelhäutig (Abb. 2).
a) Nenne die möglichen Allelkombinationen der Geschlechtszellen, die in der F_1-Generation einer Kreuzung von hell- und dunkelhäutig gebildet werden können:

aabbcc x AABBCC.

b) Ermittle in einem größeren Erbschema alle möglichen Genotypen der F_2-Generation. Ordne den Genotypen die entsprechenden Phänotypen zu und mache Aussagen zur statistischen Häufigkeit dieser Phänotypen.

2 Genorte. Die Gene für die Hautfarbe befinden sich auf verschiedenen Chromosomen. Welche Folgen hätte es, wenn mehrere Gene für die Hautfarbe sich auf einem Chromosom befänden? Begründe deine Ansicht.

3 Fragen zur Familie Simmons.
a) Erkläre kurz das unterschiedliche Geschlecht der Zwillinge (Abb. 1, 3).
b) Beschreibe die Erwartungen bezüglich der Hautfarbe des Kindes, wenn Eltern unterschiedlicher Hautfarbe ein Kind zeugen. Begründe diese Erwartungen.
c) Stelle Hypothesen auf, die die unterschiedliche Hautfarbe der Zwillinge erklären können.

4 Polygenie und Mendelsche Regeln.
a) Vergleiche Polygenie mit der Vererbung nach den Mendelschen Regeln.
b) Erbschemen sind eine Methode, um Erbgänge nach den Mendelschen Regeln zu untersuchen. Die gleiche Methode wird auch bei Polygenie angewendet. Begründe, warum dies zulässig ist.

Pigmentpunkte pro Hautfläche:
a: ●
b: ●
c: ●
A: ●●
B: ●●
C: ●●

Kombinationsbeispiele:

hellhäutig	mittel	dunkelhäutig
● ● ● / ● ● ●	●● ●● ●● / ● ● ●	●● ●● ●● / ●● ●● ●●
a b c / a b c	A B C / a b c	A B C / A B C

2 *Modell zur Vererbung der Hautfarbe*

1994 kamen in Tottenham in Großbritannien Zwillinge zur Welt, die Geschichte machten, weil sie unterschiedliche Hautfarben hatten. Abbildung 1 zeigt ein Foto der Familie mit den Zwillingen und dem älteren Sohn. Der kleine Junge ist wie sein Vater dunkel gefärbt, die kleine Tochter ist wie ihre Mutter hellhäutig. Die Mutter stammt aus Großbritannien, die Eltern des Vaters kamen aus der Karibik nach Großbritannien.

3 *Ein unwahrscheinliches Ereignis?*

3.9 Genetisch bedingte Behinderung: Trisomie 21

25 Kinder lernen gemeinsam in dieser Klasse. Eins von ihnen ist Merle. Sie ist ein Kind mit Trisomie 21.

Merle hat zwei ältere gesunde Geschwister. Nach der Geburt war Merle häufig krank, unter anderem musste ein Herzfehler operiert werden. Heute ist sie fit und mit ihrer besonderen Art in der Klasse beliebt. Schreiben und lesen fällt ihr zwar viel schwerer als den anderen Kindern, dafür ist sie fast immer gut gelaunt und hilfsbereit.

1 *Merle – ein Kind mit Trisomie 21*

Als behindert gelten Menschen, die in ihrem Lernen, im sozialen Verhalten, in der sprachlichen Kommunikation oder in ihren motorischen Fähigkeiten so weit beeinträchtigt sind, dass ihre Teilnahme am Leben in der Gesellschaft wesentlich erschwert ist. Sie bedürfen besonderer pädagogischer Förderung. Viele Behinderungen entstehen während des Lebens durch Unfall oder Krankheit. Angeborene Behinderungen sind meistens durch Vererbung oder neue Mutationen bedingt.

Ein Beispiel dafür ist die Trisomie 21, auch Down-Syndrom genannt. Unter 700 Neugeborenen befindet sich im Durchschnitt ein Kind mit Trisomie 21 (Abb. 1). Im Karyogramm des Kindes zeigt sich, dass das Chromosom 21 drei Mal in Form von Doppelchromosomen vorkommt (Abb. 2). Die Ursache liegt in einer ungleichmäßigen Verteilung der Chromosomen bei der Meiose der Eizellenbildung. Die Häufigkeit dieses Fehlers steigt mit zunehmendem Alter der Mutter an (Abb. 5).

Die individuelle Ausprägung der Behinderung bei Trisomie 21 variiert sehr stark. Während einige Kinder eine starke geistige Behinderung zeigen, können andere sogar eine Fremdsprache erlernen. Durch Einrichtungen wie Integrationsgruppen und -klassen in Kindergärten und Schulen wird versucht, die Behinderten zu integrieren und zu fördern.

Schwangeren über 35 Jahren oder Eltern, die bereits ein Kind mit Trisomie 21 haben, wird eine genetische Beratung empfohlen (Abb. 4). Unter bestimmten Umständen wird die Durchführung einer Amniozentese empfohlen (Abb. 3). Durch diese Untersuchung ist eine Trisomie 21 des ungeborenen Kindes zu erkennen.

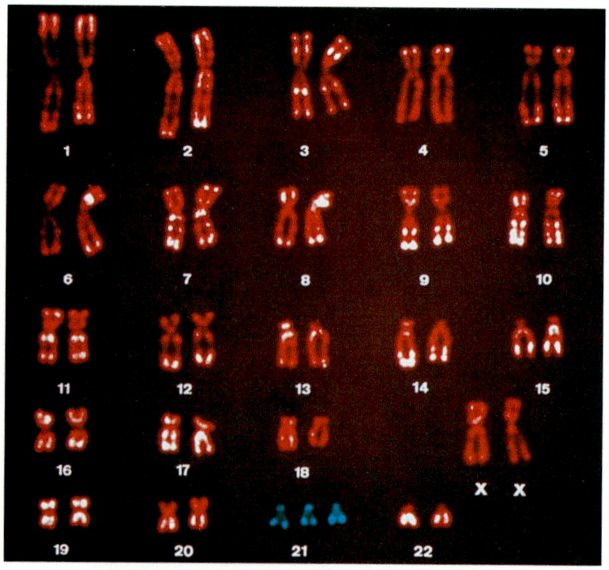

2 *Trisomie 21 im Karyogramm, gefärbt*

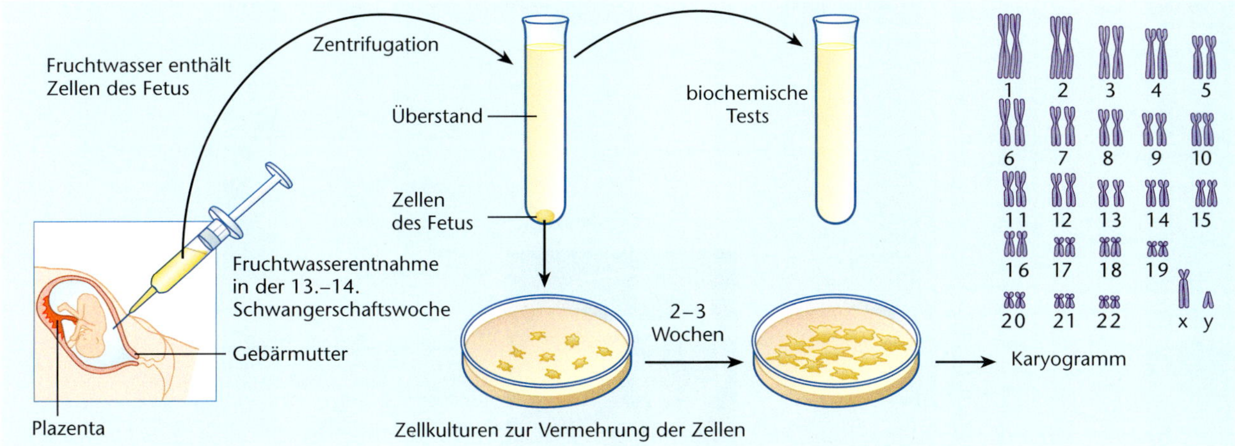

3 *Amniozentese*

1 Alter und Trisomie 21. Werte mithilfe des Grundwissentextes Abbildung 5 aus.

2 Amniozentese. Die Amniozentese ist ein wichtiges Verfahren der vorgeburtlichen Diagnostik. Beschreibe den Ablauf anhand von Abbildung 3.

3 Vier Positionen zur Amniozentese. Schwangeren, die über 35 Jahre alt sind, wird häufig die Durchführung einer Amniozentese empfohlen. Im Folgenden werden vier mögliche Positionen dazu genannt:
– Ich will nichts wissen und werde keine Amniozentese machen lassen.
– Ich traue mir ein Leben mit einem behinderten Kind nicht zu und werde gegebenenfalls abtreiben.
– Ich will das Ergebnis wissen, werde aber nicht abtreiben, wenn eine Trisomie 21 vorliegt.
– Ich weiß gar nicht, wie ich mich verhalten soll.
Erläutere für jede der vier Positionen, welche Überlegungen zu der Aussage geführt haben könnten.

4 Genetische Beratung. Simuliert für ein Elternpaar (Mutter: 39 Jahre, Vater 40 Jahre) in der Frühschwangerschaft die genetische Beratung hinsichtlich Trisomie 21 (Abb. 4).

Was soll genetische Beratung leisten?
Bei der genetischen Beratung versuchen Fachleute, dem Einzelnen, dem Paar oder der Familie zu helfen …
1) die medizinischen Fakten einschließlich der Diagnose des mutmaßlichen Verlaufs und der zur Verfügung stehenden Behandlungen zu erfassen;
2) den erblichen Anteil der Erkrankung und das Wiederholungsrisiko für bestimmte Verwandte zu begreifen;
3) eine Entscheidung zu treffen, die ihrem Risiko, ihren familiären Zielen, ihren ethischen und religiösen Wertvorstellungen entspricht und in Übereinstimmung mit dieser Entscheidung zu handeln und
4) sich so gut wie möglich auf die mögliche Behinderung des betroffenen Familienmitgliedes einzustellen.

4 *Was soll genetische Beratung leisten?*

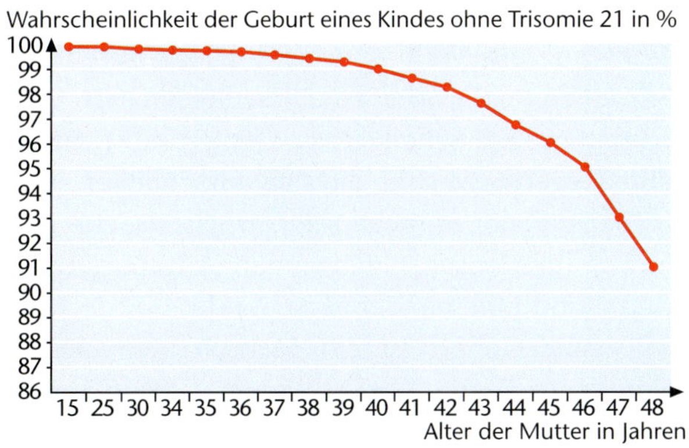

5 *Häufigkeit der Trisomie 21*

3.10 Der Mensch – Gene und Umwelt

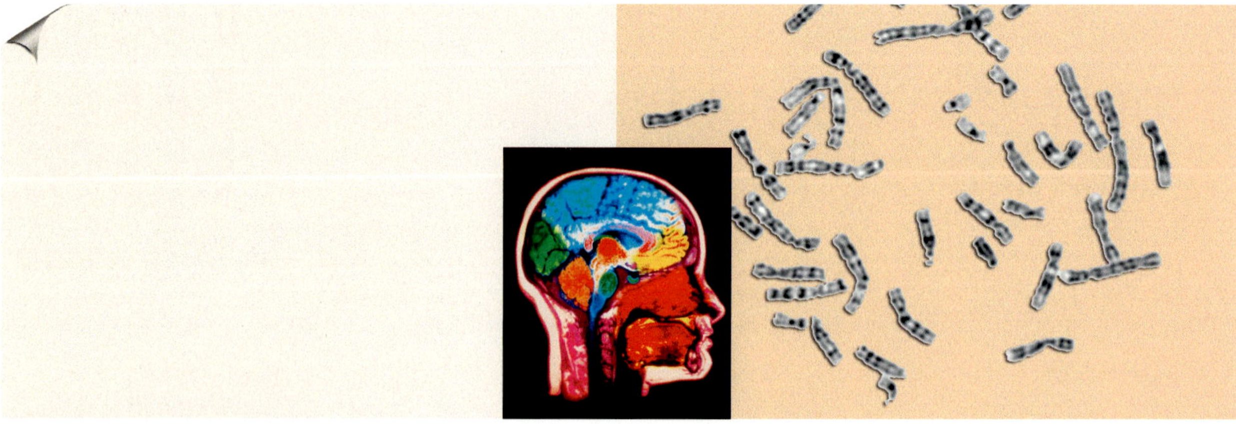

1 *Der Mensch: ein Produkt seiner Umwelt und/oder seiner Gene?*

Wenn du diese Zeilen liest, arbeiten Millionen Nervenzellen in deinem Gehirn an der Informationsverarbeitung. Dein Gehirn hat sich vor und nach deiner Geburt unter Beteiligung der ererbten Gene von deinem Vater und deiner Mutter zu einem komplexen Organ entwickelt. Dass du lesen und sprechen kannst, wurde dir auch durch deine Gene ermöglicht. Dass du speziell deine Muttersprache gut verstehst, ist dagegen deinem Elternhaus und damit deiner Umwelt zu verdanken.

In der Diskussion darüber, ob der Mensch Produkt seiner Umwelt und/oder seiner Gene ist, gibt es drei grundlegende Positionen (Abb. 1, 2). Die Position des **genetischen Determinismus** nimmt an, dass der Mensch und sein Verhalten allein durch seine Gene festgelegt ist. In der gegensätzlichen Position des **Umwelt-Determinismus** kommt der Mensch als „tabula rasa", als „unbeschriebenes Blatt", auf die Welt und wird allein durch die Umwelt zu dem, was er ist. Diese beiden extremen Positionen übersehen, dass Gene und Umwelt keine Gegensätze sind, die sich ausschließen. Wie das Beispiel der Sprache zeigt, arbeiten Gene und Umwelt im Menschen zusammen. Angeboren und erlernt sind miteinander verschränkt.
Bei seiner Geburt ist ein Mensch kein „unbeschriebenes Blatt". Die Millionen Jahre währende Evolution des Menschen hat Angepasstheiten hervorgebracht, zum Beispiel im Hirnaufbau, im Wahrnehmungsvermögen, in den Emotionen, im Verhalten und im Lern- und Gedächtnisvermögen. Der heutige Mensch trägt sein evolutionäres Erbe in Form von Genen in sich. Zum evolutionären Erbe des Menschen gehört auch, dass er mit einem Gehirn ausgestattet ist, das ein einzigartiges Lern- und Gedächtnisvermögen ermöglicht. Gene sind in Wechselwirkung mit der Umwelt maßgeblich an der Ausbildung und Tätigkeit des Gehirns eines Menschen beteiligt. Allerdings legen Gene einen Menschen nicht schicksalhaft fest. Vielmehr ermöglicht das Gehirn individuelles Verhalten, individuelle Erfahrungen, individuelle Gedächtnisinhalte und individuelle Gefühle. Gene und Umwelt wirken also untrennbar im Menschen zusammen. Menschen sind weder allein durch ihre Gene festgelegt noch sind sie allein Produkt ihrer Umwelt.

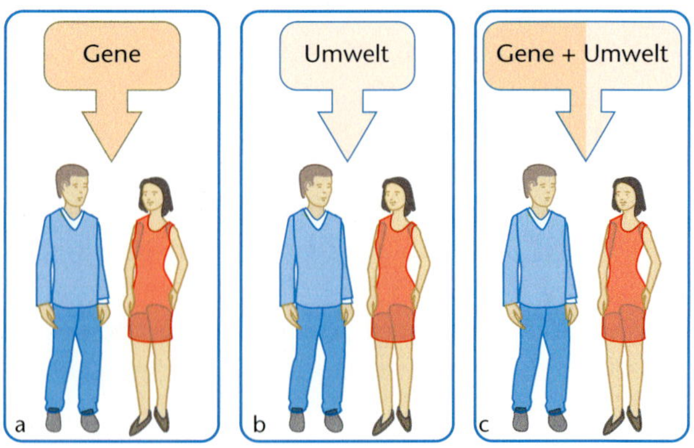

2 *Drei grundlegende Positionen*

1 Gene und/oder Umwelt? Erläutere anhand der Abbildungen und des Textes auf der Grundwissenseite die drei in Abbildung 2 dargestellten Positionen. Zeige am Beispiel des Spracherwerbs begründet auf, welche Positionen nicht zutreffen und welche Positionen zutreffen.

2 Modelle zum Zusammenwirken von Genen und Umwelt.
a) Beschreibe das Modell in Abbildung 3 im Hinblick auf das Zusammenwirken von Genen und Umwelt im Menschen. Erläutere die Positionen I, II und III in Abbildung 3.
b) „Tatsächlich ähneln unsere Erbanlagen nicht so sehr einem Programm, das einen Computer steuert, als einer Partitur, die nur unter ganz spezifischen Umweltbedingungen … zum Klingen gebracht, ja eigentlich zum Leben erweckt wird." Erläutere anhand der Abbildung 4 das Zusammenwirken von Genen und Umwelt im Modell.

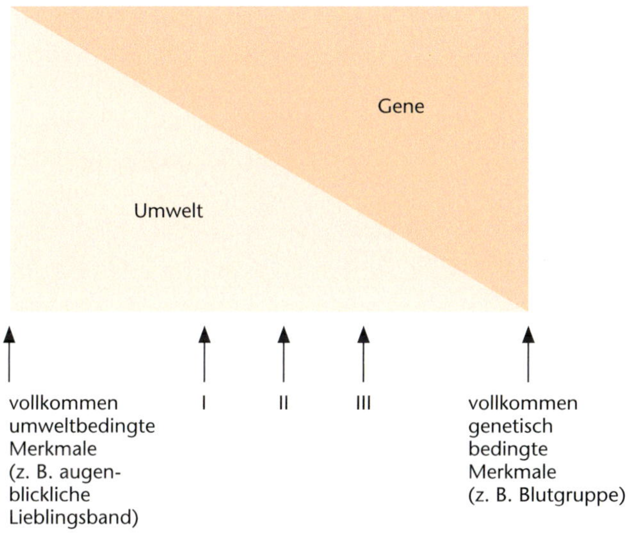

3 *Gene und Umwelt*

3 Gedankenexperiment: Folgerungen für verschiedene Aspekte des menschlichen Lebens. Diskutiert für jeden der nachfolgenden Lebensbereiche, welche Folgerungen und Konsequenzen sich ergeben würden, wenn a) der genetische Determinismus zutreffen würde, b) der Umwelt-Determinismus zutreffen würde (Abb. 2):
- Erlernen einer Fremdsprache
- Geschlechterrolle als Mann oder Frau
- aggressives Verhalten gegenüber anderen Menschen.

4 „Tabula rasa", das „unbeschriebene Blatt" – Ist alles möglich? Von JOHN B. WATSON (1878–1958), einem Lernforscher, stammt folgende Formulierung: „Gebt mir ein Dutzend gesunde, gut gebaute Kinder und meine eigene spezifische Welt, um sie darin großzuziehen, und ich garantiere, dass ich irgendeines aufs Geratewohl herausnehme und es so erziehe, dass es irgendein beliebiger Spezialist wird, zu dem ich es erwählen kann – Arzt, Jurist, Künstler, Kaufmann, ja sogar Bettler und Dieb, ungeachtet seiner Talente, Neigungen, Absichten, Fähigkeiten und Herkunft seiner Vorfahren." Ordne diese Behauptung einer der drei Positionen in Abbildung 2 begründet zu. Diskutiert und bewertet die Behauptung WATSONS.

4 *Modell für das Zusammenwirken von Genen und Umwelt*

Zusammenfassung zum Thema „Vererbung"

Die nachfolgenden Sachverhalte stammen aus den Kapiteln „Grundlagen der Vererbung" und „Regeln der Vererbung". Die Nummerierung ist willkürlich und gibt keine Rangfolge an.

1. Der Zellkern ist ein Kompartiment, in dem alle Erbinformationen gespeichert sind. Dazu gehören die Bauanleitung für die Zellen und die Entwicklung des Körpers, die Informationen für den Stoffwechsel und für die Fortpflanzung.

2. Versuche zur Kerntransplantation haben gezeigt, dass in jeder Körperzelle mit Zellkern die Gesamtheit der Erbinformationen eines Lebewesens, das Genom, vorhanden ist. Die Träger der Erbinformationen im Zellkern sind die Chromosomen. Jedes Chromosom besteht aus einem langen DNA-Molekül. In den Körperzellen befindet sich der doppelte (diploide) Chromosomensatz.

3. Die Erbgleichheit aller Körperzellen eines Vielzellers wird durch den Vorgang der Mitose während des Zellzyklus sichergestellt. Bei der Mitose werden zuvor identisch verdoppelte Chromosomen so auf die beiden neu entstehenden Zellen verteilt, dass jede von ihnen identische Erbinformationen hat.

4. Die Verdopplung von Zellen durch Zellteilung und Mitose ist Grundlage für das Wachstum eines vielzelligen Lebewesens.

5. Meiose heißt der Vorgang, bei dem aus Zellen mit doppeltem (diploidem) Chromosomensatz Geschlechtszellen mit einfachem (haploidem) Chromosomensatz gebildet werden. Bei der Befruchtung werden die beiden Chromosomensätze der Geschlechtszellen zu einem diploiden Chromosomensatz zusammengefügt.

6. Bei der Meiose und bei der Befruchtung werden Erbanlagen neu kombiniert. Das ist der Grund dafür, dass bei allen Lebewesen mit geschlechtlicher Fortpflanzung die Nachkommen genetische Variabilität zeigen. Genetische Variabilität ist eine der Voraussetzungen für die Bildung neuer Arten in der Geschichte des Lebens.

7. Erbinformationen sind chemisch verschlüsselt in Form der DNA. Ein Gen ist ein Abschnitt der DNA, der die Information für die Bildung eines Proteins enthält. Proteine wirken bei der Ausbildung erblicher Merkmale mit, zum Beispiel als Enzyme bei der Bildung eines Blütenfarbstoffs.

8. Gene können an- und abgeschaltet werden. Verschiedenartig differenzierte Zellen unterscheiden sich in der Aktivität von Genen. Im Gegensatz zu Stammzellen können in differenzierten Zellen nicht mehr alle Gene aktiviert werden.

9. Mutationen sind bleibende Veränderungen der DNA. Viele Mutationen sind schädlich, manche können jedoch vorteilhaft sein. Solche Mutationen sind in der Geschichte der Lebewesen Quelle für neue Merkmale.

10. GREGOR MENDEL (1822-1884) hat Regeln zur Vererbung aufgestellt. Heute lassen sich die Mendelschen Regeln mit Ergebnissen der Zellforschung und dem Wissen über Chromosomen und Gene erklären. Die Vererbungsregeln spielen unter anderem in der Tier- und Pflanzenzüchtung und bei der Untersuchung von Familienstammbäumen eine Rolle.

11. Die Rot-Grün-Sehschwäche ist ein Beispiel für einen X-chromosomalen rezessiven Erbgang.

12. Merkmalsunterschiede zwischen Individuen einer Art können genetisch bedingt oder umweltbedingt sein. In den meisten Fällen wirken Umwelt und Gene bei der Ausprägung des Phänotyps eines Lebewesens zusammen.

13. Die Hautfarbe ist ein Beispiel für Polygenie. Mehrere Gene sind an der Ausprägung der Hautfarbe beteiligt.

14. Trisomie 21 ist eine angeborene Behinderung. Bei den betroffenen Personen ist das Chromosom 21 dreimal vorhanden. Ursache dafür sind Fehler in der Verteilung der Chromosomen bei der Bildung der Geschlechtszellen.

15. Die beiden gegensätzlichen Positionen, der Mensch sei genetisch festgelegt oder werde als „tabula rasa“, unbeschriebenes Blatt, geboren und allein durch die Umwelt festgelegt, sind nicht haltbar. Gene und Umwelt wirken im Menschen untrennbar zusammen.

1 Aufgabe: Ordne jedem dieser Sachverhalte ein Basiskonzept oder mehrere Basiskonzepte zu. Die Basiskonzepte sind in diesem Buch auf der Methodenseite „Arbeiten mit Basiskonzepten“ erläutert. Begründe die von dir gewählte Zuordnung.

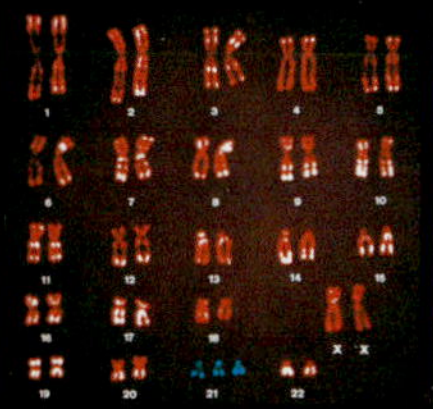

Hormone, Fortpfla und Entwicklung

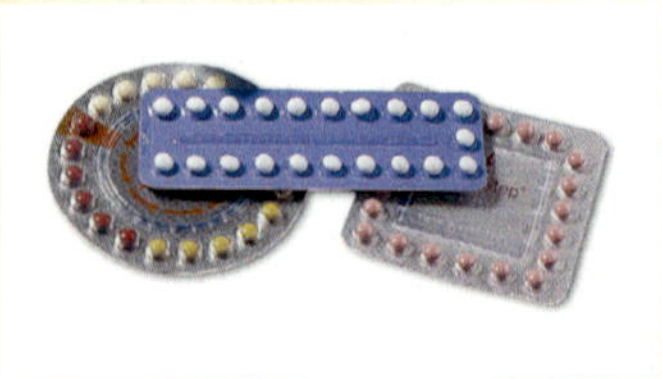

zung

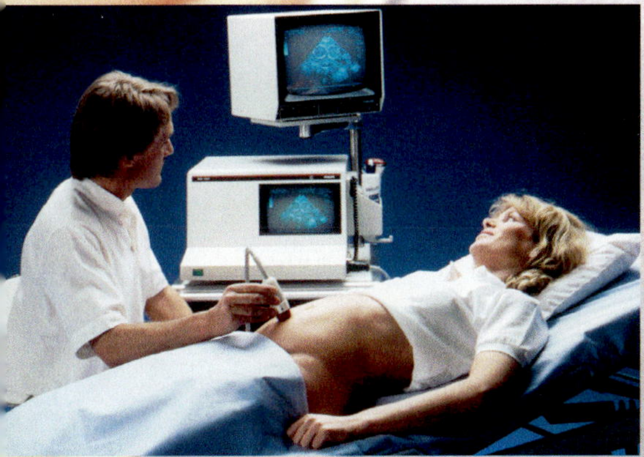

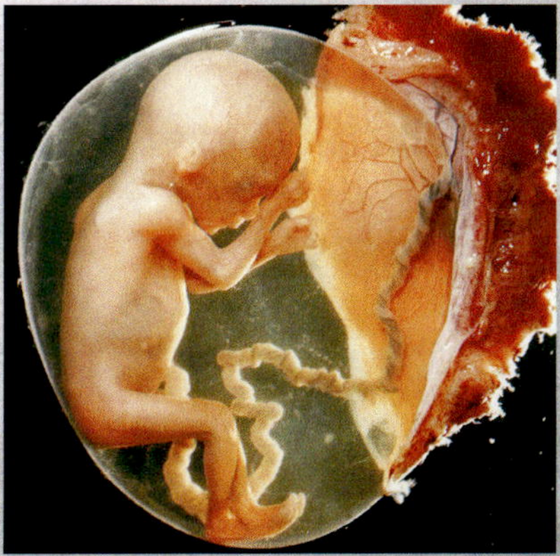

4 Hormone, Fortpflanzung und Entwicklung

4.1 Hormonsystem im Überblick

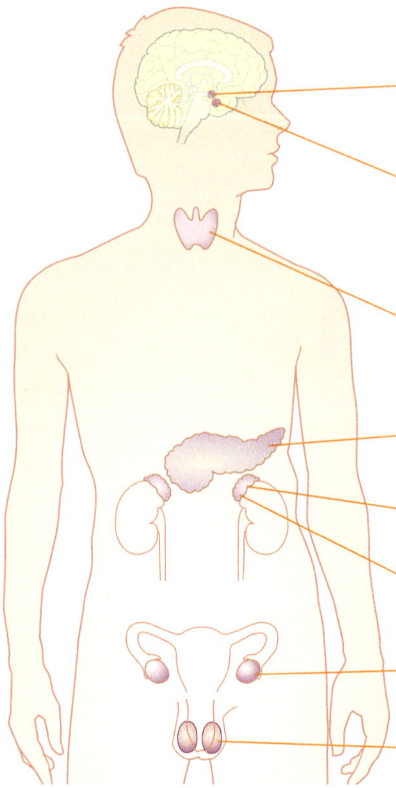

Drüse	Hormon	Wirkung
Hypothalamus	Freisetzungshormone	beeinflussen die Freisetzung von Hormonen in der Hypophyse
Hypophyse	Somatotropin, FSH, LH	Wachstum Follikelreifung in den Eierstöcken, Bildung der Muttermilch, Bildung der Spermazellen, Steuerung weiterer Hormone
Schilddrüse	Thyroxin	Förderung der Sauerstoffaufnahme und der Energieumwandlung in der Zelle, Förderung des Wachstums in der Jugend, erhöhte Aufnahme von Glucose aus dem Darm in das Blut
Bauchspeicheldrüse	Insulin, Glukagon	Senkung und Erhöhung des Blutzuckerspiegels
Nebennierenmark	Adrenalin, Noradrenalin	Erhöhung des Blutzuckerspiegels, Steigerung des Grundumsatzes, Glykogenabbau
Nebennierenrinde	Cortisol	Hemmung und Heilung von Entzündungen
Eierstöcke	Östrogene, Progesteron	Ausbildung weiblicher Sexualorgane, Regelung des Menstruations-Zyklus, Erhaltung der Schwangerschaft
Hoden	Testosteron	Ausbildung der männlichen Geschlechtsmerkmale, Muskelzunahme

1 *Wichtige Hormondrüsen, einige Hormone und ihre Wirkung*

Hormone sind Botenstoffe. Sie werden in Hormondrüsen gebildet und von dort in das Blut abgegeben und werden im ganzen Körper verteilt. Sie werden schon in kleinsten Mengen wirksam. Jedes Hormon wirkt nur auf bestimmte Organe oder Zellen, diese Zellen nennt man die **Zielzellen** eines Hormons.

Der Hypothalamus hat für die meisten Hormondrüsen eine übergeordnete Funktion. Er ist die Verbindungsstelle zwischen Nervensystem und Hormonsystem. Der Hypothalamus produziert Hormone, die die Freisetzung von Hormonen aus der Hypophyse beeinflussen. Die Hormone der Hypophyse regen andere Hormondrüsen im Körper an, ihrerseits Hormone zu bilden. Zum Beispiel regt das Hypophysenhormon Thyreotropin die Schilddrüse an, das Hormon Thyroxin zu bilden und in das Blut abzugeben. Thyroxin fördert die Sauerstoffaufnahme und die Zellatmung in allen Zellen des Körpers.

Hormonsystem und Nervensystem arbeiten eng zusammen (Abb. 2). Wenn ein neugeborenes Kind an der Brust der Mutter saugt, gelangen diese Informationen zum Gehirn (I) und zum Hypothalamus (II). Von der Hypophyse (III) wird daraufhin das Hormon Prolactin in das Blut abgegeben. Es gelangt an die Zellen der Brustdrüsen (V). Daraufhin produzieren die Brustdrüsenzellen Milch.

Hormone besitzen eine räumliche Struktur. Manche Zellen, die Zielzellen, haben Rezeptoren auf ihren Zellmembranen, an die Hormone andocken können. Rezeptoren sind Moleküle, deren Struktur wie ein Schloss zum Schlüssel, dem Hormon, passt. Nur in diesen Zielzellen mit den passgenauen Rezeptoren können die Hormone ihre Wirkung entfalten.

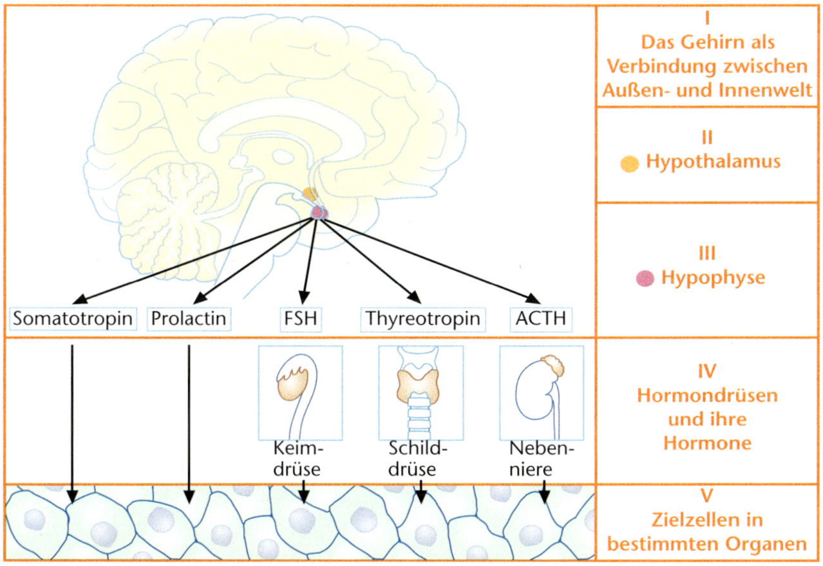

2 *Die fünf Ebenen der Hormonwirkung*

3 *Leonid Stadnik ist 2,53 m groß*

1 Die Ebenen des hormonellen Systems. Beschreibe die fünf Ebenen des hormonellen Systems in Abbildung 2 mithilfe des Grundwissentextes.

2 Schlüssel-Schloss-Prinzip.
a) Erläutere anhand von Abbildung 4 das Schlüssel-Schloss-Prinzip von Hormon und Rezeptoren auf der Membran der Zielzellen.
b) Ordne, soweit möglich, die Hormone der Hormondrüsen A–D den Zielzellen 1–4 zu.

3 Regulation durch Wachstumshormone. Im April 2004 wurde die Körpergröße des Ukrainers LEONID STADNIK (33) mit 2,53 Meter gemessen (Abb. 3).
Es wurde festgestellt, dass LEONID STADNIK noch weiter wachsen wird. Im Alter von 14 Jahren hatte er eine Gehirnoperation, die durch einen Tumor an der Hypophyse notwendig wurde. Erarbeite eine Hypothese, wie sich ein solches Riesenwachstum erklären lässt.

4 Körperlänge und Wachstumshormone. In einem Versuch wurden jungen Ratten Zellen in der Hypophyse, die das Wachstumshormon produzieren, zerstört. Einige Ratten erhielten danach ein Wachstumshormon. Erkläre die Versuchsergebnisse in der Abbildung 5 ausführlich.

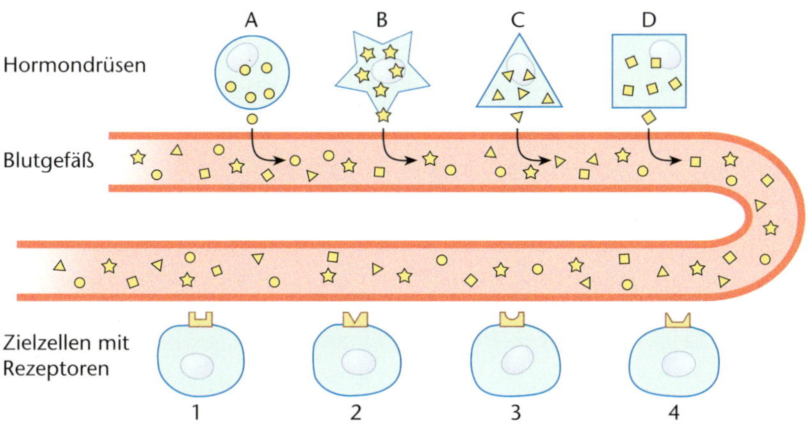

4 *Hormone und Zielzellen*

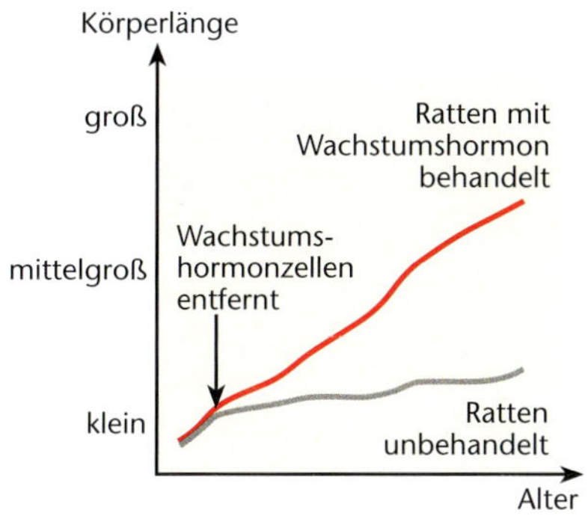

5 *Die Auswirkung von Wachstumshormonen auf die Körperlänge von Ratten*

Steuerung und Regelung

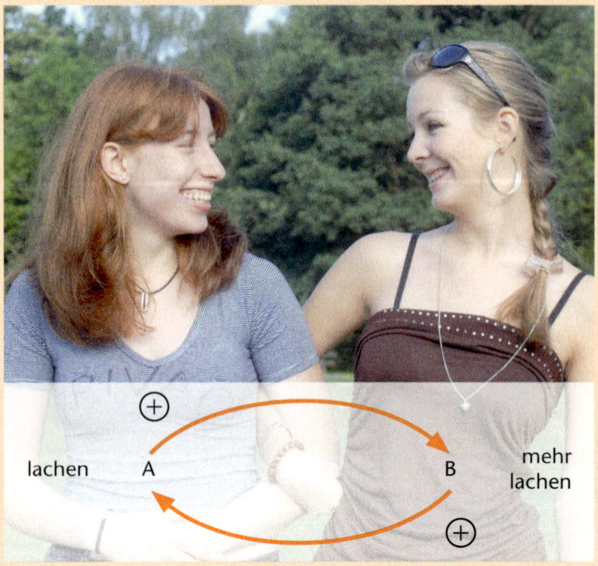

1 *Positive Rückkopplung*

2 *Negative Rückkopplung*

Steuerung:

- Wenn man einen Wasserhahn auf- oder zudreht, wird der Wasserdurchfluss gesteuert.
- Ein Autofahrer kann durch Treten des Gaspedals die Geschwindigkeit und durch Drehen des Lenkrads die Richtung der Fahrt steuern.
- Im Stoffwechsel steuern Enzyme und Hormone den Aufbau, Umbau und Abbau von Stoffen.

Unter Steuerung versteht man in den Naturwissenschaften die kontrollierte Veränderung von Bewegungen. Häufig handelt es sich dabei um die Bewegung einer Masse wie zum Beispiel bei der Steuerung eines Autos. Dabei ist in der Regel der Energieaufwand für die Steuerung erheblich kleiner als der Energieaufwand für die Bewegung der Masse. Zum Beispiel benötigt die Lenkung eines Fahrzeugs vieltausendfach weniger Energie als die Bewegung der Fahrzeugmasse.

Rückkopplung und Regelung:

- Jemand spart 1000 Euro auf einem Sparkonto mit einer jährlichen Verzinsung von zwei Prozent. Am Ende des Jahres hat er 1020 Euro.
- Ein rollender Schneeball wird durch Anlagerung von Schnee größer, was wiederum zur Folge hat, dass noch mehr Schnee angelagert wird. Es entsteht ein Lawinen-Effekt.
- Je größer die Anzahl der Hasen in einem bestimmten Gebiet ist, desto mehr Füchse finden dort Nahrung. Je mehr Füchse in einem bestimmten Gebiet leben, desto stärker nimmt die Anzahl der Hasen ab.
- Je höher der Kohlenstoffdioxid-Gehalt im Blut eines Menschen ist, desto intensiver erfolgt die Atmung. Je intensiver die Atmung, desto geringer wird der Kohlenstoffdioxid-Gehalt im Blut.

Unter Rückkopplung versteht man die Wirkung einer veränderlichen Größe auf sich selbst. Eine Rückkopplung heißt positiv, wenn die Wirkung zu einer Aufschaukelung führt. Positive Rückkopplung wird durch das Symbol ⊕ in einem Pfeildiagramm dargestellt (Abb. 1). Das Pluszeichen bedeutet eine gleichsinnige Beziehung. Je mehr … desto mehr oder je weniger … desto weniger. Ein Beispiel sind zwei Menschen, die sich gegenseitig in ihren Reaktionen steigern.

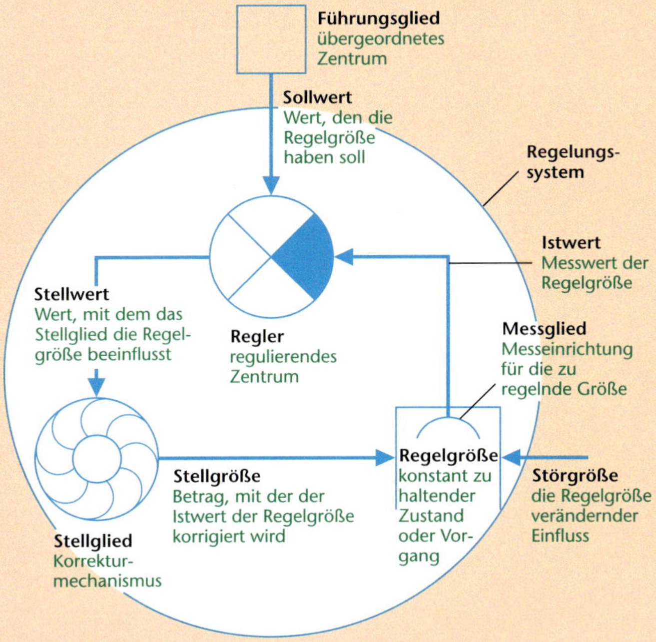

3 *Allgemeiner Regelkreis*

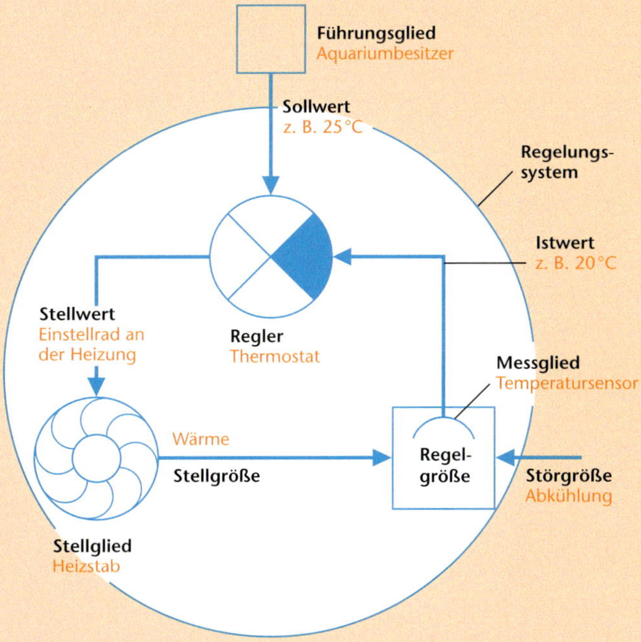

4 *Temperaturregelung im Aquarium*

Eine Rückkopplung heißt negativ, wenn die Wirkung abgeschwächt wird (Abb. 2). Sie wird durch das Symbol ⊖ dargestellt. Das Minuszeichen bedeutet eine gegensinnige Beziehung: Je mehr … desto weniger oder je weniger … desto mehr.

Wenn die Wirkung einer veränderlichen Größe auf sich selbst mit einer negativen Rückkopplung einhergeht, spricht man von Regelung. Ein Beispiel für Regelung ist die Aufrechterhaltung einer konstanten Wassertemperatur in einem Aquarium. Solche Regelungsvorgänge lassen sich in einem Regelkreis darstellen (Abb. 3).

Regelkreis:
Die Wassertemperatur in einem Aquarium soll auf 25 Grad Celsius geregelt werden (Abb. 4). Dazu werden ein Heizstab, ein Thermometer (Temperatursensor) und ein Thermostat benötigt. Zur automatischen Regelung muss eine Informationsübertragung vom Temperatursensor zum Thermostat und von dort zum Heizstab erfolgen.

Die Regelung kommt dadurch zustande, dass der Istwert und der Sollwert verglichen werden. Aus der Differenz von Ist- und Sollwert erhält man den Stellwert. Je nach Differenz erfolgt eine verminderte oder verstärkte Aktivität des Stellgliedes, bis der Istwert und der Sollwert übereinstimmen. Ein Regelkreis ist ein System, in dem der Istwert der Regelgröße möglichst gut dem Sollwert folgt. Beispiel für Regelkreise im menschlichen Körper sind die Regelung der Körpertemperatur, des Kohlenstoffdioxid-Gehalts im Blut, des Blutzuckerspiegels sowie die Regelung willkürlicher Bewegungen.

1 Pfeildiagramme. Erstelle jeweils für die folgenden Rückkopplungs- und Reglungsvorgänge ein Pfeildiagramm. Verwende dabei die angegebenen Begriffe.

a) Die Entstehung von Wut und Aggression zwischen zwei Menschen.
b) Die Entwicklung eines Minderwertigkeitskomplexes durch häufige Misserfolgserlebnisse.
c) Die Konstanz der Körpertemperatur bei großer Hitze.

4.2 Die Schilddrüse

Im Halsbereich des Menschen liegt die Schilddrüse. Sie produziert das iodhaltige Hormon Thyroxin. Zur Bildung von Thyroxin muss Iod mit der Nahrung aufgenommen werden. Thyroxin fördert die Sauerstoffaufnahme und den Energiestoffwechsel. Bei Heranwachsenden ist Thyroxin an Entwicklungsprozessen wie Zelldifferenzierung und Wachstum beteiligt.

Wie viele andere Drüsen auch steht die Schilddrüse unter dem Einfluss übergeordneter Hormondrüsen. Man spricht in diesem Zusammenhang von der **Hierarchie des hormonellen Systems.**

Im Fall des Schilddrüsenhormons sieht die Hierarchie folgendermaßen aus (Abb. 1). Übergeordnet ist der Hypothalamus. Er bildet ein Hormon mit dem Namen Thyreotropin-Releasing-Hormon, abgekürzt TRH. Die Synthese und Freisetzung von TRH wird durch das Gehirn beeinflusst. Kälte und Stress regen die TRH-Freisetzung an. TRH lagert sich an einen passenden Rezeptor in der Zellmembran der Hypophyse an. TRH veranlasst in der Hypophyse die Synthese des Hypophysenhormons Thyroidea-stimulierendes Hormon, abgekürzt TSH. Rezeptoren für TSH befinden sich in der Membran von Zellen der Schilddrüse. Dort stößt TSH eine Signalkette an, die zur Synthese und Freisetzung des Schilddrüsenhormons Thyroxin führt. Zielzellen für Thyroxin sind fast alle Körperzellen. Der Rezeptor für Thyroxin befindet sich im Inneren der Zielzellen. Thyroxin wirkt durch negative Rückkopplung auf Hypothalamus und Hypophyse und hemmt dort die Synthese und Freisetzung von TRH und TSH.

Alle Hormone wirken nach dem Schlüssel-Schloss-Prinzip über bestimmte Proteine, die **Rezeptoren.** Diese können sich in der Zellmembran oder im Zellinneren befinden. Rezeptoren spielen eine wichtige Rolle bei der **Signalübertragung.** Wenn ein Hormon an einen passenden Rezeptor der Zellmembran bindet, löst der Rezeptor eine Signalkette im Inneren der Zelle aus. Das Ergebnis

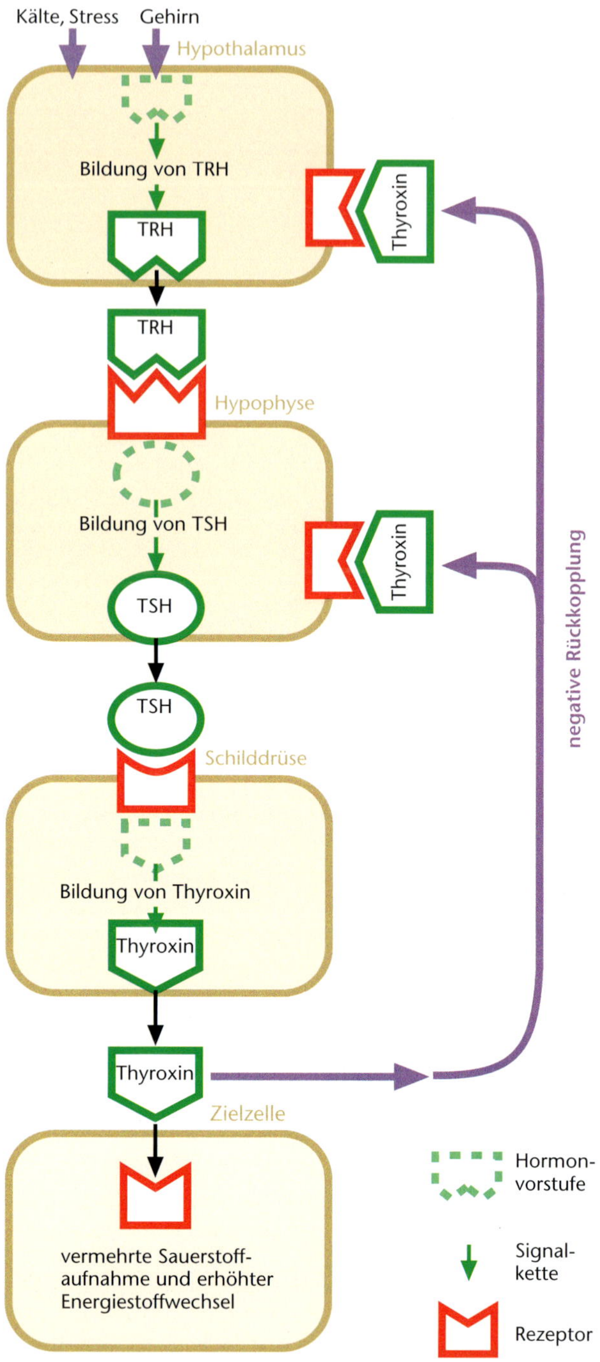

1 *Hierarchie von Hormondrüsen am Beispiel der Schilddrüse*

der Signalkette ist die Synthese eines bestimmten Hormons aus Vorstufen und die Freisetzung des Hormons in das Blut. In den Zielzellen steht die Hormon-Rezeptor-Verbindung am Anfang einer Signalkette, die zu einer für das jeweilige Hormon speziellen Veränderung des Stoffwechsels führt.

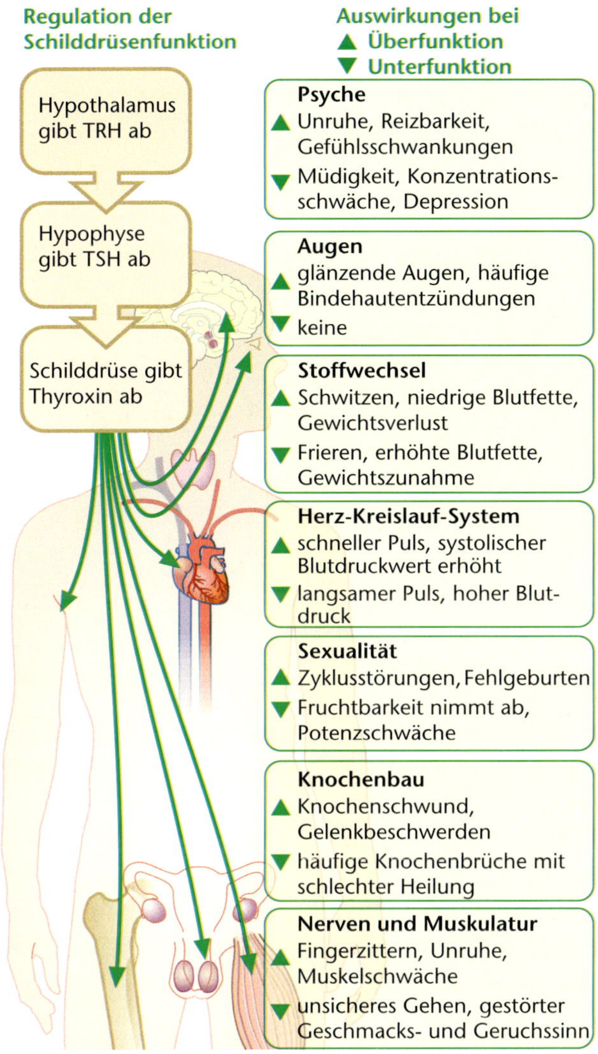

2 *Auswirkungen von Über- und Unterfunktion der Schilddrüse*

Versuch	Hypophyse	Schilddrüse	Hormon-zusatz	Meta-morphose
1. Experiment	nicht entfernt	nicht entfernt	–	ja
2. Experiment	entfernt	nicht entfernt	–	nein
3. Experiment	nicht entfernt	entfernt	–	nein
4. Experiment	entfernt	entfernt	Thyroxin	ja
5. Experiment	entfernt	entfernt	TSH	nein
6. Experiment	entfernt	nicht entfernt	TSH	ja

3 *Versuchsergebnisse zur Wirkung von Thyroxin und TSH auf die Metamorphose von Kaulquappen*

1 Kurzvortrag: Schilddrüse und hormonelle Hierarchie. Halte über die hormonelle Hierarchie am Beispiel des Schilddrüsenhormons einen zusammenhängenden Kurzvortrag von drei bis fünf Minuten. Erarbeite dir die Abbildung 1. Überlege den Einstieg in den Kurzvortrag und die Struktur deines Kurzvortrags. Decke dann den Grundwissentext ab und halte nur unter Bezug auf Abbildung 1 den Vortrag. Abschließend wird der Kurzvortrag hinsichtlich seiner Vorzüge, aber auch hinsichtlich weniger gelungener Aspekte beurteilt.

2 Ursachen von Über- und Unterfunktion einer Hormondrüse. Man kennt verschiedene Ursachen für die Unterfunktion und die Überfunktion einer Hormondrüse. Erläutere für die folgenden Fälle, welche Auswirkungen sich nach Abbildung 1 ergeben. Gib an, ob damit eine Unter- oder Überfunktion der Schilddrüse einhergeht:

1. In der Schilddrüse kann das Hormon nicht vollständig aus Vorstufen synthetisiert werden.
2. Der Rezeptor in der Zielzelle ist defekt.
3. Der Rezeptor in der Membran der Schilddrüsenzelle ist defekt: Unabhängig davon, ob das Hypophysen-Hormon vorhanden ist oder nicht, wird laufend die Signalkette zur Bildung des Hormons gestartet.
4. Die Rezeptoren für das Schilddrüsenhormon im Hypothalamus und in der Hypophyse sind defekt.

3 Thyroxin und die Metamorphose bei Fröschen. Bereits im Jahre 1912 fand man heraus, dass sich die Metamorphose von Kaulquappen erheblich beschleunigte, wenn man Schilddrüsengewebe an sie verfütterte. In weiteren Versuchen wurden die Zusammenhänge zwischen Schilddrüse, Hypophyse und ihren Hormonen untersucht (Abb. 3). Dabei wurden die Hypophyse und/oder die Schilddrüse der Kaulquappen operativ entfernt. Werte jeden Versuch in Abbildung 3 unter Bezug auf die hormonelle Hierarchie aus. Formuliere einen zusammenfassenden Text über die normale hormonelle Regulation der Metamorphose bei Fröschen.

4.3 Regelung des Blutzuckerspiegels

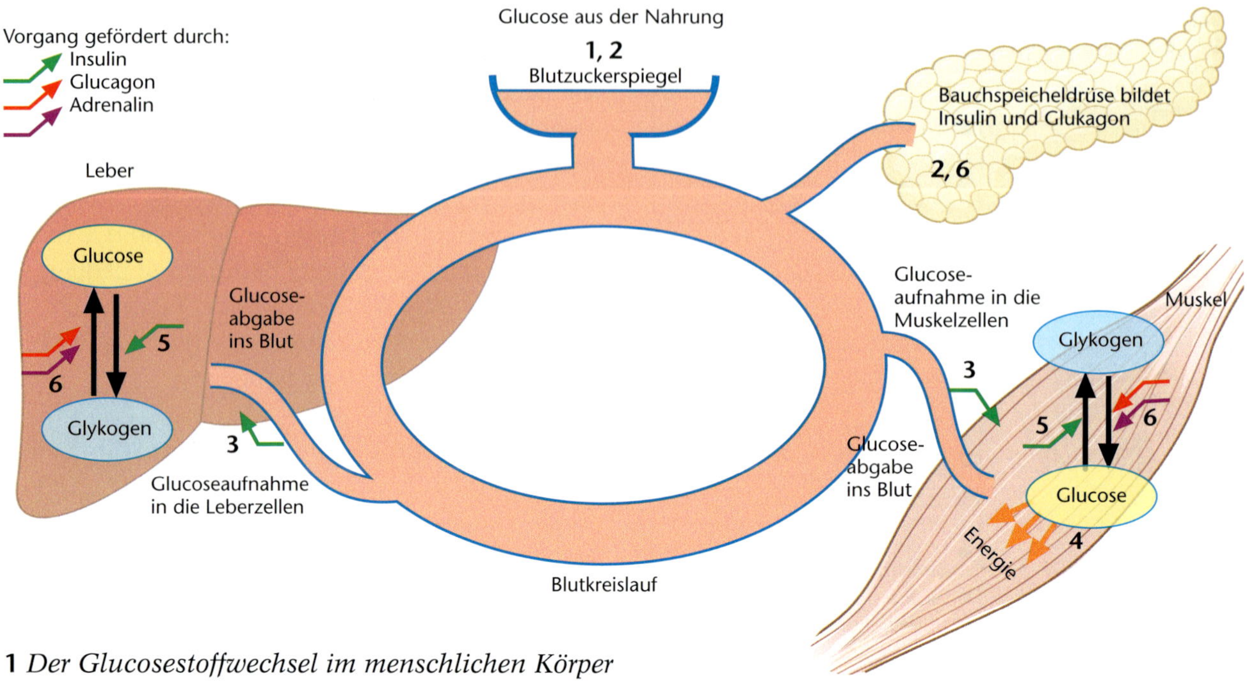

1 *Der Glucosestoffwechsel im menschlichen Körper*

Für die Energieversorgung aller Zellen in unserem Körper wird Glucose als Ausgangsstoff benötigt. Nach der Aufnahme von Nahrung, die Glucose enthält, geschieht Folgendes (Abb. 1):

1: Glucose gelangt nach der Verdauung kohlenhydrathaltiger Nahrung in das Blut.

2: Der Blutzuckerspiegel steigt zunächst an. Dadurch werden Zellen der Bauchspeicheldrüse angeregt, das Hormon **Insulin** herzustellen und in das Blut abzugeben.

3: Durch das Andocken von Insulinmolekülen an Rezeptoren auf der Zellmembran von Muskelzellen und Leberzellen können die Glucosemoleküle aus dem Blut in das Zellinnere gelangen. So sinkt der Blutzuckerspiegel.

4: Glucose dient als Ausgangsstoff für die Zellatmung und ermöglicht so die Energieversorgung der Zellen.

5: Insulin bewirkt auch die Umwandlung von Glucosemolekülen in Glykogen. Glykogen ist eine Speicherform von Glucose. Der Glykogenaufbau erfolgt in den Leberzellen und in den Muskelzellen.

6: Bei körperlichen Anstrengungen steigt der Energiebedarf der Zellen. Mehr Glucose geht vom Blut in die Muskel- und Leberzellen über: Die Glucosekonzentration im Blut nimmt ab, der Blutzuckerspiegel sinkt. Wird der Normalwert von circa 100 Milligramm Glucose pro hundert Milliliter Blut unterschritten, produzieren Zellen der Bauchspeicheldrüse das Hormon **Glucagon.** Glucagon bewirkt die Umwandlung von Glykogen zu Glucose in Leber- und Muskelzellen. Die Glucose wird an das Blut abgegeben und so der Blutzuckerspiegel erhöht. Bei Stress bewirkt das Hormon Adrenalin zusätzlich eine schnelle Mobilisierung der Glykogenreserven.

Bei der Regulation des Blutzuckerspiegels wirkt das Hormon Insulin gegensinnig zu den Hormonen Glucagon und Adrenalin, diese Hormone sind **Gegenspieler** oder Antagonisten. Durch ihre Wechselwirkung können Schwankungen des Blutzuckerspiegels ausgeglichen werden.

1 Regelung des Blutzuckerspiegels. Ordne die Beschreibungen in Abbildung 2 den Buchstaben der Zeichnung zu.

2 Einflüsse auf den Blutzuckerspiegel. Erläutere die Auswirkungen folgender Einflüsse auf die Regulation des Blutzuckerspiegels:
a: Zufuhr von Glucose (z. B. Schokolade)
b: Aufgrund einer krankhaften Veränderung können die Zellen der Bauchspeicheldrüse kein Insulin produzieren (Diabetes Typ I).
c: Die Anzahl der Insulinrezeptoren an den Leber- und Muskelzellen sinkt (Diabetes Typ II).
d: zu geringe Bildung von Glukagon
e: Erhöhung der Adrenalinkonzentration bei Stress

3 Pfeildiagramm. Übertrage die Abbildung 3 vergrößert in dein Heft. Ergänze die Beschriftung in den gelben Feldern.

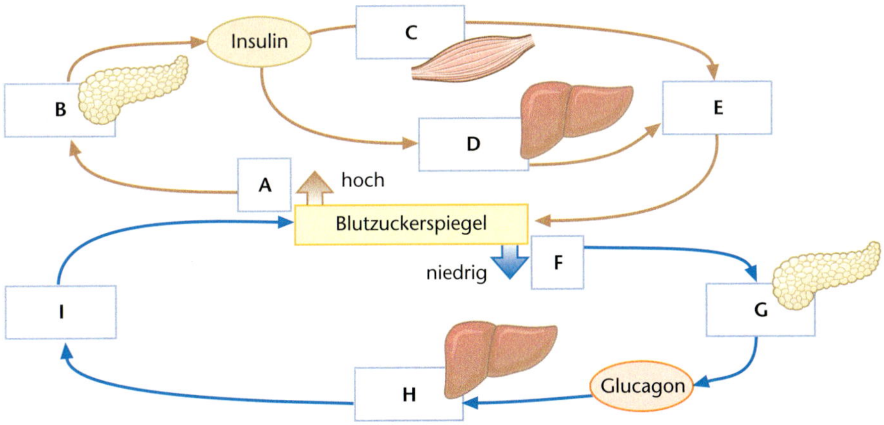

1. Anstieg der Blutzuckerkonzentration, z. B. nach einer kohlenhydrathaltigen Mahlzeit	4. erniedrigter Blutzuckerspiegel, z. B. durch Auslassen von Mahlzeiten	7. Der Blutzuckerspiegel sinkt auf den Normalwert; die Insulinabgabe lässt nach.
2. Die Leberzellen bauen Glykogen ab und geben Glucose in das Blut ab.	5. Der Blutzuckerspiegel steigt auf den Normalwert; die Glucagonabgabe lässt nach.	8. Die Zellen der Bauchspeicheldrüse geben Insulin in das Blut ab.
3. Die Leber- und Muskelzellen nehmen Glucose auf und speichern sie als Glykogen.	6. Die Zellen der Bauchspeicheldrüse geben Glucagon in das Blut ab.	9. Die Leber- und Muskelzellen nehmen mehr Glucose auf.

2 *Schema zur Regulation des Blutzuckerspiegels durch Insulin und Glucagon*

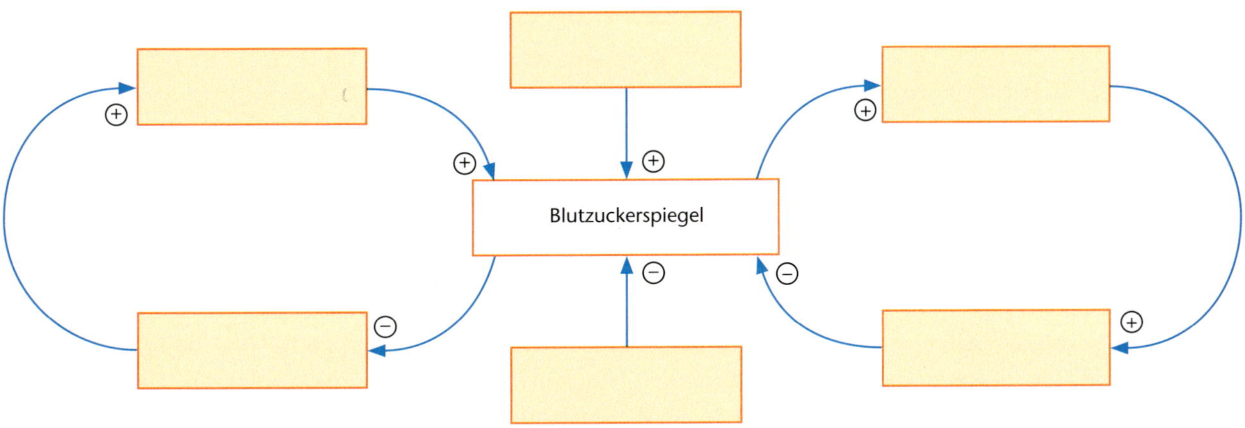

3 *Pfeildiagramm zur Regulation des Blutzuckerspiegels*

4.4 Hormonelle Regulation des weiblichen Zyklus

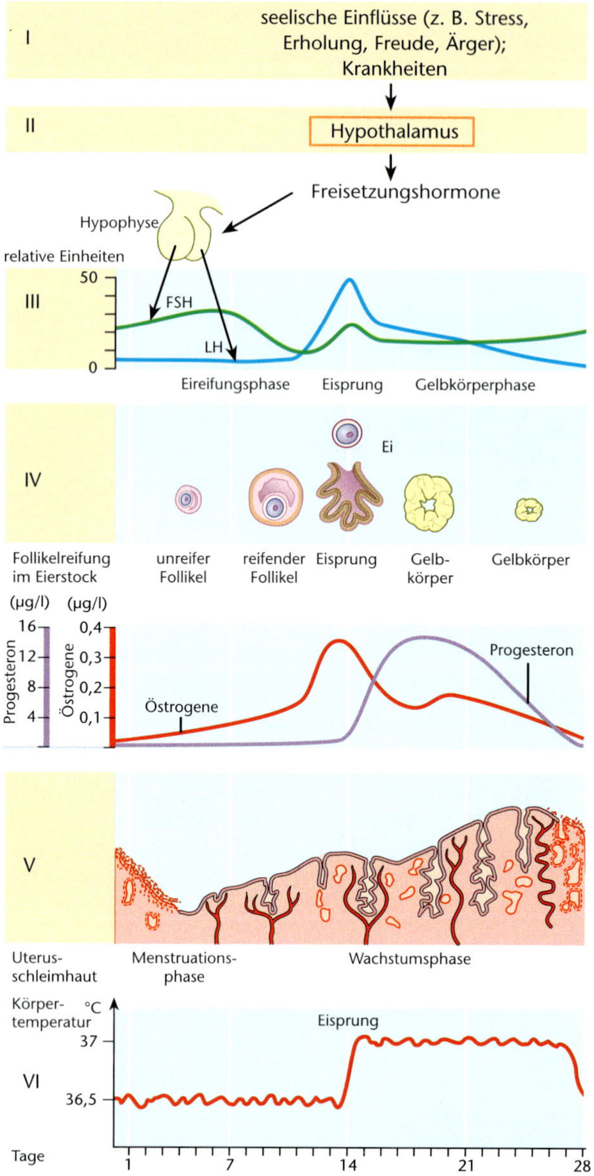

1 *Hormonelle Regulation des weiblichen Zyklus*

Geschlechtsreife bei einem Mädchen oder einer Frau bedeutet, dass in den Eierstöcken in durchschnittlich 28-tägiger Abfolge jeweils eine befruchtungsfähige Eizelle heranreift. Diese zyklischen Vorgänge werden durch Hormone verschiedener Hormondrüsen gesteuert. Aber auch äußere Einflüsse wie Stress oder Krankheiten haben Einfluss auf die Hormonproduktion (Abb. 1, I). Der erste Tag der Regelblutung wird als erster Tag des Zyklus gezählt.

Vom Hypothalamus, einem Teil des Zwischenhirns, wird die zeitliche Abfolge der Vorgänge vorgegeben (Abb. 1, II). Vom Hypothalamus gelangen Freisetzungshormone in die nur wenige Zentimeter entfernte Hypophyse (Hirnanhangsdrüse, Abb. 1, III). Dort beeinflussen sie die Freisetzung von Hormonen aus der Hypophyse. Das Follikel stimulierende Hormon (FSH) bewirkt, dass innerhalb der ersten 14 Tage des Zyklus eine Eizelle im Follikel heranreift (Abb. 1, IV). Für die vollständige Reifung ist das luteinisierende Hormon (LH) notwendig. Wenn es in einer bestimmten Konzentration im Blut vorliegt, platzt der reife Follikel und gibt die Eizelle frei (Abb. 1, IV). Man spricht von Eisprung oder Ovulation. Die Eizelle gelangt in den Eileiter und ist nun einige Stunden befruchtungsfähig. Aus dem Follikel entsteht der so genannte Gelbkörper.

Der heranreifende Follikel und der Gelbkörper bilden auch Hormone (Abb. 1, IV). In der ersten Hälfte des Zyklus werden zunehmend Östrogene freigesetzt, in der zweiten Hälfte zusätzlich Gestagene, vor allem Progesteron. Östrogene und Gestagene wirken auf die Schleimhaut der Gebärmutter (Abb. 1, V). Unter ihrem Einfluss wird die Gebärmutterschleimhaut nach der Menstruation um etwa sechs Millimeter dicker. Die Gebärmutterschleimhaut ist darauf vorbereitet, dass sich nach der Befruchtung der Eizelle der Embryo einnisten kann. Kommt es nicht zu einer Befruchtung, entwickelt sich der Gelbkörper zurück und stellt seine Hormonproduktion ein. In der Folge kommt es zur Menstruation. Östrogene und Gestagene haben Rückwirkungen auf Hypothalamus und Hypophyse. Östrogene hemmen die Freisetzung von FSH. Deshalb reift gewöhnlich nur eine Eizelle in einem Zyklus heran. Östrogene fördern die LH-Freisetzung, sodass es zum Eisprung kommt. Progesteron hemmt die LH-Freisetzung. Das hat zur Folge, dass sich der Gelbkörper zurückbildet.

Auch die Körpertemperatur verändert sich während des Zyklus (Abb. 1, VI). Ein bis zwei Tage nach dem Eisprung steigt die Temperatur.

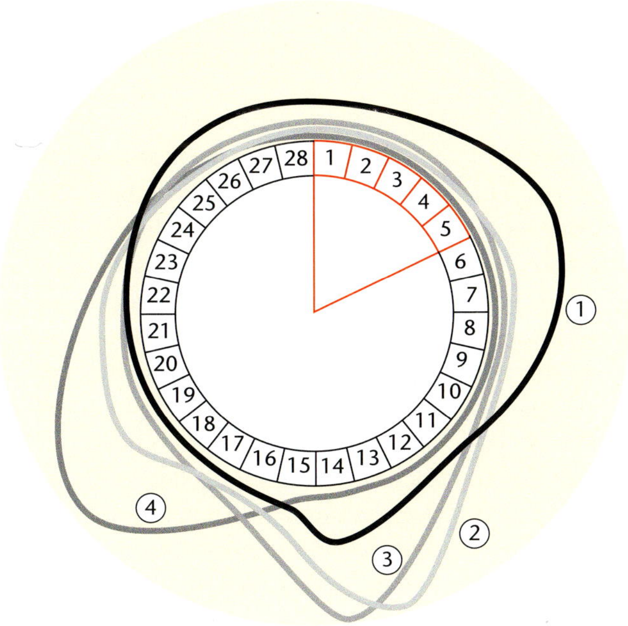

2 *Hormonelle Regulation des weiblichen Zyklus in Kreisdarstellung*

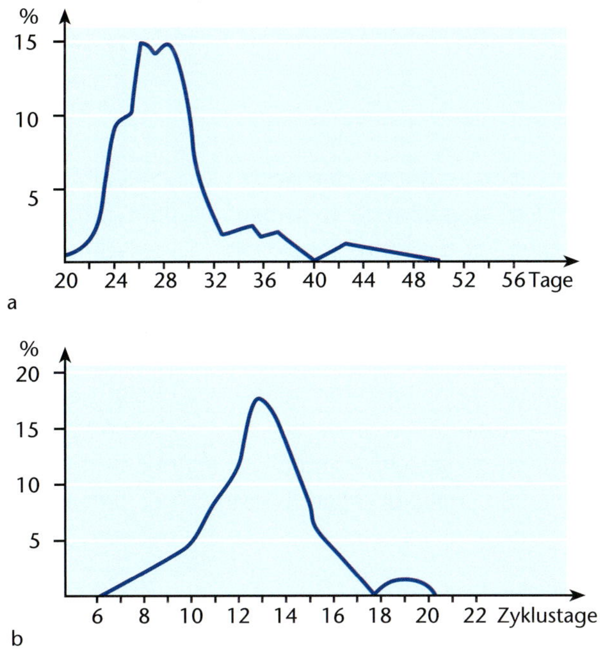

3 *Verteilung der Häufigkeit von a) Zykluslänge und b) Tag des Eisprungs bei geschlechtsreifen Frauen*

1 Weiblicher Zyklus. Beschreibe mithilfe der Grundwissenseite und der Abbildung 1 den Zyklus für die Tage 1, 5, 10, 15, 20, 25.

2 Hormonelle Regulation des weiblichen Zyklus. Ordne den verschiedenen Kurven in Abbildung 2 je ein Hormon zu. Begründe deine Zuordnungen.

3 Häufigkeitsverteilungen. Werte die Abbildung 3 aus. Was ist dargestellt? Welche Aussagen lassen sich der Abbildung entnehmen?

4 Menstruationskalender mit dem Computer erstellen. In Abbildung 4 findest du eine Vorlage für einen Menstruationskalender. Du kannst dir einen Menstruationskalender am PC erstellen.

- Ich habe meine Regelblutung stark.
- Ich habe meine Regelblutung schwach.
- gute Stimmung
- totaler Stress
- Ich bin zornig, verärgert.
- Ich habe was Schönes vor.
- schlechte Stimmung
- Ich habe Schmerzen.

	1	2	3	4	5	6	7	8	9	10	11	12	13	14	15	16	17	18	19	20	21	22	23	24	25	26	27	28	29	30	31
Januar																															
Februar																															
März																															
April																															
Mai																															
Juni																															
Juli																															

4 *So könnte ein Menstruationskalender aussehen*

4.5 Befruchtung und Einnistung

1 Bis etwa sechs Stunden nach dem Eisprung können Spermien die Eizelle befruchten. Sobald der Kopfteil eines Spermiums in die Eizelle eingedrungen ist, verändert sich die Oberfläche der Eizelle so, dass keine weiteren Spermien eindringen können. Bei der Befruchtung verschmelzen die Kerne von Eizelle und Spermium.

2 Etwa 30 Stunden nach der Befruchtung teilt sich der Embryo in zwei identische Tochterzellen. Es folgen mehrere Teilungen, aus denen jeweils kleinere, aber identische Zellen hervorgehen. Bis zum 8-Zellen-Stadium, das etwa 60 Stunden nach der Befruchtung vorliegt, könnte aus jeder Zelle ein neuer Mensch entstehen.

3 Etwa drei Tage nach der Befruchtung erreicht der Embryo die Gebärmutter. In diesem Stadium wird er als Blasenkeim bezeichnet. Es haben viele Zellteilungen stattgefunden. Einige Zellen haben eine äußere Hülle gebildet und ernähren den Embryo. An diese Hüllzellen haben sich von innen her Zellen angelegt, aus denen sich der Embryo entwickelt. Außerdem entsteht bei den Zellumlagerungen eine mit Flüssigkeit gefüllte Höhle, die zu der Bezeichnung Blasenkeim geführt hat.

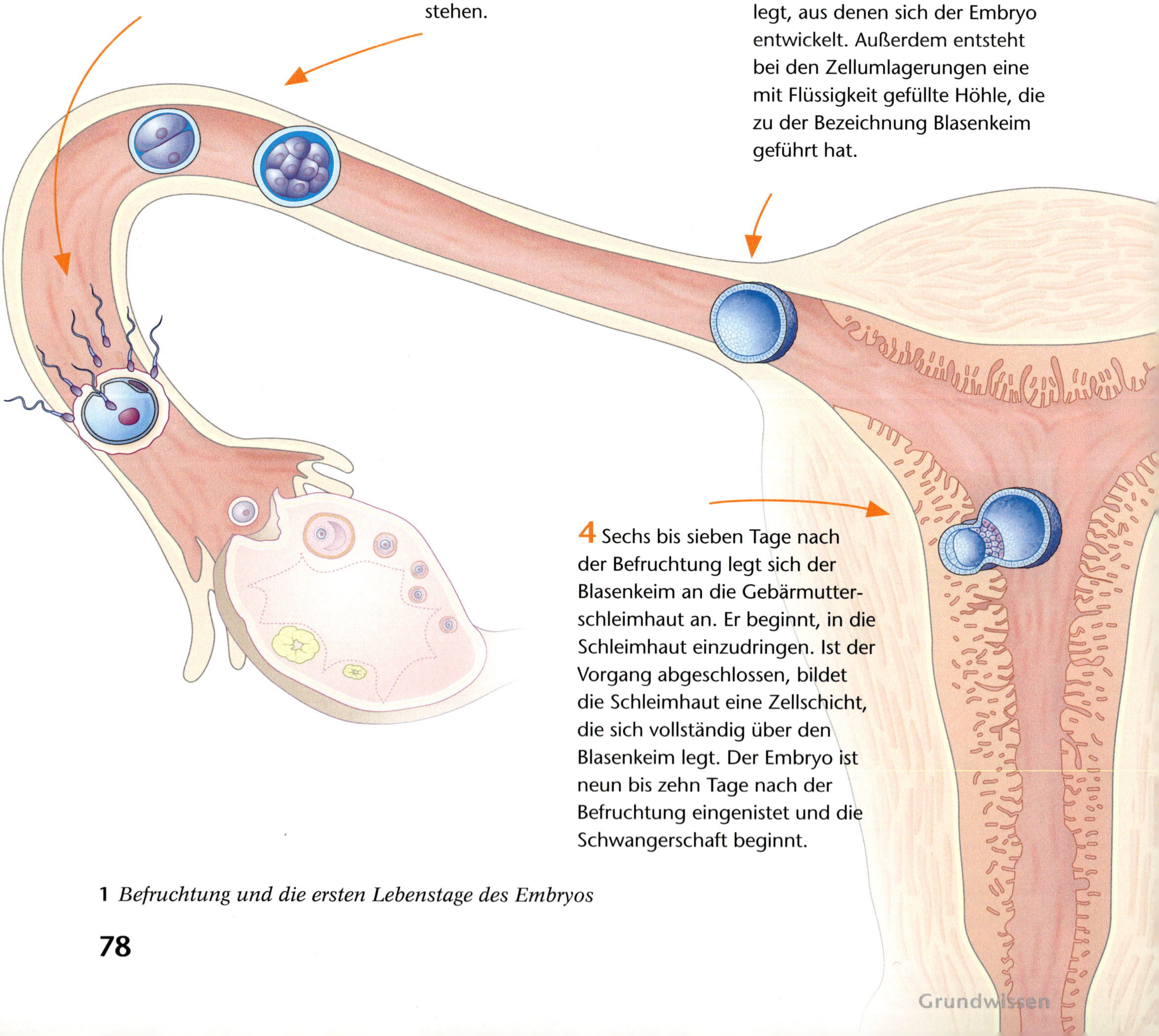

4 Sechs bis sieben Tage nach der Befruchtung legt sich der Blasenkeim an die Gebärmutterschleimhaut an. Er beginnt, in die Schleimhaut einzudringen. Ist der Vorgang abgeschlossen, bildet die Schleimhaut eine Zellschicht, die sich vollständig über den Blasenkeim legt. Der Embryo ist neun bis zehn Tage nach der Befruchtung eingenistet und die Schwangerschaft beginnt.

1 *Befruchtung und die ersten Lebenstage des Embryos*

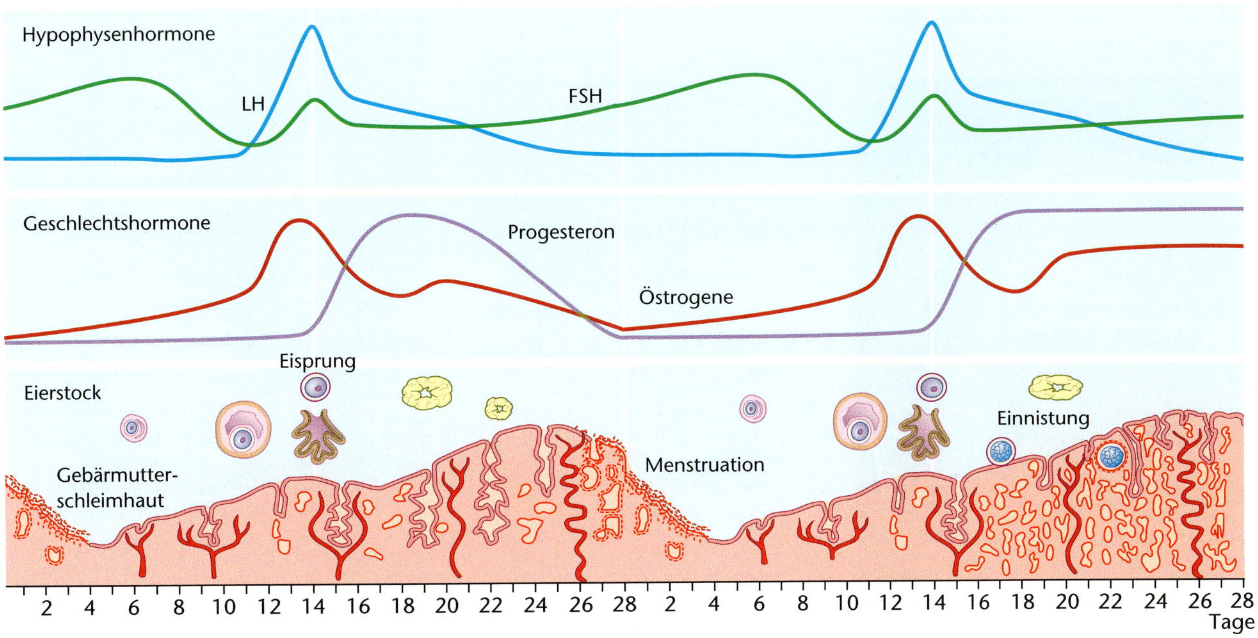

2 *Veränderungen in der Schwangerschaft im Vergleich zum normalen Zyklus*

1 Vom Eisprung zur Einnistung. Zeichne eine Zeitachse und trage darin möglichst genau den Ort und die Vorgänge ein, die in der Zeitspanne vom Eisprung bis zur Einnistung des Embryos geschehen.

2 Beispiele für Veränderungen in der Schwangerschaft. Beschreibe anhand der Abbildung 2 die Veränderungen, die mit der Einnistung des Embryos einhergehen. Vergleiche mit dem normalen Zyklusverlauf.

3 Das Schwangerschaftshormon HCG. Sobald der Embryo eingenistet ist, bilden seine Hüllzellen ein Hormon mit dem Namen humanes Choriongonadotropin, HCG. HCG bewirkt, dass der Gelbkörper erhalten bleibt und weiterhin Hormone bildet. HCG wird in den mütterlichen Blutkreislauf abgegeben. Ein wenig gelangt auch in den Urin der Mutter. Später in der Schwangerschaft bildet die Plazenta selbst Progesteron und Östrogene.

a) Begründe, warum der Nachweis von HCG im Urin als Schwangerschafts-Nachweis dient.

b) Erkläre, welche Bedeutung die hohen Progesteron- und Östrogengehalte während der Schwangerschaft haben.

c) Begründe, warum während einer Schwangerschaft keine weiteren Eizellen heranreifen.

4 Zwillinge. Beschreibe anhand der Abbildung 3 die Entstehung eineiiger und zweieiiger Zwillinge.

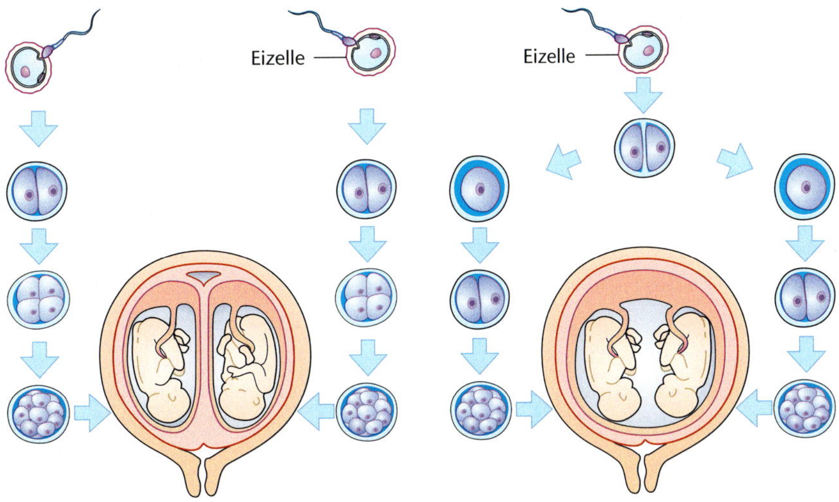

3 *Unterschiedliche Entstehung von Zwillingen*

4.6 Die Plazenta

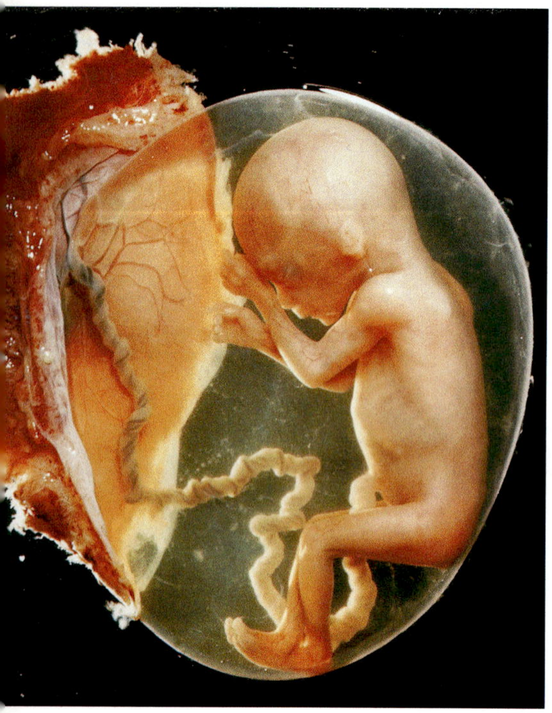

1 *Fetus mit Plazenta*

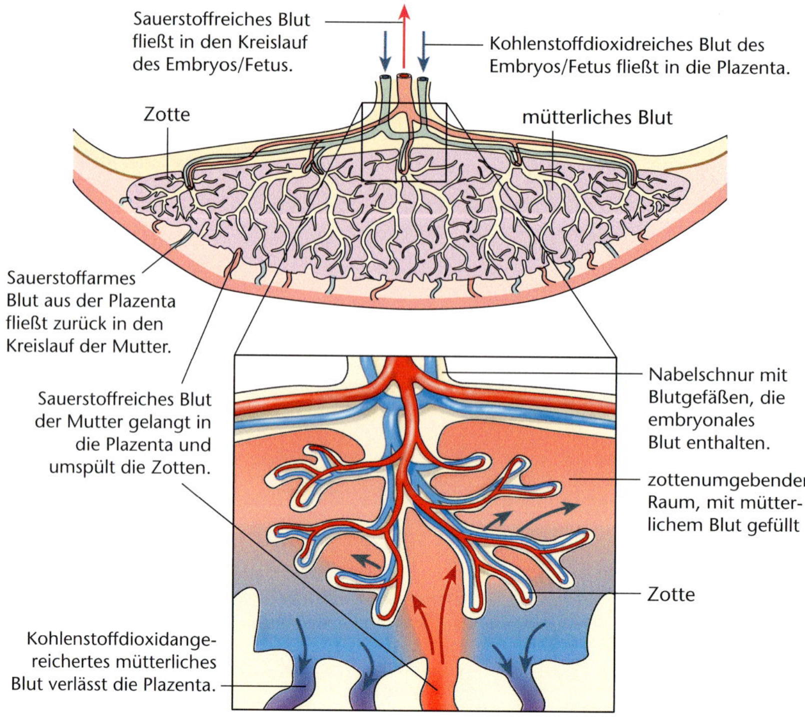

2 *Aufbau der Plazenta*

Der in der Gebärmutter eingenistete Blasenkeim bildet mit seinen äußeren Zellen kleine Fortsätze aus. Diese werden Zotten genannt. Die Zotten wachsen in die Gebärmutterschleimhaut ein und verzweigen sich stark. Die starken Verzweigungen und der von ihnen durchdrungene Bereich der Gebärmutterschleimhaut bilden zusammen die **Plazenta** (Abb. 1, 2). Der Embryo, der nach zehn Wochen Schwangerschaft Fetus genannt wird, ist über die Nabelschnur mit der Plazenta verbunden. Sein Herz pumpt pro Minute fast sein gesamtes Blutvolumen einmal durch die Plazenta. Dabei fließt sein kohlenstoffdioxidreiches Blut durch die Nabelschnur und gelangt in die Blutgefäße der Zotten. Die Zotten werden vom mütterlichen Blut umspült. Hier nimmt das Blut des Embryos Sauerstoff auf und gibt Kohlenstoffdioxid ab und fließt durch die Nabelschnur zurück zum Embryo. Dabei kommt es nicht zur Durchmischung des embryonalen mit dem mütterlichen Blut. Die Membran der Zotten ist auch für andere im Blut gelöste Stoffe durchlässig. Vom mütterlichen Blut gelangen Wasser, Vitamine, Fette und Eiweiße ins embryonale Blut. Das bedeutet, dass der Embryo über die Plazenta ernährt wird. In umgekehrter Richtung gelangen Wasser, Harnstoff und andere Stoffwechselprodukte aus dem Blut des Embryos in das mütterliche Blut.

Bestimmte schädliche Stoffe im mütterlichen Blut können die Plazenta passieren und somit in den Blutkreislauf des Embryos gelangen. Dazu gehören Viren. Zum Beispiel stören Rötelnviren zwischen dem 21. und 40. Tag nach der Befruchtung die Entwicklung von Herz und Gehirn des Embryos. Alkohol kann zu schwerwiegenden Fehlbildungen führen. Insbesondere kann das Gehirn des heranwachsenden Menschen dauerhaft geschädigt werden. Nikotin bewirkt, dass sich die Gefäße der Plazenta verengen. Die daraus folgende eingeschränkte Blutversorgung des Embryos kann zu einem deutlich geringeren Geburtsgewicht führen.

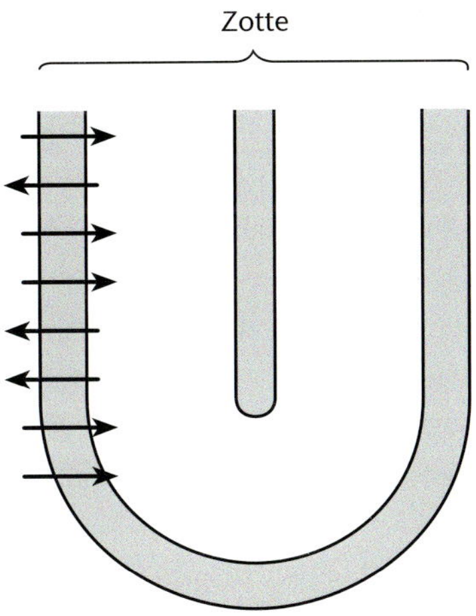

3 *Austauschvorgänge in der Plazenta*

1 Weg des Blutes. Kohlenstoffdioxidreiches Blut verlässt den Embryo und gelangt in die Nabelschnur. Beschreibe mithilfe der Abbildung 2 den weiteren Weg des embryonalen Blutes und die Vorgänge in den Zotten.

2 Plazenta. Übertrage die Abbildung 3 vergrößert in dein Heft und beschrifte sie mithilfe des Grundwissentextes.

3 Alkohol in der Schwangerschaft. Formuliere eine oder mehrere Schlagzeilen, die vor der Gefahr von Alkoholkonsum in der Schwangerschaft warnen (Abb. 4).

4 Contergan früher – heute.
a) Werte das Diagramm in Abbildung 5 aus. Inwiefern stützen die Daten die Annahme, dass Thalidomid Grund für die Fehlbildungen war?

4 *Alkohol? Nein danke!*

b) Erläutere, welche generelle Problematik bei der Einnahme von Medikamenten in der Schwangerschaft am Beispiel „Contergan" deutlich wird.

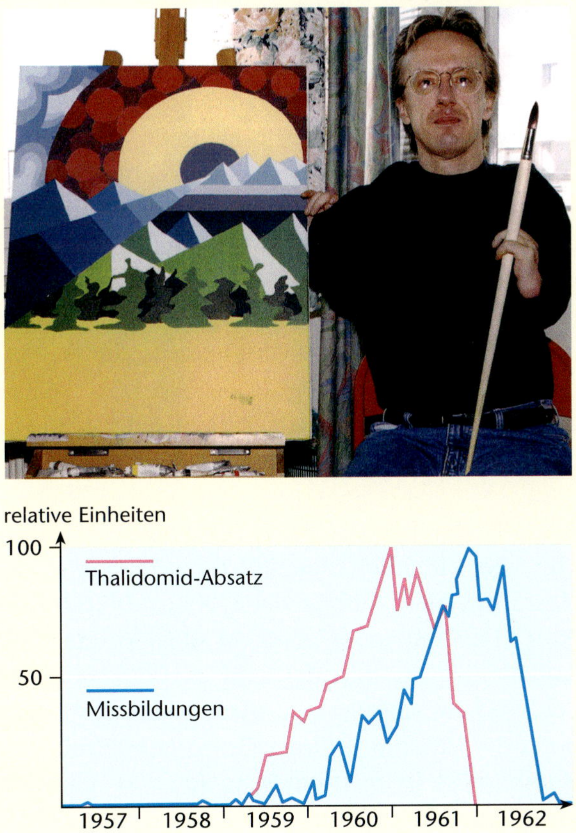

Im Oktober 1957 kam das Medikament „Contergan", ein Beruhigungs- und Schlafmittel, in den Handel. Es galt als besonders wirksam und gut verträglich. In den Jahren 1958 bis 1961 wurden allein in Deutschland etwa 4000 Kinder geboren, die besonders durch Fehlbildungen an Armen und Beinen auffielen, die aber häufig auch an Fehlbildungen der Ohren und inneren Organe litten. Der Verdacht kam auf, dass „Contergan" für die Fehlbildungen bei den Kindern verantwortlich war. Im November 1961 wurde „Contergan" aufgrund massiven Drucks durch die Presse und Öffentlichkeit vom Markt genommen.
Der Wirkstoff von „Contergan" heißt Thalidomid. Thalidomid gelangt ins Blut des Embryos und führt zu den beschriebenen Fehlbildungen. Thalidomid ist heute wieder ein Thema:
Zwischenzeitliche Untersuchungen haben gezeigt, dass Thalidomid eine stark entzündungshemmende Wirkung hat. Daher wird dieses Medikament in Deutschland zum Beispiel bei schmerzhaften Geschwüren und Krebserkrankungen eingesetzt. Thalidomid wird in Deutschland kostenlos abgegeben, aber nur an den behandelnden Arzt, der die Verwendung schriftlich begründen muss.

5 *Informationen zu Contergan*

4.7 Hormonelle Empfängnisverhütung

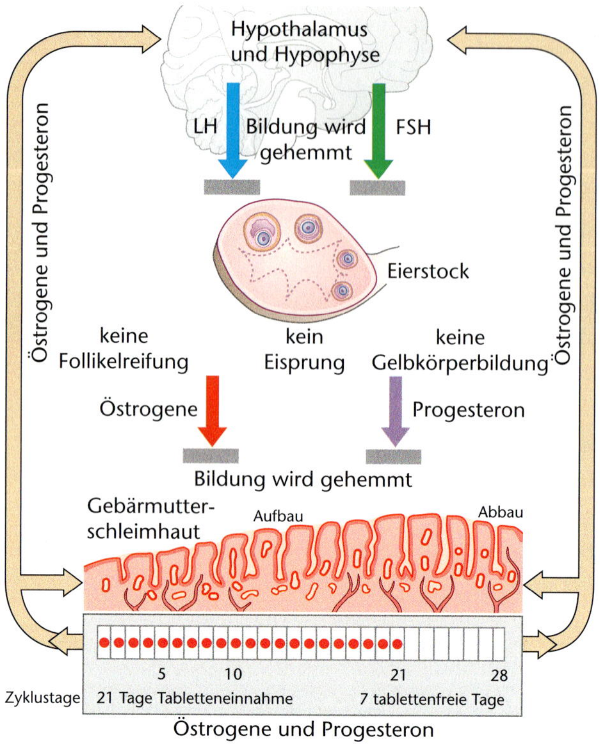

1 *Die Wirkung der Pille*

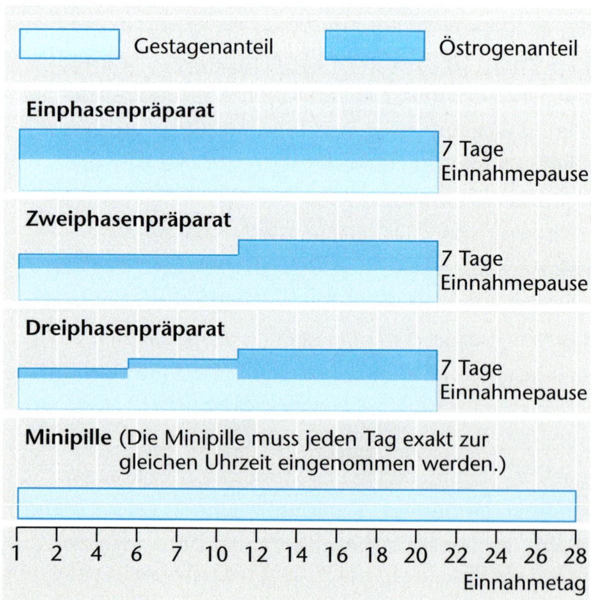

2 *Hormonelle Zusammensetzung verschiedener Pillentypen*

Der wirksamste Schutz vor einer ungewollten Schwangerschaft ist die hormonelle Empfängnisverhütung. Sie erfolgt durch die Einnahme der „Pille“. Unter dem Begriff „Pille“ werden Medikamente zusammengefasst, die künstlich hergestellte weibliche Geschlechtshormone enthalten. Sie werden auch als **Kontrazeptiva** bezeichnet. Diese Medikamente greifen ihrer hormonellen Zusammensetzung entsprechend auf unterschiedliche Weise in den weiblichen Zyklus ein. Sie haben das Ziel, entweder den Eisprung (Ovulationshemmer), das Aufsteigen der Spermien („Minipille“) oder das Einnisten des Blasenkeims in die Gebärmutterschleimhaut zu verhindern („Pille danach“).

Von den hormonellen Verhütungsmitteln werden diejenigen am häufigsten eingenommen, die den Eisprung verhindern. Sie enthalten eine gleich bleibende Menge an Östrogenen und bestimmte Mengen an Gestagenen während der gesamten Einnahmedauer von 21 Tagen (Abb. 1). Danach folgen sieben einnahmefreie Tage oder sieben Tabletten ohne Wirkstoffe. Die Hormone in diesen Präparaten wirken auf den Hypothalamus und infolge davon auch auf die Hypophyse. Sie bewirken, dass die Ausschüttung des Follikel stimulierenden Hormons (FSH) und des luteinisierenden Hormons (LH) stark heruntergesetzt wird. Durch die zu geringen Mengen FSH wird einerseits die Follikelreifung gestört, andererseits wird die körpereigene Östrogenproduktion stark verringert. Zu wenig LH im Blut verhindert den Eisprung (Abb. 1).

Anstelle der körpereigenen Östrogene bewirken nun die künstlich zugeführten Östrogene und Gestagene den Aufbau der Gebärmutterschleimhaut. Die Hormone sind so dosiert, dass der Aufbauvorgang beendet und die neu gebildete Schleimhaut abgestoßen wird. So entsteht auch unter der Einnahme dieser Hormonpräparate eine Blutung. Sie ist meistens schwächer als eine normale Regelblutung.

1 „Pillen".
a) Beschreibe anhand der Abbildung 1 die Wirkungsweise der „Pille".
b) Vergleiche die verschiedenen Pillentypen (Abb. 2).

2 Geschichte der hormonalen Empfängnisverhütung. Es war schon um 1900 bekannt, dass der Eierstock Hormone abgibt. Um genauere Erkenntnisse zu gewinnen, führte der Wissenschaftler HABERLANDT in den Jahren 1919 bis 1921 verschiedene Versuche an Kaninchen durch. Bei Kaninchen erfolgt der Eisprung etwa zehn Stunden nach der Begattung. Die Tragzeit dauert ca. 28 bis 30 Tage. Ein Versuch, der an mehreren Tieren durchgeführt wurde, begann damit, dass bei einem geschlechtsreifen Kaninchen B, das schon einmal Junge geworfen hatte, die Rückenhaut aufgeschnitten wurde (Abb. 3). Dann setzte man die Eierstöcke eines trächtigen Kaninchens A unter die Hautstelle und vernähte die Wunde. Nach dieser Eierstocktransplantation wurde Kaninchen B isoliert gehalten und anschließend mehrfach gedeckt.
a) Wann hätte Kaninchen B nach Versuchsbeginn erstmalig Junge werfen können? Wann ist bei Kaninchen B eine Befruchtung erfolgt? Über wie viele Wochen ist keine Befruchtung erfolgt?
b) Was kannst du aus dem Versuchsergebnis schließen?

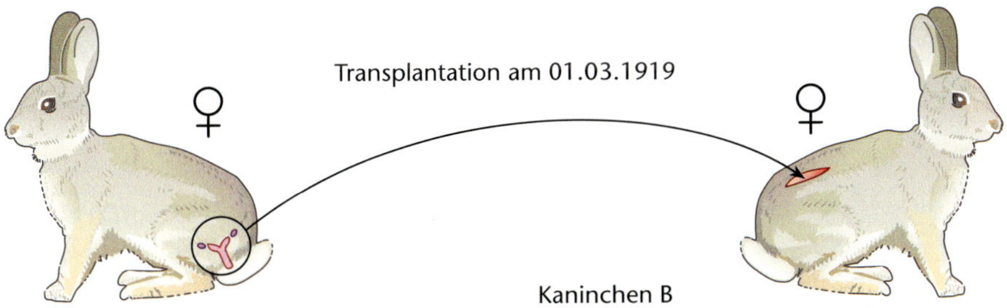

3 *Kaninchen im Transplantationsversuch*

Zusammensetzung
Arzneilich wirksame Bestandteile
1 Dragee enthält 0,1 mg Levonorgestrel und 0,02 mg Ethinylestradiol

Anwendungsgebiete
Hormonale Empfängnisverhütung

Gegenanzeigen
Sie dürfen die Pille nicht anwenden bei:
- Schwangerschaft
- Lebererkrankungen
- Gefäß- und Stoffwechselerkrankungen
- Raucherinnen.

Vorsichtsmaßnahmen für die Anwendung und Nebenwirkungen
Vor Beginn der Anwendung hormonaler Empfängnisverhütungsmittel soll eine gründliche allgemeine sowie gynäkologische Untersuchung durchgeführt werden.
Bei Raucherinnen, die hormonhaltige Arzneimittel zur Schwangerschaftsverhütung anwenden, besteht ein erhöhtes Risiko, an zum Teil schwerwiegenden Folgen von Gefäßveränderungen (z. B. Herzinfarkt, Schlaganfall) zu erkranken. Das Risiko nimmt mit zunehmendem Alter und steigendem Zigarettenkonsum zu.

Wodurch kann die empfängnisverhütende Wirkung herabgesetzt werden?
Einnahmefehler, Erbrechen oder Darmkrankheiten mit Durchfall, die gleichzeitige längere Einnahme bestimmter Medikamente sowie sehr seltene individuelle Stoffwechselstörungen können die schwangerschaftsverhindernde Wirkung beeinträchtigen.

Eigenschaften
Die Hormonpille bietet bei vorschriftsgemäßer Anwendung auf mehrfache Weise Schutz vor einer Schwangerschaft. Ein befruchtungsfähiges Ei kann im Allgemeinen nicht heranreifen; der Schleim im Gebärmutterhals verändert sich, sodass der männliche Samen nicht weit genug vordringen kann.

4 *Beipackzettelausschnitt einer Hormonpille*

3 Auszug aus einem Beipackzettel (Abb. 4). Erläuterung: Levonorgestrel ist ein Gestagen, Ethinylestradiol ein Östrogen.
a) Erkläre, woran du erkennst, um welche Art von Kontrazeptivum es sich handelt.
b) Fasse zusammen, welche Probleme bei der Einnahme von hormonellen Verhütungsmitteln auftreten können und welche Maßnahmen der Hersteller jeweils empfiehlt.

4.8 Embryonenschutz – wann beginnt menschliches Leben?

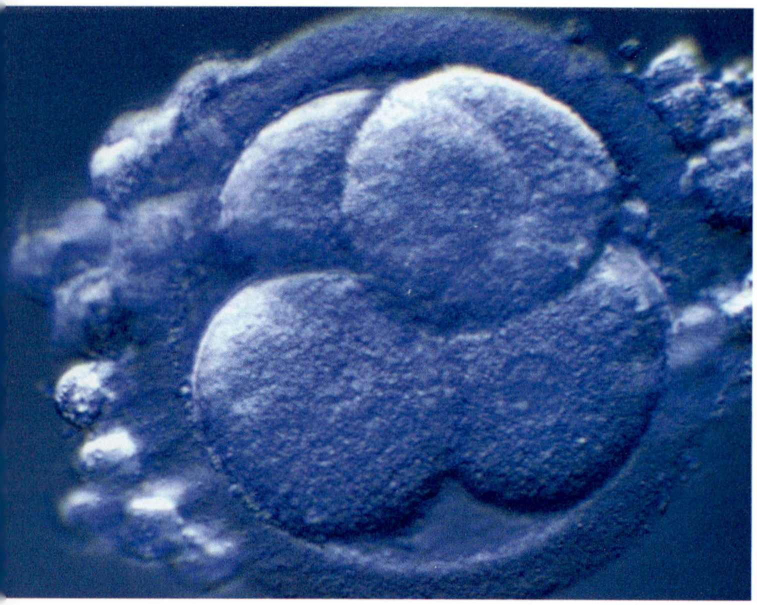

1 *Ein Mensch, zwei Tage nach der Befruchtung, ca. 1/10 mm Durchmesser, mit Hilfszellen*

„Die Würde des Menschen ist unantastbar. Sie zu achten und zu schützen ist Verpflichtung aller staatlichen Gewalt", lautet es im Paragrafen 1 des Grundgesetzes der Bundesrepublik Deutschland. Ist ein Embryo auf dem Wege zum Menschen oder ist er bereits ein Mensch? Wann hat ein Embryo Recht auf Leben? Wann hat er Menschenwürde? Die Antworten auf diese Fragen haben große Bedeutung, zum Beispiel für die Frage, ob man Embryonen für medizinische Zwecke nutzen darf oder nicht. In Einklang mit der katholischen und evangelischen Kirche und in Übereinstimmung mit der Rechtssprechung des Bundesverfassungsgerichtes wird im Deutschen **Embryonenschutzgesetz** der Zeitpunkt der Kernverschmelzung von Eizelle und Spermazelle als Beginn menschlichen Lebens festgelegt, und „wo menschliches Leben existiert, kommt ihm Menschenwürde zu" (Bundesverfassungsgericht 1975). Durch Teilungen entstehen aus der befruchteten Eizelle zunächst 2, dann 4, 8, 16 Zellen und so weiter (Abb. 1). Die Zellen sind untereinander erbgleich. Bis etwa zum 8-Zellen-Stadium kann aus jeder einzelnen Zelle ein Embryo heranwachsen. Man nennt diese Zellen **totipotent**.

Das Embryonenschutzgesetz definiert auch totipotente Zellen als Embryo mit Menschenwürde.

Der Wunsch nach einem gesunden Kind hat in Verbindung mit Fortschritten in der Genanalyse zur so genannten **Präimplantationsdiagnostik**, abgekürzt **PID**, geführt (Abb. 2). Damit ist die Erkennung von erblichen Krankheiten nach künstlicher Befruchtung und vor dem Einbringen des Embryos in die Gebärmutter gemeint. Bei der PID wird einem Embryo etwa drei Tage nach der künstlichen Befruchtung eine der totipotenten Zellen entnommen und genetisch untersucht. Werden Chromosomenschäden festgestellt, wird der Embryo verworfen. Werden keine Schäden festgestellt, wird er in die Gebärmutter eingebracht und kann sich dort weiterentwickeln.

Die PID ist in Deutschland und einigen anderen Ländern verboten, in anderen dagegen nicht.

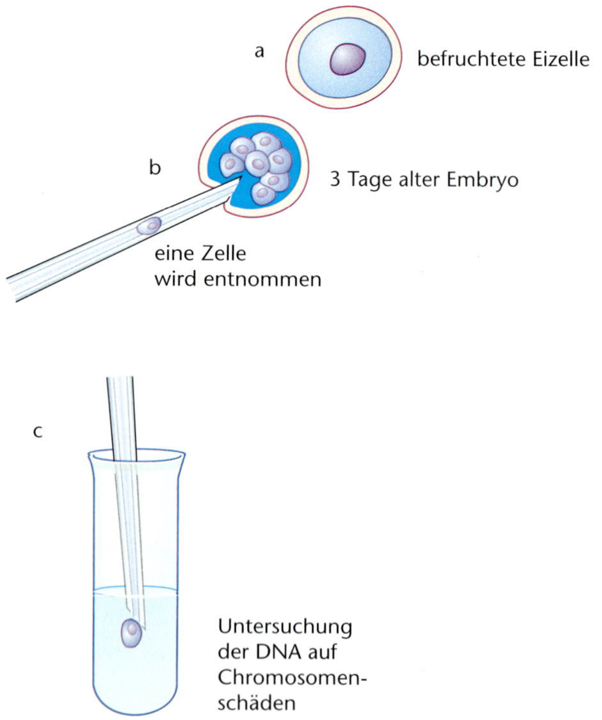

2 *Präimplantationsdiagnostik*

Deutschland, aus dem Gesetz zum Schutz von Embryonen, 1991: Als Embryo im Sinne dieses Gesetzes gilt bereits die befruchtete, entwicklungsfähige menschliche Eizelle vom Zeitpunkt der Kernverschmelzung an, ferner jede einem Embryo entnommene totipotente Zelle, die sich bei Vorliegen der dafür erforderlichen weiteren Voraussetzungen zu teilen und zu einem Individuum zu entwickeln vermag. Dem menschlichen Embryo kommt Menschenwürde und Schutz der Lebensrechte zu.

Ulrich Steinvorth (*1941), deutscher Philosoph: Menschen unterliegen erst dann dem Tötungsverbot, wenn sie Individualität zeigen. Individualität ist gegeben, sobald keine Möglichkeit mehr zur Zwillingsbildung besteht. Das ist in der Regel ab dem 14. Tag nach der Befruchtung der Fall.

Prophet Mohammed (570–632), Begründer des Islam: „Die Schöpfung eines jeden von euch wird im Leibe seiner Mutter in vierzig Tagen als Samentropfen zusammengebracht, danach ist er ebenso lang ein Blutklumpen, danach ist er ebenso lang ein kleiner Klumpen Fleisch, dann wird zu ihm der Engel gesandt, der ihm den Lebensgeist (Seele, Ruh) einhaucht." Diese Aussage wird in zweierlei Weise interpretiert: a) Bis zur Einhauchung der Seele dauert es 40 Tage, b) bis zur Einhauchung der Seele dauert es drei mal vierzig Tage. Je nach Interpretation beginnt menschliches Leben für einen Moslem mit dem 40. bzw. dem 120. Tag.

Judentum: Der Embryo gilt als schutzwürdiger Mensch, sobald er beseelt ist. Die Beseelung erfolgt am 49. Tag. Ein Embryo, der nicht beseelt und auch noch nicht in die Gebärmutter eingenistet ist, wird als Präembryo bezeichnet. Der Präembryo ist nur ein potenzielles menschliches Wesen ohne menschlichen Charakter. Diese Auffassung gilt z. B. für Embryonen im Reagenzglas.

Buddhismus: Einen Embryo in der ersten Phase seines Lebens zu töten ist dasselbe wie Tötung eines Menschen. Denn bereits wenn Same und Eizelle zusammenkommen und ein Wesen aus dem so genannten Zwischenzustand zwischen altem und neuen Leben in diese Verbindung eintritt, beginnt im gleichen Moment die neue Existenz, die zunächst „Phase der Menschwerdung" genannt wird. Die „Phase der Menschwerdung" gehört bereits zur „Phase des Menschseins", die es zu schützen gilt.

Anlehnung an § 218a des Strafgesetzbuches (Deutschland): Nach § 218 des Strafgesetzbuches ist ein Schwangerschaftsabbruch in Deutschland verboten. Der § 218a nennt Bedingungen, unter denen der Schwangerschaftsabbruch straffrei ist. In Anlehnung an den § 218a des Strafgestzbuches fordern manche, dass menschliches Leben erst nach der Phase des straffreien Schwangerschaftsabbruchs, also nach der 12-Wochen-Frist, beginnt.

Britisches Recht: Bis zum 14.Tag nach der Befruchtung handelt es sich beim Embryo um artspezifisches menschliches Leben („human life"), dem mit Respekt zu begegnen ist. Vor der Einnistung in die Gebärmutter ist er aber noch kein individuelles menschliches Leben („human being").

Denkweise in der Tradition von Immanuel Kant (1724–1804), einem Philosophen der Aufklärung: Menschliches Leben ist um seiner selbst willen, also ohne Bezug auf aktuelle Eigenschaften und Fähigkeiten wie denken, sprechen und urteilen können, moralisch schutzwürdig. Das Recht auf Leben und Unversehrtheit gilt als unumstößlich und absolut. Entscheidendes Kriterium für den Lebensbeginn ist die Verschmelzung von Ei- und Samenzelle, da es sich dabei um die einzige „willkürfreie" und eindeutig feststellbare Zäsur handelt.

3 *Einige Positionen zur Frage „Wann beginnt menschliches Leben?"*

1 Wann beginnt menschliches Leben? Ordne die in Abbildung 3 dargestellten Standpunkte zur Frage „Wann beginnt menschliches Leben?" nach dem Zeitpunkt, an dem einem Embryo Menschenwürde zugesprochen wird. Vergleiche und diskutiere die verschiedenen Positionen.

2 Genanalyse vor der Einnistung?
a) Erläutere anhand der Abbildung 2 das Verfahren der Präimplantationsdiagnostik. Mit welchen rechtlichen Begründungen wird die PID in Deutschland vermutlich abgelehnt?
b) Sammele Argumente pro und Argumente kontra PID.

Ethisches Bewerten

Leihmutterschaft: Eine Leihmutter ist eine Frau, die für eine andere Frau ein Kind austrägt. Meistens erfolgt die Leihmutterschaft gegen Bezahlung. Nach künstlicher Befruchtung wird der Embryo in einem sehr frühen Entwicklungsstadium in die Gebärmutter der Leihmutter übertragen. Nach der Geburt überlässt die Leihmutter der anderen Frau das Kind. Die Geschlechtszellen für die künstliche Befruchtung können unterschiedlicher Herkunft sein, zum Beispiel von Partnern in einer Ehe oder von einer fremden Eizellspenderin und/oder einem fremden Samenspender stammen. In den USA, wo Leihmutterschaft nicht verboten ist, gibt es Kinder mit „fünf Eltern": die sozialen Eltern, die das Kind bestellt haben und es aufziehen wollen, eine Eizellspenderin und ein Samenspender als genetische Eltern sowie die Leihmutter als biologischer Elternteil. Leihmutterschaft ist in Deutschland und einigen anderen Ländern verboten, in anderen Ländern dagegen nicht. Juristisch gilt in Deutschland diejenige Frau als Mutter, die das Kind geboren hat.

Der Fall: Sabine (31) und ihr Ehemann Sven (33) wünschen sich seit einigen Jahren sehnlichst ein eigenes Kind. Sabine wurde im Alter von 25 Jahren wegen einer Erkrankung die Gebärmutter entfernt. Sie kann daher das Kind nicht selbst austragen. Ihre Hoffnung besteht darin, eine Leihmutter in den USA zu finden, die ihr Kind austrägt. Die Eizellen für die künstliche Befruchtung sollen von Sabine, die Spermazellen von ihrem Mann stammen. Über das Internet hat Sabine Adressen für Leihmütter ausfindig gemacht und erste Kontakte geknüpft. Eine Frau hat sich bereit erklärt, für 25 000 Dollar das Kind auszutragen und es nach der Geburt Sabine und Sven zu überlassen. Rein finanziell betrachtet würden beide die Summe aus Erspartem aufbringen. Nun steht das Ehepaar vor der Entscheidung. Sabine ist für die Leihmutterschaft, Sven dagegen.

Wie soll sich das Paar entscheiden?

1 *Leihmutterschaft – Beispiel für ein ethisches Dilemma*

Ethisches Bewerten bedeutet, Handlungen von Menschen anhand von Wertvorstellungen als moralisch gut (richtig) oder moralisch schlecht (falsch) zu bewerten und diese Urteile zu begründen (Abb. 2).

Im Biologieunterricht geht es dabei nicht um alltägliches Verhalten einzelner Menschen, sondern um Handlungen in medizinischen und biologischen Bereichen. Vor allem sind das solche Bereiche, in denen es um die Verantwortung des Menschen gegenüber sich selbst, für andere Menschen, für andere Lebewesen und für die Umwelt geht. Beispiele sind die Forschung an Embryonen, moderne Fortpflanzungsmedizin, Anwendungen der Gentechnik, Sterbehilfe, Organtransplantationen, Tierversuche und Eingriffe in Ökosysteme.

Ethisches Bewerten erfolgt am besten in einer Abfolge von Schritten:

1 Die biologischen oder medizinischen Sachverhalte werden geklärt. Bei der Auswertung von Texten und anderen Materialien werden sachliche Informationen sorgfältig von Wertungen unterschieden.

2 Erste Abstimmung durch Handheben bei geschlossenen Augen zu folgender Frage (nur der Lehrer oder die Lehrerin weiß also zunächst das Ergebnis): Hat die Person richtig oder falsch gehandelt?

3 Was ist der Kern des Dilemmas? Erörterung im Plenum.

4 Aufzählen der Handlungsmöglichkeiten der Beteiligten sowie aller Wertvorstellungen, die

mit diesen Handlungsmöglichkeiten verbunden sind (Plenum).

5 Die Klasse wird in eine Pro- und eine Contragruppe und diese jeweils in Untergruppen von drei bis vier Schülerinnen und Schülern aufgeteilt. In den Gruppen werden Pro- beziehungsweise Contra-Argumente gesammelt und jeweils in eine Rangfolge gebracht.

6 Diskussion über die Ergebnisse der Pro- und Contragruppen im Plenum. Dabei werden folgende Regeln beachtet:
- Kein Argument darf von der Diskussion ausgeschlossen werden.
- Persönliche Angriffe unterbleiben; die mündlichen Beiträge werden nicht nach gut oder schlecht bewertet.
- Diskussionsregel: Der jeweils letzte Redner oder die letzte Rednerin der einen Gruppe (zum Beispiel der Contragruppe) ruft einen Schüler oder eine Schülerin der anderen Gruppe (Progruppe) auf, der oder die sich durch Handheben gemeldet hat.

7 In den Pro- und Contragruppen werden die Argumente der jeweiligen Gegenseite bewertet und in eine Rangfolge gebracht.

8 Die Ergebnisse der Pro- und Contragruppen werden im Plenum erörtert.

9 Die zweite Abstimmung erfolgt, jeder entscheidet sich nach seinem persönlichen ethischen Urteil. Das Ergebnis wird mit der ersten Abstimmung verglichen.

1 Ethisches Bewerten an einem Beispiel.

a) Führt in der Klasse eine ethische Bewertung des Beispiels in Abbildung 1 durch. Beachtet dabei die hier dargestellte Abfolge von Schritten.

b) Sammelt Vorschläge für Themen, die für eine ethische Bewertung besonders geeignet sind. Diskutiert eure Vorschläge.

Wertvorstellungen, Werte: Unter Wertvorstellungen oder Werten versteht man wichtige und wünschenswerte Eigenschaften, die Menschen Dingen, Ideen oder Handlungen anderer Menschen zuschreiben. Dabei können verschiedene Menschen unterschiedliche Wertvorstellungen haben: Was einem Menschen als wertvoll erscheint, kann bei einem anderen nur einen geringen Wert haben. Eine kleine Auswahl von Werten gibt folgende Aufzählung: Menschlichkeit, Freiheit, Gesundheit, Vertrauen, Besitz, Wohlstand, Schutz des Lebens, Gerechtigkeit, Schönheit, Wahrheit, Toleranz, Meinungsfreiheit, Zuverlässigkeit, Solidarität, Macht, Hilfsbereitschaft, Sicherheit, Nachhaltigkeit, Erfolg, Pünktlichkeit, gutes Benehmen, Selbstbestimmtheit. Manche Werte können in einem Konkurrenzverhältnis zueinander stehen, zum Beispiel Wohlstand und Nachhaltigkeit oder Gesundheit und Schutz des Lebens.

Gesellschaftliche Werte sind solche, die von einer Gesellschaft oder zumindest ihrem überwiegendem Teil anerkannt werden. Allerdings kann sich im Laufe der Zeit die Bedeutung von Werten in einer Gesellschaft verändern. Man spricht dann von Wertewandel. In freien, demokratischen Gesellschaften werden Wertvorstellungen diskutiert und können sich verändern.

Moral: Unter Moral versteht man gesellschaftliche Vorstellungen darüber, welche Handlungen von Menschen als sittlich gut oder sittlich schlecht zu bewerten sind. Als moralischer Maßstab dienen dabei oftmals gesellschaftlich anerkannte Werte. So wird zum Beispiel eine Lüge als moralisch schlecht bewertet, weil sie unter anderem gegen den gesellschaftlich anerkannten Wert der Wahrheit verstößt.

Ethik ist das Nachdenken über Moral und gesellschaftliche Werte. Ethik fragt auch nach Gründen, warum eine Handlung moralisch gut oder schlecht, richtig oder falsch sein soll.

Dilemma: Unter einem Dilemma versteht man eine Situation ähnlich einer Zwickmühle, in der sich zwei Handlungsmöglichkeiten so entgegenstehen, dass jede Entscheidung zu einem unerwünschten Resultat führt („egal was man macht, man macht etwas falsch"). In Hinblick auf Wertvorstellungen spricht man von einem Dilemma, wenn jede denkbare Entscheidung zur Verletzung einer Wertvorstellung führt.

2 *Wichtige Begriffe für ethisches Bewerten*

4.9 Klonen und Stammzellen

Im Zellkern aller Körperzellen befindet sich die komplette genetische Information, so wie sie in der befruchteten Eizelle ganz am Anfang der Entwicklung vorlag. Bei der Technik des Klonens nutzt man diesen Umstand aus, um künstlich erbgleiche Lebewesen zu schaffen. An Säugetieren hat man die Technik des Klonens erprobt.

Unter einem **Klon** versteht man Zellen oder Lebewesen, die genetisch identisch sind. Natürliche Klone sind zum Beispiel eineiige Zwillinge beim Menschen, durch ungeschlechtliche Fortpflanzung entstandene Ableger bei Pflanzen oder Zellen einer Bakterienkolonie. Künstliche Klone können durch Zellteilungen im Reagenzglas oder durch Übertragung von Zellkernen erzeugt werden.

Unter Fortpflanzungsklonen oder **reproduktivem Klonen** versteht man beim Menschen einen künstlich gezeugten Klonembryo, der in die Gebärmutter einer Frau eingesetzt wird, damit sich daraus ein Mensch entwickelt und geboren wird (Abb. 1). Dieses Kind wäre hinsichtlich seiner Erbanlagen eine Kopie des Menschen, der den Zellkern gespendet hat. Das reproduktive Klonen ist weltweit geächtet. In Tierversuchen ergab sich, dass Klontiere ein erhöhtes Risiko für Entwicklungsschäden und bestimmte Krankheiten haben.

Beim **therapeutischen Klonen** wird der künstlich gezeugte Klonembryo zerlegt, um so genannte Stammzellen zu erhalten (Abb. 2). Stammzellen haben die Fähigkeit, sich zu verschiedenen Zelltypen entwickeln zu können. Man hofft, aus Stammzellen im Labor verschiedene Gewebe züchten zu können, die als Ersatz für krankes Gewebe beim Spender des Zellkerns dienen. Sowohl das reproduktive Klonen als auch das therapeutische Klonen sind bezüglich des Menschen in Deutschland verboten. Allerdings dürfen deutsche Forscher unter strengen Auflagen mit bestimmten Stammzellen aus anderen Ländern wissenschaftliche Untersuchungen betreiben.

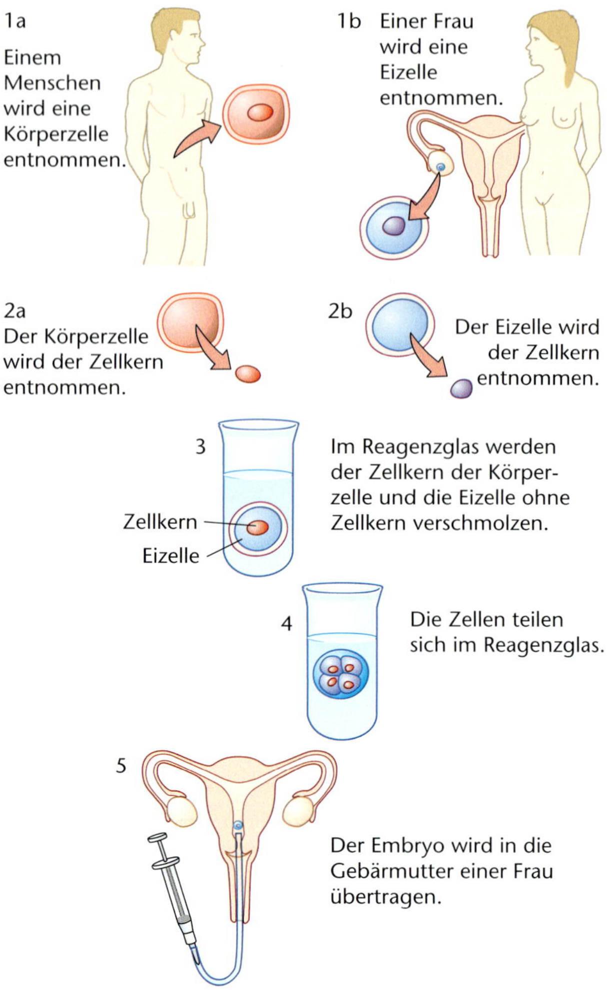

1 *Die Technik des reproduktiven Klonens*

Stammzellen haben die Fähigkeit, sich in Kultur unbegrenzt zu teilen. Sie können zu verschiedenen Zelltypen mit speziellen Aufgaben ausreifen, zum Beispiel zu Herz-, Muskel-, Haut- oder Leberzellen. **Embryonale Stammzellen** sind Stammzellen eines frühen Embryonalstadiums, die totipotent sind oder deren Fähigkeit zur Bildung verschiedener Zelltypen nur geringfügig eingeschränkt ist. **Adulte Stammzellen** kommen bei Kindern oder Erwachsenen vor, zum Beispiel im Knochenmark. Sie können noch zu bestimmten Zelltypen ausreifen. Adulte Stammzellen aus dem Knochenmark können verschiedene Blutzellen bilden.

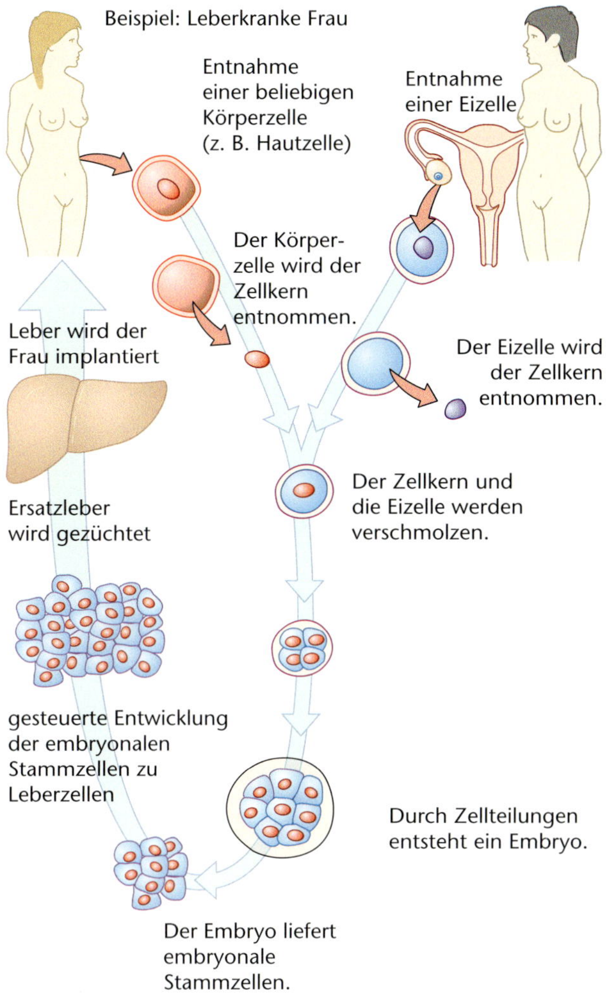

2 *Therapeutisches Klonen mit Embryonen*

1 Glossar anfertigen. Unter einem Glossar versteht man eine Liste von Wörtern mit Erläuterungen und Definitionen. Fertige anhand des Textes auf der linken Seite ein Glossar der fett gedruckten Begriffe.

2 Reproduktives und therapeutisches Klonen.
a) Beschreibe die Abläufe in Abbildung 2 in einem zusammenhängenden Text. Erarbeite anhand der Grundwissenseite und der Abbildung 2 Argumente für und gegen therapeutisches Klonen. Beachte dabei auch Herkunft und Eigenschaften embryonaler und adulter Stammzellen.
b) Vergleiche reproduktives und therapeutisches Klonen (Abb. 1, 2). Nenne Gemeinsamkeiten und Unterschiede. Nenne mögliche Gründe dafür, dass das reproduktive Klonen weltweit abgelehnt wird, das therapeutische Klonen jedoch nicht.

3 Eizellen und Spermazellen aus dem Labor. In den Jahren 2003 und 2004 ist es erstmals gelungen, aus embryonalen Stammzellen von Mäusen Eizellen sowie Spermazellen zu züchten. Abbildung 3 zeigt mögliche Folgen, wenn man die an Mäusen gewonnenen Erkenntnisse ohne Berücksichtigung rechtlicher und ethischer Fragen auf den Menschen überträgt.
Beschreibe und bewerte die Möglichkeiten der Fortpflanzungstechniken (Abb. 3). Welche ethischen Bedenken lassen sich formulieren?

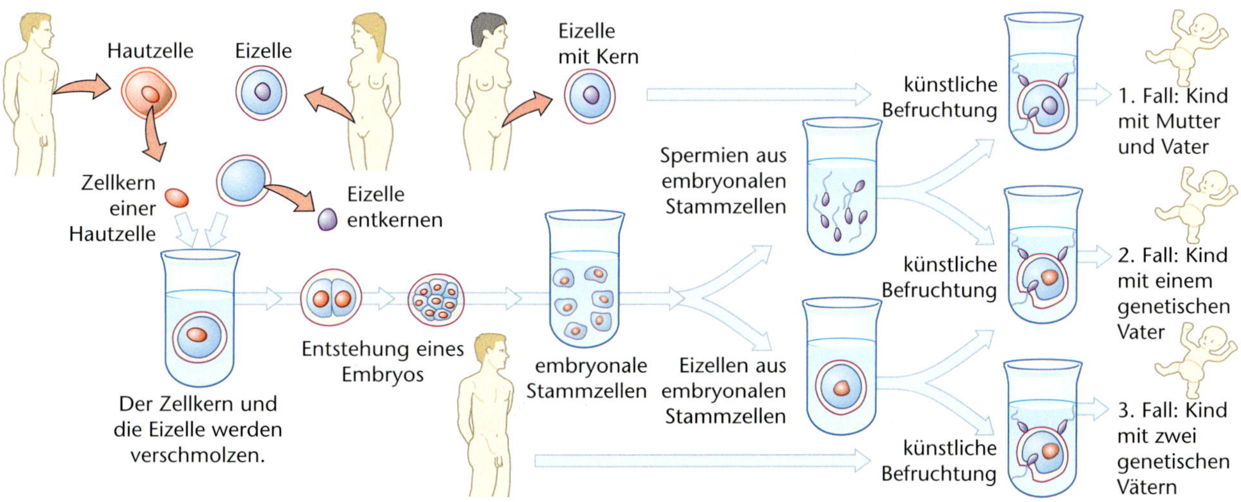

3 *Fortpflanzung mit Stammzellen, hier ohne Berücksichtigung rechtlicher und ethischer Fragen*

Methode

Zusammenfassung zum Thema „Hormone, Fortpflanzung und Entwicklung"

Die nachfolgenden Sachverhalte stammen aus dem Kapitel „Hormone, Fortpflanzung und Entwicklung". Die Nummerierung ist willkürlich und gibt keine Rangfolge an.

1. Hormone sind Botenstoffe, die in Hormondrüsen gebildet und mit dem Blut transportiert werden.

2. Das Hormonsystem im menschlichen Körper ist hierarchisch gegliedert. Es gibt über- und untergeordnete Hormondrüsen. Der Hypothalamus und die Hypophyse haben für die meisten anderen Hormondrüsen eine übergeordnete Funktion.

3. Hormone, wie zum Beispiel das Schilddrüsenhormon, wirken nur auf Zielzellen mit passenden Rezeptoren. Hormonmoleküle und Rezeptoren passen wie Schlüssel und Schloss zusammen. Rezeptoren spielen eine wichtige Rolle bei der Signalübertragung in einer Zelle.

4. Überschüssige Glucose im Blut wird vor allem in der Leber und in der Skelettmuskulatur eines Menschen in Form von Glykogen gespeichert. Bei Bedarf kann Glykogen wieder in Glucose umgewandelt werden.

5. Glucose ist für die Energieversorgung der Zellen durch Zellatmung der wichtigste Ausgangsstoff.

6. Der Blutzuckerspiegel wird durch das Hormon Insulin und seine Gegenspieler Glucagon und Adrenalin geregelt.

7. Hormonsystem und Nervensystem arbeiten eng zusammen. Ein Beispiel dafür ist die Stressreaktion, die zu einer schnellen Mobilisierung von Energiereserven und Erhöhung der körperlichen Leistungsfähigkeit führt. Die Stressreaktion war für die Jäger und Sammler in der frühen Menschheitsgeschichte bei Gefahrensituationen überlebenswichtig.

8. Alle Faktoren, die eine Stressreaktion auslösen, bezeichnet man als Stressoren. Das können Reize aus der Außenwelt oder aus dem Körper selbst sein.

9. Eine Voraussetzung für Regulation ist negative Rückkopplung. Bei der hormonellen Regulation des Menstruationszyklus spielt negative Rückkopplung zum Hypothalamus ebenso eine Rolle wie bei der hormonellen Empfängnisverhütung mithilfe der „Pille".

10. Bei der Befruchtung verschmelzen die Zellkerne von Eizelle und Spermazelle. Im deutschen Embryonenschutzgesetz wird der Zeitpunkt der Kernverschmelzung von Ei- und Spermazelle als Beginn menschlichen Lebens festgelegt.

11. Eineiige Zwillinge entstehen aus einer befruchteten Eizelle, zweieiige Zwillinge aus zwei Eizellen, die jede für sich befruchtet wurden. Eineiige Zwillinge sind untereinander hinsichtlich ihrer Erbanlagen identisch.

12. Im Bereich der Plazenta kommen sich mütterliches Blut und Blut des Embryos sehr nahe. Sauerstoff tritt vom mütterlichen in das embryonale Blut über, Kohlenstoffdioxid in umgekehrter Richtung. Der Embryo wird über die Plazenta ernährt.

13. Liebe zwischen zwei Menschen kann Bestand haben, wenn die beiden Achtung und Vertrauen zueinander entwickeln. Bei der Empfängnisregelung nehmen beide Partner bewusst darauf Einfluss, eine Schwangerschaft herbeizuführen oder zu verhindern.

14. In der Fortpflanzungsmedizin wurden Methoden entwickelt, bei denen Teilbereiche des Fortpflanzungsgeschehens außerhalb des Körpers stattfinden, zum Beispiel bei der künstlichen Befruchtung. Bei der Präimplantationsdiagnostik, die in Deuschland verboten ist, werden Embryonen nach künstlicher Befruchtung und vor der Einbringung in die Gebärmutter auf Erbkrankheiten untersucht und gegebenenfalls ausgelesen.

15. Eine Technik des Klonens ist es, den Zellkern aus einer Körperzelle eines Spenders in eine entkernte Eizelle einzufügen. Beim reproduktiven Klonen wird der so entstandene Klonembryo in die Gebärmutter einer Frau übertragen, damit ein neuer Mensch heranwächst. Der Klon ist hinsichtlich seiner genetischen Informationen identisch mit dem Spender des Zellkerns. Das reproduktive Klonen ist weltweit geächtet.

1 Aufgabe: Ordne jedem dieser Sachverhalte ein Basiskonzept oder mehrere Basiskonzepte zu. Die Basiskonzepte sind in diesem Buch auf der Methodenseite „Arbeiten mit Basiskonzepten“ erläutert. Begründe die von dir gewählte Zuordnung.

Hormone, Fortpflanzung und Entwicklung

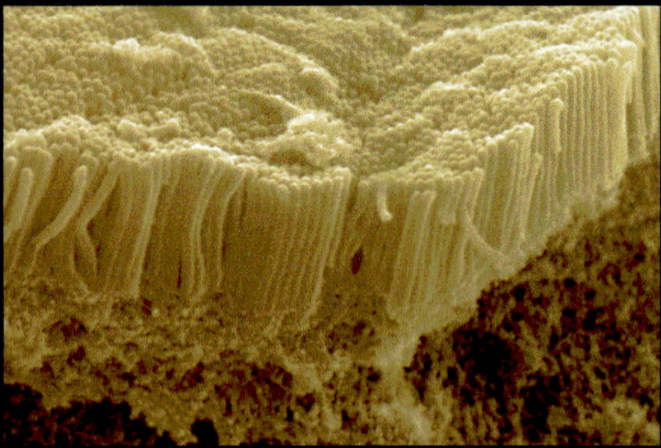

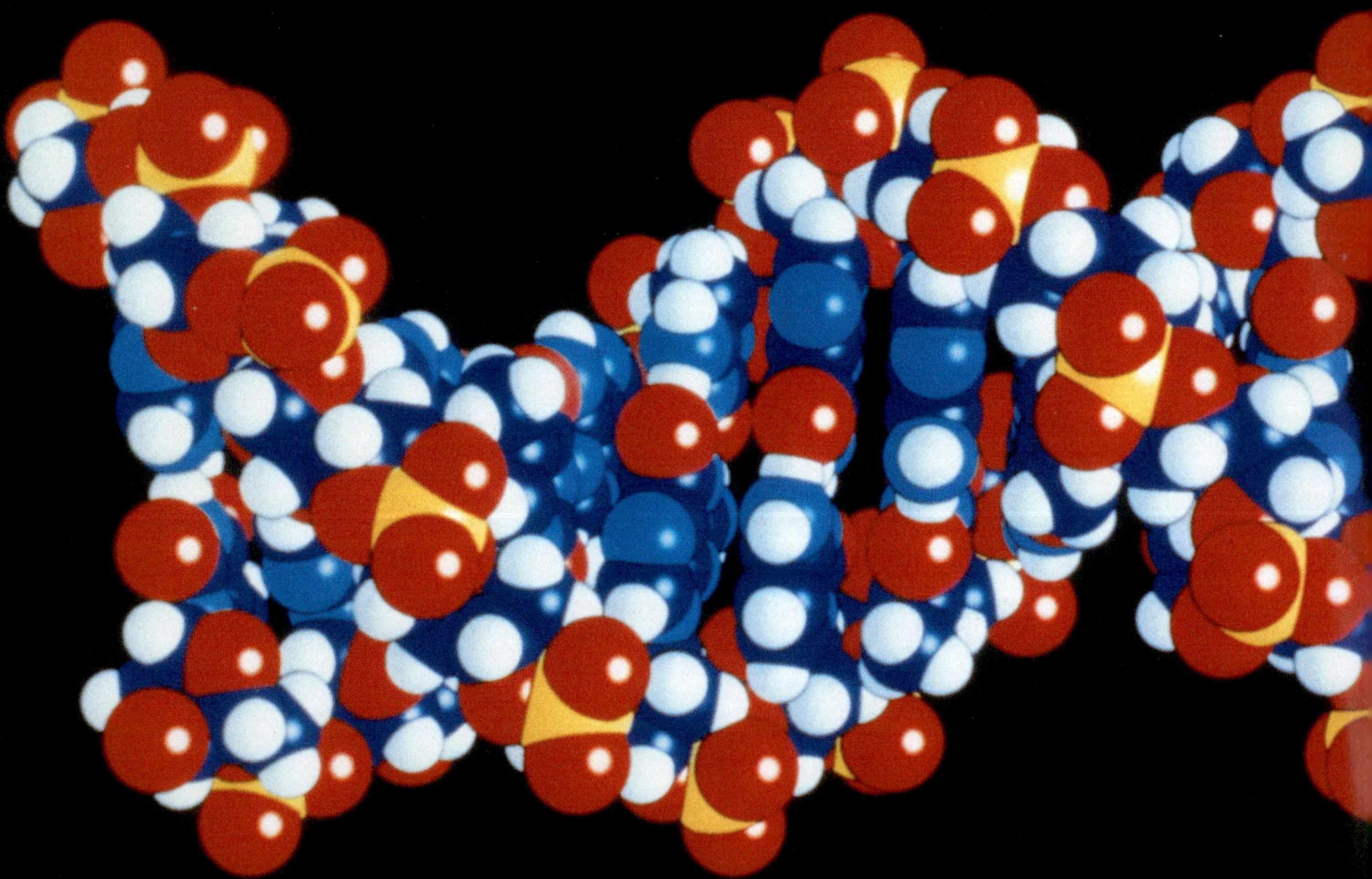

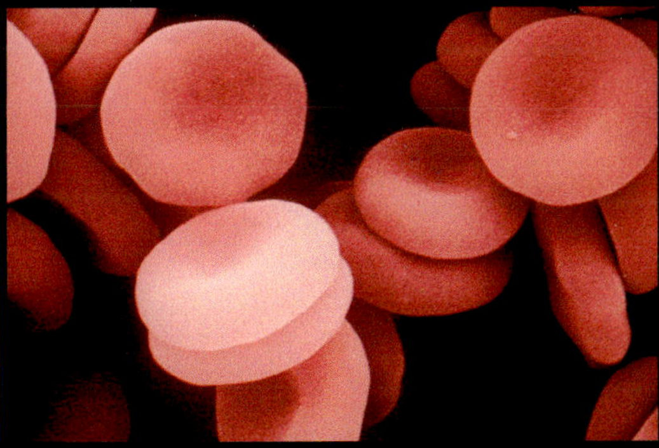

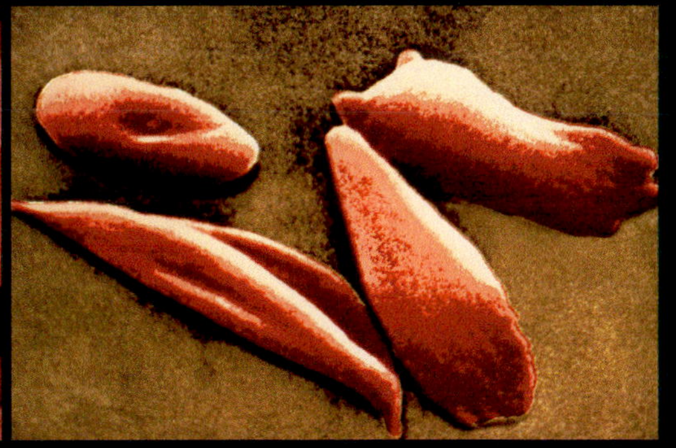

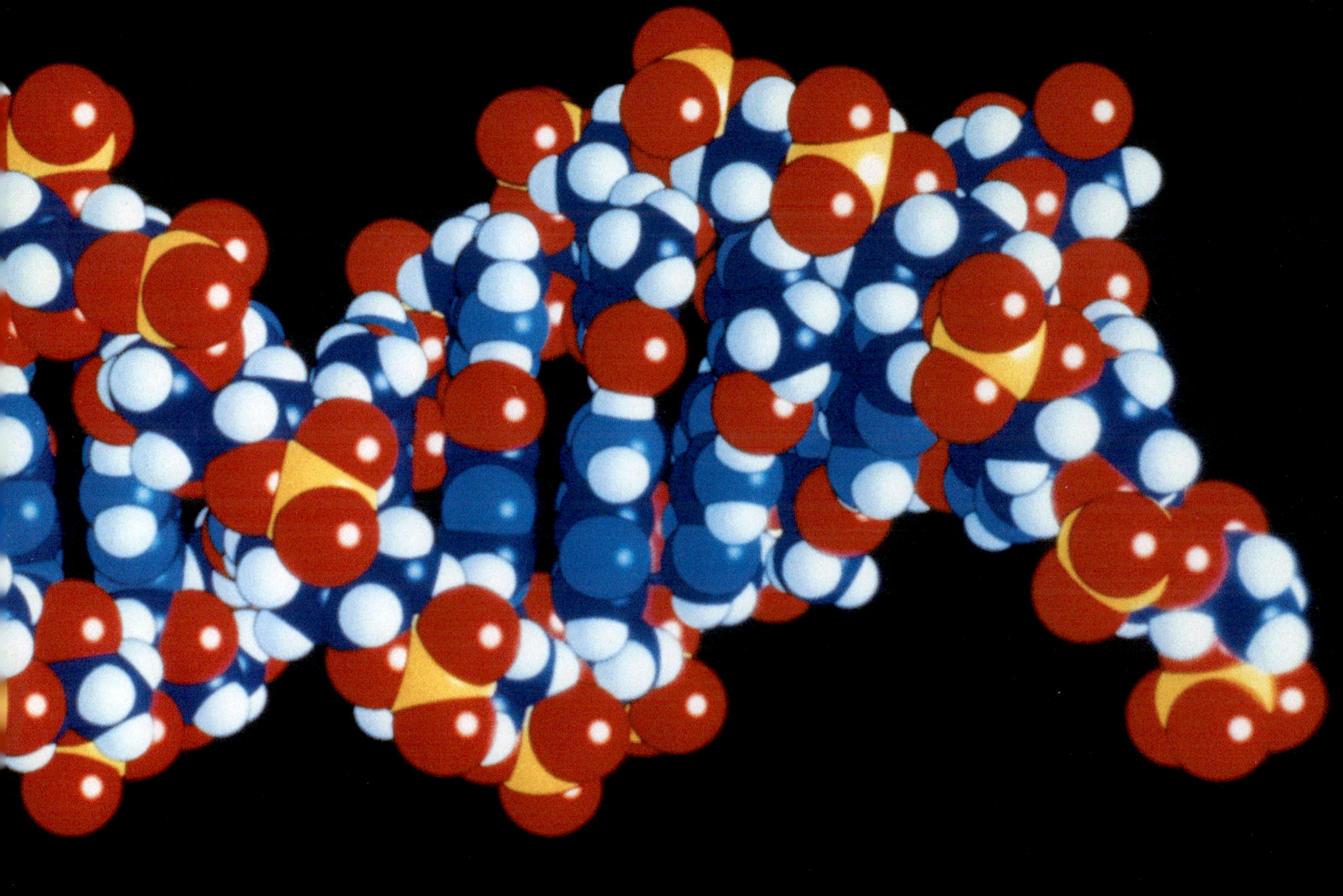

Enzyme und Molekulargenetik

5 Enzyme

5.1 Verdauung im Überblick

Unter Verdauung versteht man das Zerlegen von Nahrungsbestandteilen in kleinere wasserlösliche Bausteine unter Mitwirkung von Enzymen.

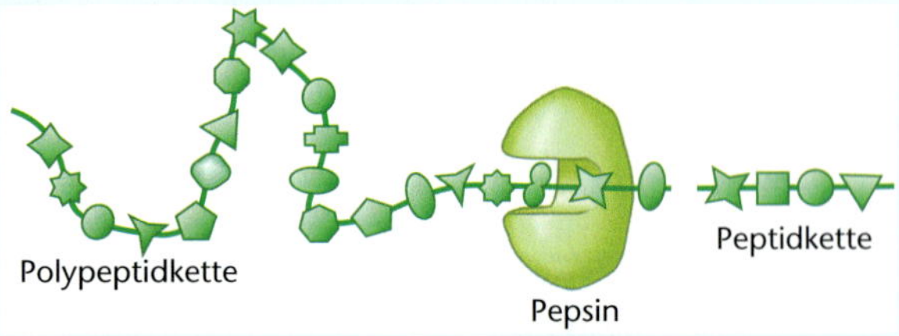

Die Magenwand sondert Salzsäure ab. Dadurch wird der Nahrungsbrei sauer. Der pH-Wert beträgt nun zwei. Unter diesen Bedingungen spaltet das Enzym Pepsin Polypeptidketten der Proteine in kürzere Peptidketten.

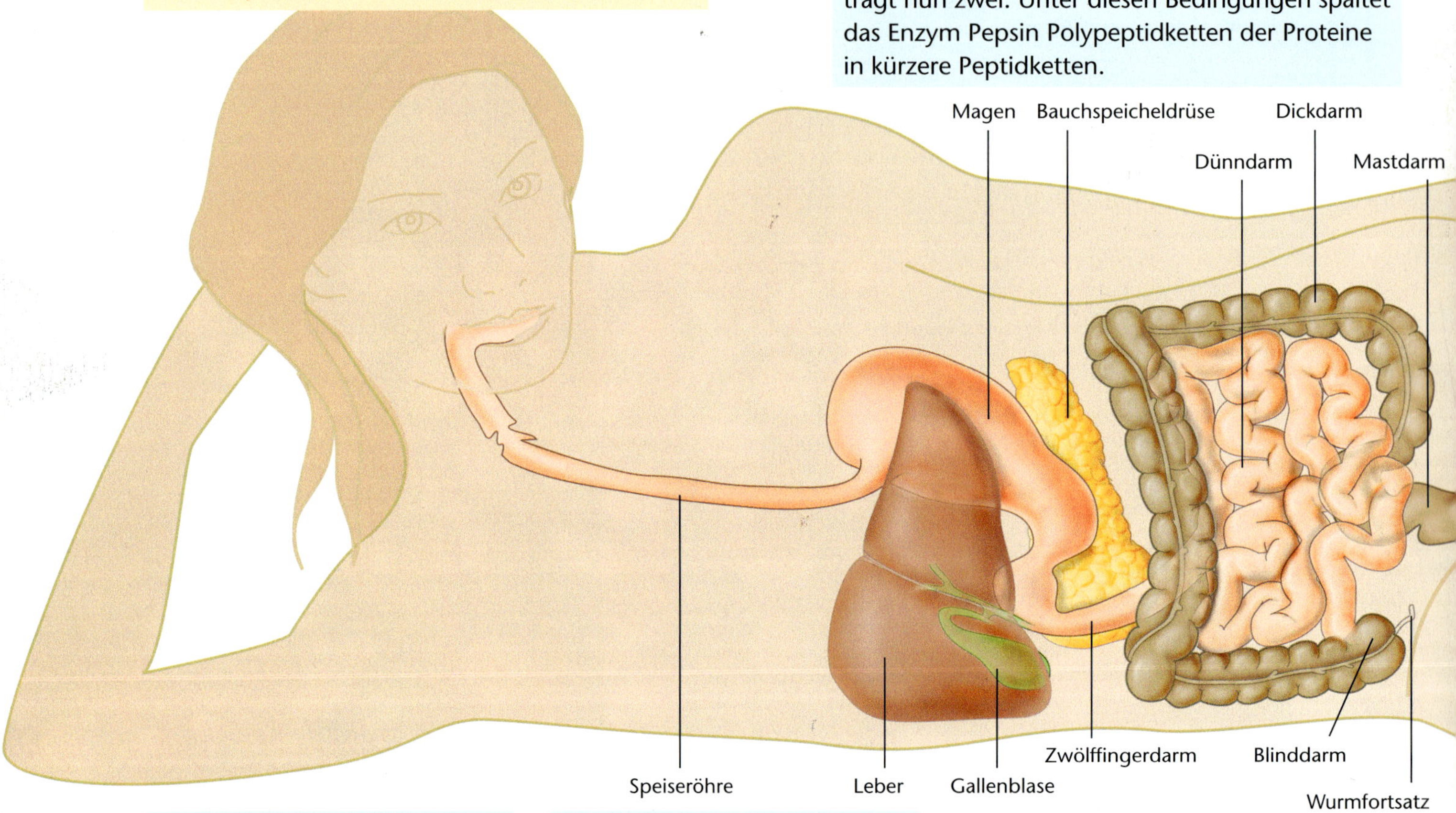

Im Mund wird die Nahrung durch Kauen zerkleinert und mit Mundspeichel zu einem Nahrungsbrei vermischt. Amylase spaltet das Polysaccharid Stärke zum Teil in kleinere Bruchstücke, zum Beispiel zur Maltose.

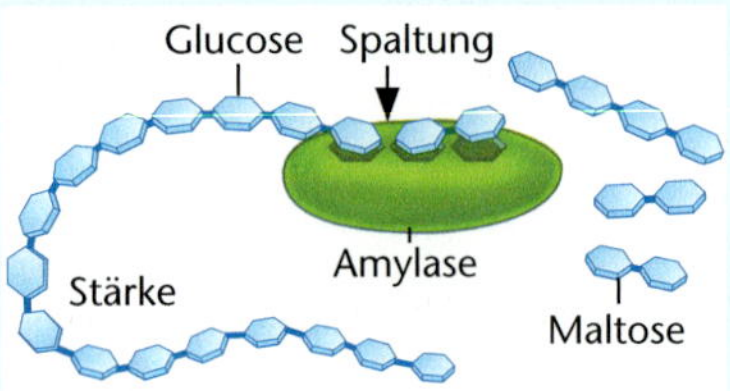

Die Gallenflüssigkeit enthält Gallensäuren, die Nahrungsfette in kleine Fetttröpfchen emulgieren.

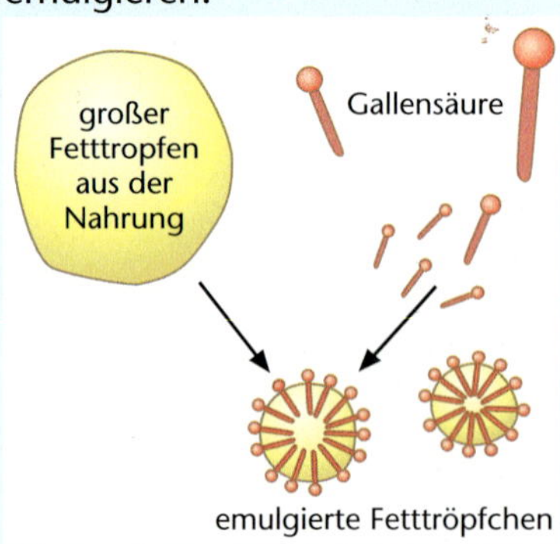

Die Bauchspeicheldrüse gibt Bauchspeicheldrüsenflüssigkeit in den Dünndarm ab. Bauchspeicheldrüsenflüssigkeit enthält viele Enzyme, zum Beispiel Amylase, Fett spaltende Lipasen und Eiweiße spaltende Enzyme wie Trypsin und Chymotrypsin.

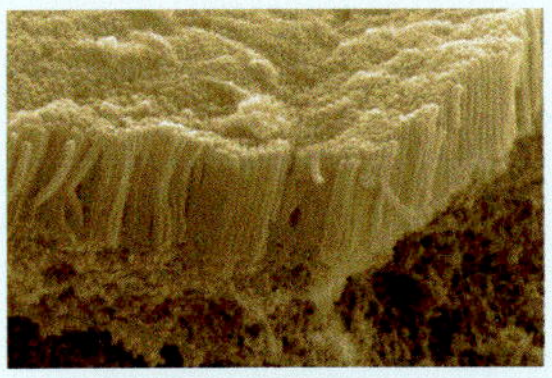

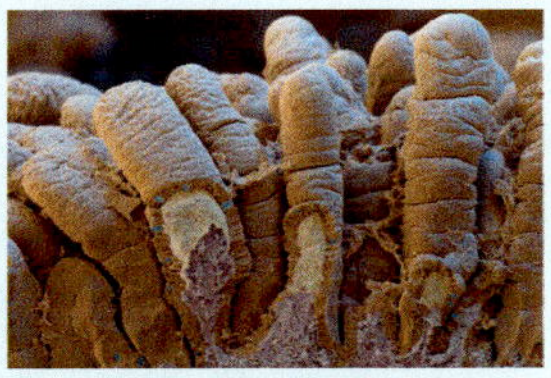

Die Dünndarmoberfläche ist stark gefaltet und dadurch sehr groß. Der Dünndarm ist knapp drei Meter lang und hat einen Durchmesser von vier Zentimeter. Durch die Falten, Zotten und Ausstülpungen von Zellen beträgt die innere Oberfläche des Dünndarms ungefähr 240 m^2. Von der Dünndarmwand werden die durch die Einwirkung der Enzyme entstandenen kleinen Bausteine der Nährstoffe in den Körper aufgenommen und mit dem Blut und der Lymphe verteilt.

After

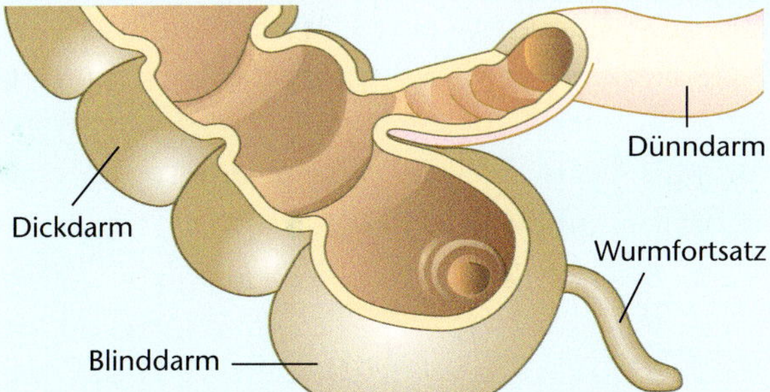

Im Dickdarm wird dem verbliebenen Nahrungsbrei Wasser entzogen. Zahlreiche Bakterien besiedeln den Dickdarm. Sie zersetzen Nahrungsbestandteile, die für das menschliche Verdauungssystem unverdaulich sind. Dabei produzieren sie auch bestimmte Vitamine, die für die menschliche Gesundheit unverzichtbar sind.

Der Nahrungsbrei wird durch den Dünndarmsaft leicht alkalisch. Der pH-Wert beträgt nun acht. Im Dünndarm findet der wesentliche Teil der Verdauung der Nährstoffe statt.

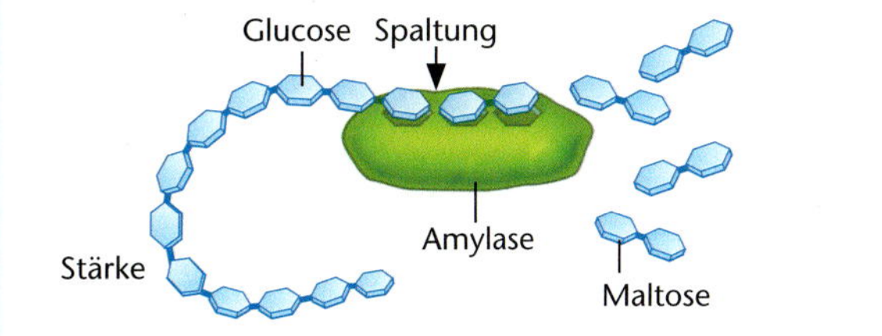

Amylase zerlegt Stärke vollständig in Maltose.

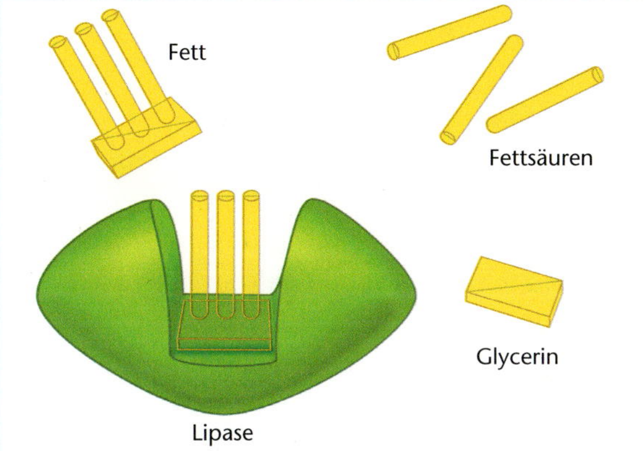

Lipasen spalten Fette in Glycerin und Fettsäuren.

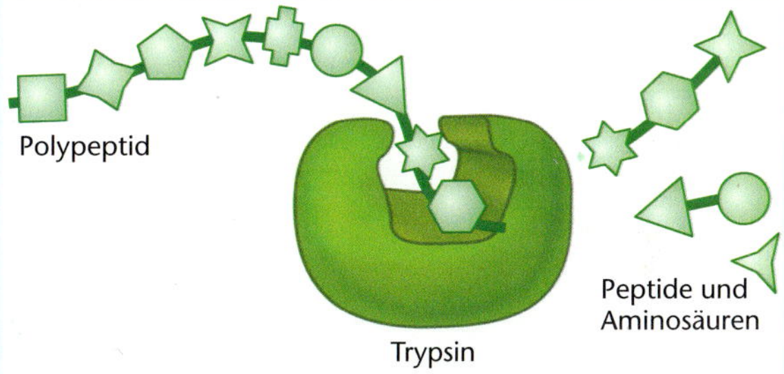

Trypsin und Chymotrypsin spalten Polypeptide zu Peptiden und Aminosäuren.

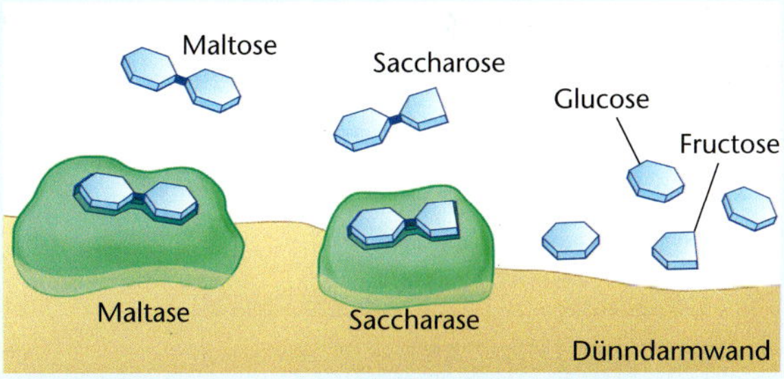

In der Dünndarmwand befinden sich unter anderem die Enzyme Maltase und Saccharase. Sie bauen die Disaccharide Maltose und Saccharose zu Glucose und Fructose ab.

5.2 Bau von Enzymen

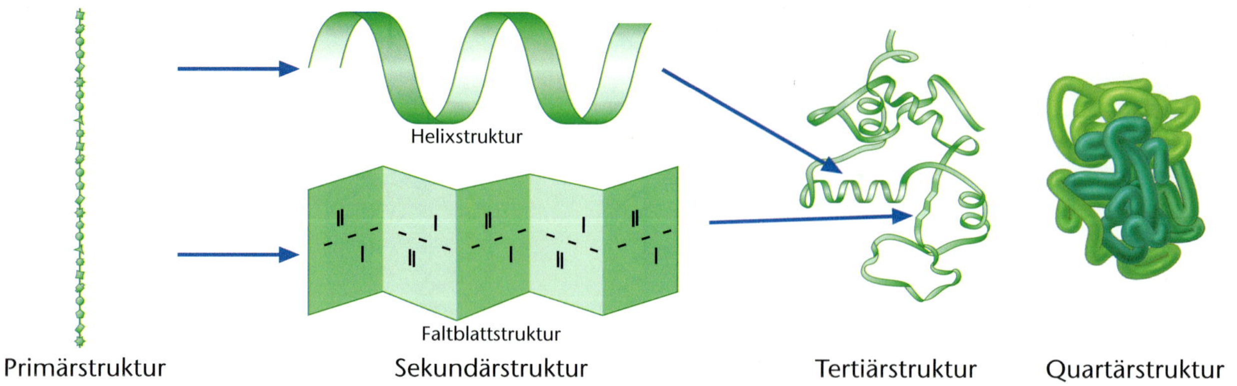

1 *Bau und Struktur eines Enzyms*

Enzyme sind **Proteine.** Bausteine der Proteine sind zwanzig verschiedene Aminosäuren. Die Aminosäuren sind über Peptidbindungen zu langen Molekülketten verknüpft (Abb. 2, 4). Diese Ketten bezeichnet man als Polypeptide. Sie bauen die Proteine, wie zum Beispiel Enzyme, auf. Viele Enzyme enthalten neben den Polypeptidketten zusätzlich Metallionen oder kleinere organische Moleküle. Diese zusätzlichen Enzymbestandteile bezeichnet man als **Cofaktoren.**

Der räumliche Aufbau eines Proteins lässt sich auf vier Ebenen beschreiben (Abb. 1). Als **Primärstruktur** bezeichnet man die Reihenfolge der Aminosäuren in der Polypeptidkette. Die Reihenfolge der Aminosäuren ist auf der DNA genetisch festgelegt. Diese Reihenfolge ist für den räumlichen Aufbau, die sogenannte Raumstruktur eines Enzyms entscheidend. Viele Abschnitte einer Polypeptidkette sind zu Faltblattstrukturen oder Helixstrukturen gefaltet. Ursache für diese Raumstrukturen sind Wasserstoffbrückenbindungen, die sich zwischen nahe benachbarten Aminosäuren der Polypeptidkette in regelmäßigen Abständen ausbilden. Man bezeichnet diese räumlichen Strukturen als **Sekundärstrukturen.** Zwischen Aminosäuren, die in der Polypeptidkette weiter voneinander entfernt sind, bilden sich auch die besonders stabilen Disulfidbrücken aus. Dadurch kommt es zu einer weiteren räumlichen Auffaltung der Polypeptidkette, deren Struktur nun an ein Wollknäuel erinnert. Diese Raumstruktur bezeichnet man als **Tertiärstruktur.** Die Tertiärstruktur entsteht nicht zufällig, sondern ist für das jeweilige Protein charakteristisch und bereits durch die Abfolge der Aminosäuren in der Primärstruktur vorgegeben. Manche Proteine bestehen aus mehreren Polypeptidketten. Jede dieser Polypeptidketten bildet dann eine Untereinheit. Beispielsweise besteht das Hämoglobin, der rote Blutfarbstoff, aus vier Untereinheiten. Einen derartigen Komplex aus mehreren Polypeptidketten bezeichnet man als **Quartärstruktur.**

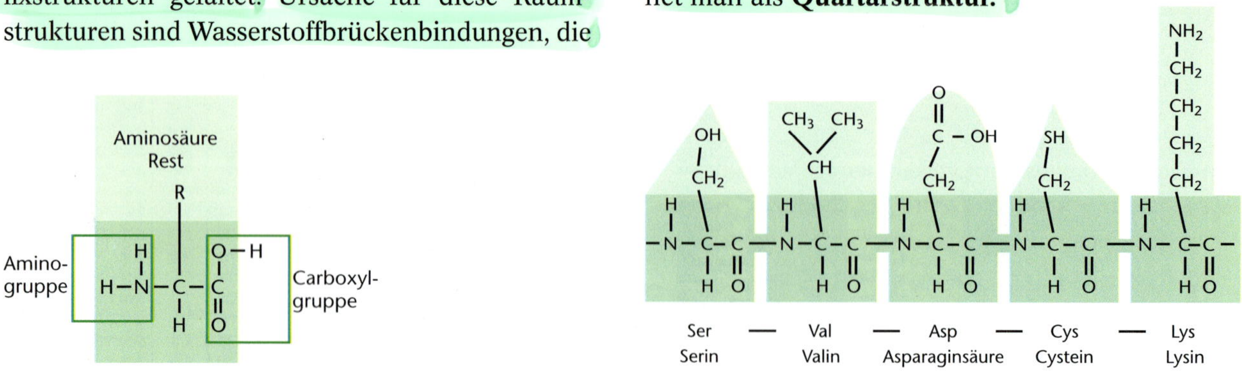

2 *Aufbau einer Aminosäure und Ausschnitt aus einer Polypeptidkette*

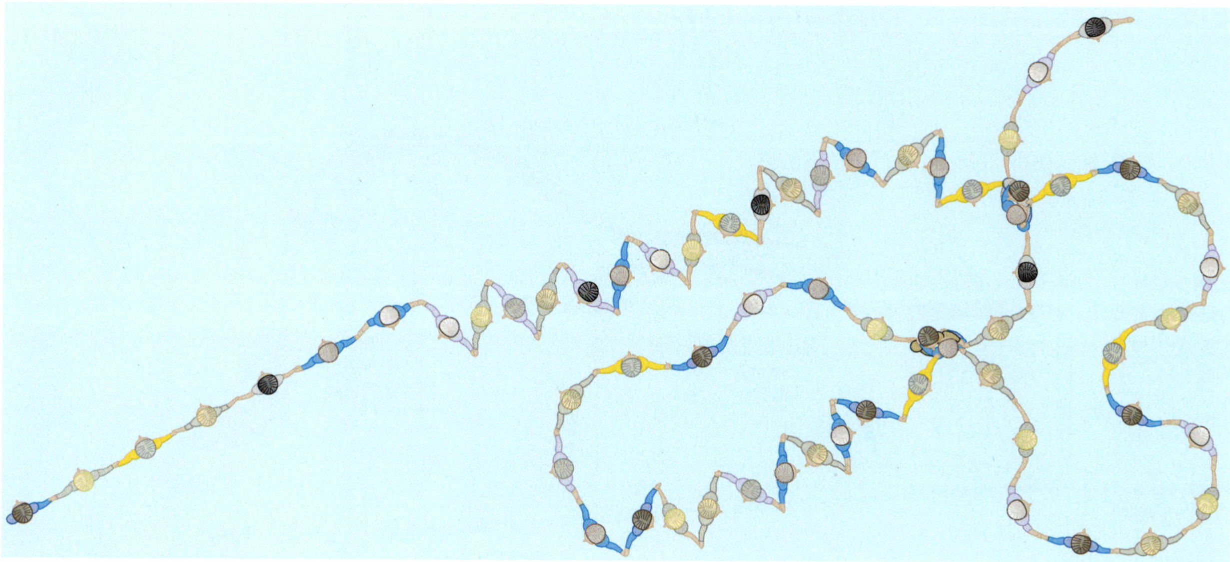

3 *Eine Menschenkette als Modell*

1 Eine Menschenkette als Modell für die Enzymstruktur? Erläutere, inwiefern die in Abbildung 3 dargestellte Menschenkette als Modell für den Aufbau eines Enzyms aufgefasst werden kann.

2 Bau von Aminosäuren. Beschreibe vergleichend den Aufbau der in Abbildung 2 dargestellten Aminosäuren.

3 Bildung einer Peptidbindung. Beschreibe die Vorgänge bei der Bildung einer Peptidbindung mithilfe von Abbildung 4.

4 Zwischenmolekulare Kräfte in Polypeptidketten.

a) Beschreibe die in Abbildung 5 dargestellten zwischenmolekularen Kräfte und ordne diese nach ihrer Stärke.

b) Nenne jeweils die beiden in der Abbildung 5 dargestellten Aminosäuren, zwischen denen sich die jeweiligen Bindungen ausbilden. Verwende dazu Abb. 2.

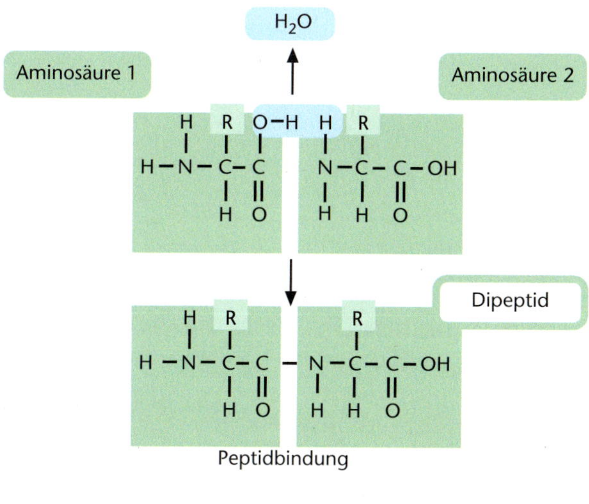

4 *Bildung einer Peptidbindung*

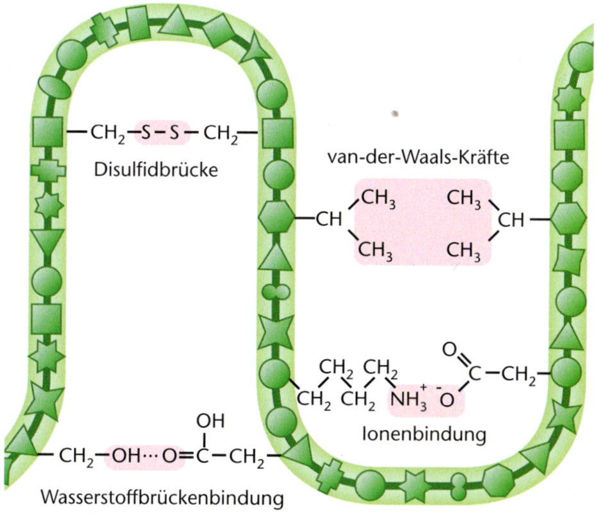

5 *Zwischenmolekulare Kräfte in Polypeptidketten*

5.3 Enzyme als Biokatalysatoren

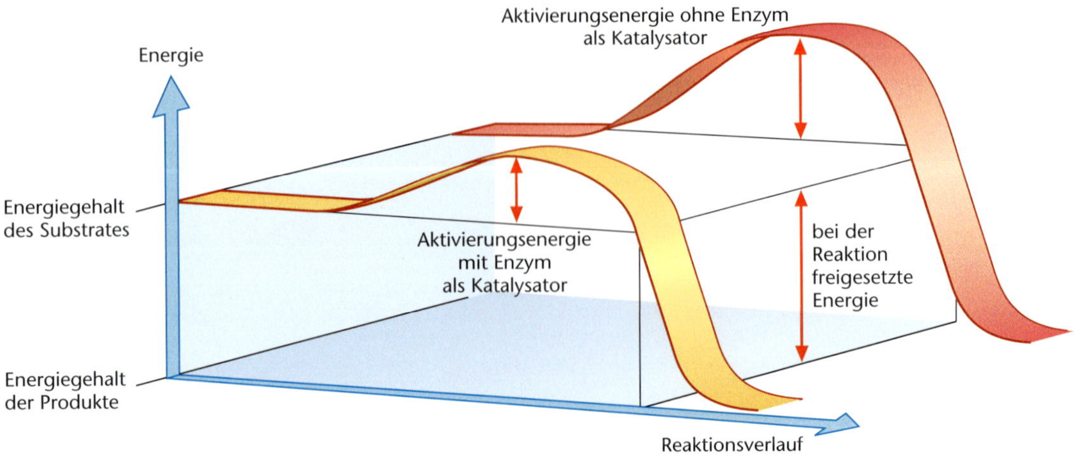

1 *Enzyme verringern die Aktivierungsenergie*

Ohne Enzyme gäbe es kein Leben. Als Biokatalysatoren setzen sie viele chemische Prozesse in unserem Stoffwechsel in Gang und beschleunigen sie. Ohne Enzyme könnten diese Vorgänge gar nicht oder nur sehr langsam ablaufen. Wie alle Katalysatoren gehen Enzyme unverändert aus den chemischen Reaktionen, die sie beschleunigen, hervor. Sie wirken deshalb bereits in sehr geringen Konzentrationen und stehen nach jeder Reaktion sofort wieder zur Verfügung.

Für jede chemische Reaktion ist Aktivierungsenergie notwendig (Abb. 1). Sie dient dazu, die Ausgangsstoffe energiereicher zu machen. Dadurch werden chemische Reaktionen erst ermöglicht. Ist die benötigte Aktivierungsenergie hoch, läuft eine Reaktion im Körper eines Lebewesens gar nicht oder nur langsam ab. Mit Enzymen ist für eine solche Reaktion eine geringere Aktivierungsenergie erforderlich und die Reaktion wird dadurch um ein Vielfaches schneller.

Die Namen vieler Enzyme werden aus den Namen der Ausgangsstoffe – dem Substrat, das sie umsetzen, – und der Endung -ase gebildet. Diese Namen lassen auf die Funktion der Enzyme schließen. Zum Beispiel spaltet das Enzym Amylase Stärke (Amylose) und das Enzym Saccharase zerlegt den Zucker Saccharose.

Enzyme lassen sich aufgrund ihrer Funktionen zu Enzymklassen zusammenfassen (Abb. 2). Alle Transferasen übertragen zum Beispiel Molekülbestandteile von einem Molekül auf ein anderes.

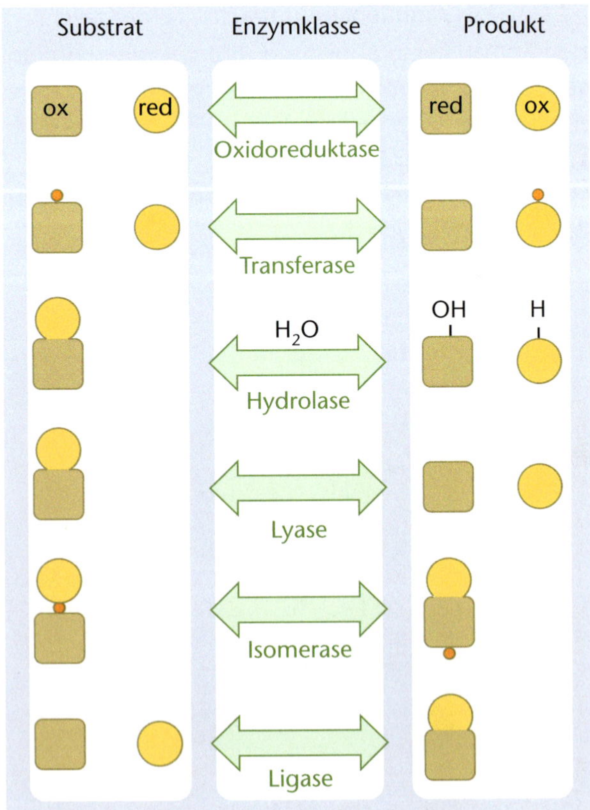

2 *Enzymklassen und deren Funktionen*

3 *Enzymwirkung im Modell: Bergwanderung*

1 Zusammenfassung der Enzymwirkung. Lies den Grundwissentext. Fasse dann in wenigen Sätzen die wichtigsten Aspekte der Enzymwirkung zusammen.

2 Enzymwirkung im Modell.
a) Beschreibe und erläutere die Abbildung 3 unter folgenden Fragestellungen:
– Was ist dargestellt?
– Welche Informationen sind der Abbildung zu entnehmen?
b) Erläutere, inwiefern die Abbildung 3 eine geeignete Modellvorstellung zur Erklärung der Enzymfunktion darstellt.
c) Entwickle ein eigenes mechanisches Modell, mit dem du die im Grundwissentext beschriebene Wirkungsweise eines Enzyms demonstrieren kannst.

3 Enzymklassen und Enzymfunktionen. Beschreibe die in Abbildung 2 vereinfacht dargestellten Funktionen der jeweiligen Enzymklassen.

4 Perlmutt. Perlmutt wächst an der Innenfläche von Muschel- und Schneckenschalen als schillernde Schicht. Es enthält Calciumsalze und Proteine. Perlmutt könnte ein wichtiger Werkstoff der Zukunft werden, der heutige Industriekeramik aus vielen Bereichen verdrängen könnte. Gibt man Proteine aus den Schneckenschalen zu einer Lösung, die Calciumsalze und andere Verbindungen enthält, bilden sich bei Raumtemperatur dünne Schichten aus Perlmutt. Für die Herstellung von Keramik sind dagegen hohe Temperaturen nötig.
Begründe, warum Perlmutt in der Natur bei wesentlich niedrigeren Temperaturen als Keramik entstehen kann.

4 *Muschelschale mit Perlmutt und mikroskopische Aufnahme von Perlmutt*

5.4 Der Mechanismus der Enzymwirkung – das Schlüssel-Schloss-Prinzip

1 *Enzym-Substrat-Komplex mit einem vergrößerten Ausschnitt aus dem aktiven Zentrum*

Die meisten Enzyme können nur bestimmte Substrate umsetzen. Sie verhalten sich substratspezifisch. Die Substratspezifität lässt sich über den Mechanismus der Enzymwirkung erklären. In einem ersten Schritt bindet das Substrat an die Stelle des Enzyms, an der die Reaktion stattfindet. Man nennt diese Stelle **aktives Zentrum** des Enzyms (Abb. 1). Es bildet sich ein **Enzym-Substrat-Komplex** (Abb. 1, 2). Die Bindung des Substrates an das aktive Zentrum des Enzyms erfolgt, indem sich zwischen Substratmolekül und Enzym zwischenmolekulare Anziehungskräfte ausbilden. Dafür ist ein exaktes Passen von räumlichen Strukturen und Ladungsverteilungen des aktiven Zentrums des Enzyms und des Substratmoleküls erforderlich. Das exakte Zusammenpassen von Enzym und Substrat als Voraussetzung für die Reaktion bezeichnet man auch als **Schlüssel-Schloss-Prinzip** (Abb. 2). Noch während das Substrat an das Enzym bindet, wird es verändert, so dass ein Enzym-Produkt-Komplex entsteht. Anschließend werden die Produkte freigesetzt. Das Enzym geht unverändert aus dieser Reaktion hervor und kann viele weitere Reaktionszyklen durchlaufen.

Jedes Enzym kann in der Regel nur eine ganz bestimmte Veränderung des Substrates bewirken. Diese Eigenschaft bezeichnet man als Wirkungsspezifität.

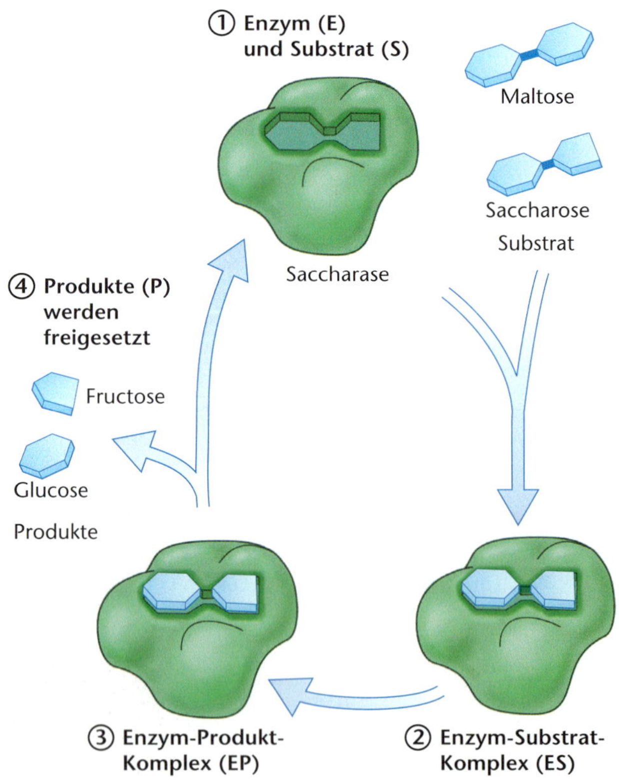

E + S → ES → EP → E + P

2 *Ablauf einer Enzymreaktion am Beispiel des Enzyms Saccharase*

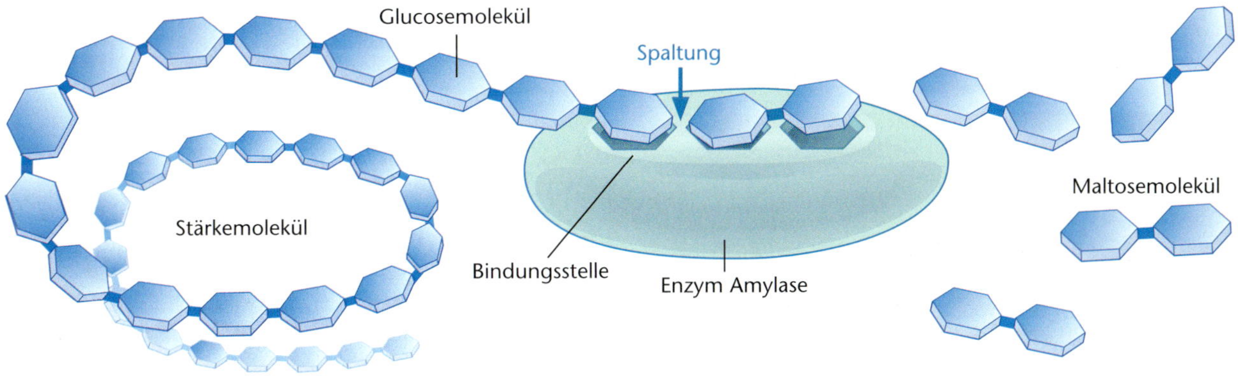

3 *Umwandlung von Stärke zu Maltose durch das Enzym Amylase*

1 Mechanismus der Enzymwirkung.
a) Beschreibe die Wirkungsweise des Enzyms Amylase mithilfe der Abbildung 3.
b) Erläutere anhand der Abbildung 2 die Begriffe Substratspezifität und Wirkungsspezifität.

2 Enzym-Modelle.
a) Stelle ein Pappmodell her, mit dem du auf dem Tageslichtprojektor möglichst viele Aspekte der Enzymwirkung veranschaulichen kannst. Du kannst dich dabei an der Abbildung 2 orientieren.
b) Stelle aus Legosteinen oder Knetgummi ein dreidimensionales Modell her, mit dem du die Wirkungsweise eines Enzyms veranschaulichen kannst.
c) Erläutere, welche Aspekte der Enzymwirkung sich durch deine Modelle veranschaulichen lassen und welche nicht.

3 Ein Versuch zur Enzymwirkung. Für ein Experiment werden sechs Petrischalen mit rot gefärbtem Agar, einer gelartigen Substanz, gefüllt. Die Agarschalen 1, 3 und 5 enthalten Stärke. Die Stärke wird in diesen Agarschalen durch Iod-Kalium-Iodidlösung blau gefärbt. Die drei anderen Agarschalen 2, 4 und 6 enthalten Albumin, ein Eiweiß. Das Albumin verursacht eine Trübung des Agars. Auf den Agar in den Petrischalen 1 und 2 wird in die Mitte etwas Speichel aufgetragen, auf den Agar der Petrischalen 3 und 4 eine Lösung des Enzyms Pepsin, den Platten 5 und 6 wird nichts zugesetzt. Pepsin ist ein Eiweiß abbauendes Enzym. Nach einiger Zeit erkennt man ein Versuchsergebnis wie in Abbildung 4.
a) Beschreibe das Versuchsergebnis und finde eine Erklärung.
b) Erkläre, zu welchem Zweck die Versuchsansätze 5 und 6 durchgeführt werden.

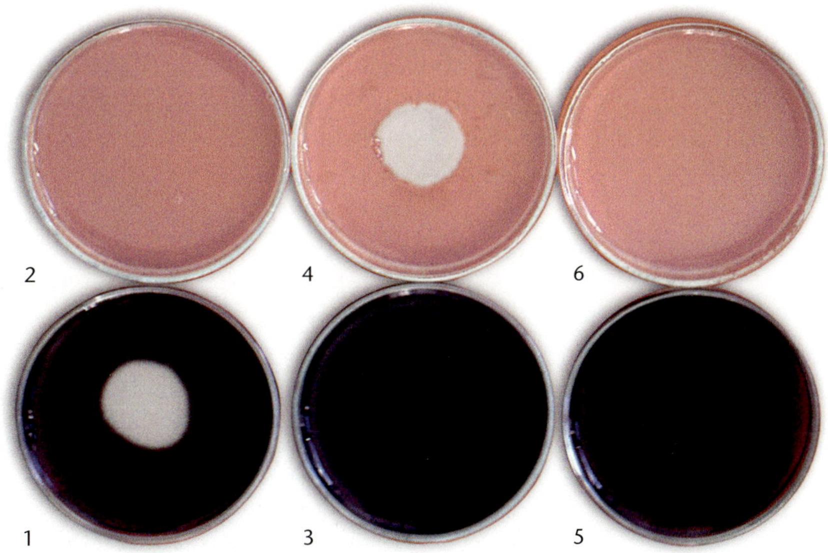

4 *Versuchsergebnis zur Enzymwirkung*

5.5 Temperaturabhängigkeit der Enzymwirkung

1 *Temperaturkontrolle in einem Gärbottich für die Bierherstellung*

Die Geschwindigkeit aller chemischen Reaktionen nimmt mit steigender Temperatur zu. Damit Stoffe miteinander reagieren können, müssen deren Teilchen, zum Beispiel Moleküle, zusammenstoßen. Die Geschwindigkeit von Teilchen nimmt mit steigender Temperatur zu. Zusammenammenstöße finden bei höherer Temperatur deshalb häufiger statt. Bei biochemischen Reaktionen beobachtet man, dass sich die Reaktionsgeschwindigkeit bei einer Temperaturerhöhung um zehn Grad Celsius etwa verdoppelt. Dieser Zusammenhang wird durch die **Reaktionsgeschwindigkeits-Temperatur-Regel,** kurz RGT-Regel, beschrieben.

Die RGT-Regel gilt auch bei enzymkatalysierten Reaktionen. Weil die Substrate und die Enzyme bei höheren Temperaturen häufiger aufeinander treffen, laufen die Reaktionen schneller ab (Abb. 2). Bei Temperaturen über 40 Grad Celsius werden jedoch zwischenmolekulare Kräfte zwischen den Polypeptidketten des Enzyms gelöst. Als Folge ändert sich die Struktur des Enzyms. Diesen Vorgang bezeichnet man als **Denaturierung.** Dadurch verlieren die Enzyme ihre Wirksamkeit und die durch sie katalysierten Reaktionen kommen zum Erliegen. Aus diesem Grund ist es sehr wichtig, bei industriellen Prozessen, in denen Enzyme verwendet werden, wie etwa dem Bierbrauen, die Temperatur ständig zu überprüfen (Abb. 1).

Jedes Enzym hat eine bestimmte Temperatur, bei der es am besten arbeitet. Diese Temperatur nennt man **Temperaturoptimum.** Temperaturoptima liegen bei den meisten Enzymen bei 35 bis 40 Grad Celsius. Bei höheren Temperaturen setzt die Denaturierung ein. Eine Ausnahme bilden Enzyme von Organismen aus extremen Lebensräumen. Die Enzyme von Wärme liebenden Bakterien, die heiße Quellen besiedeln, haben sehr hohe Temperaturoptima bis 100 Grad Celsius. Dagegen haben Enzyme von Kälte liebenden Bakterien, die vor allem in der Arktis und Antarktis vorkommen, sehr niedrige Temperaturoptima. Von derartigen Enzymen erhofft man sich, dass sie in industriellen Prozessen eingesetzt werden können. Deshalb ist die Entdeckung und Erforschung dieser hitzestabilen und kälteunempfindlichen Enzyme ein wichtiger Forschungsgegenstand.

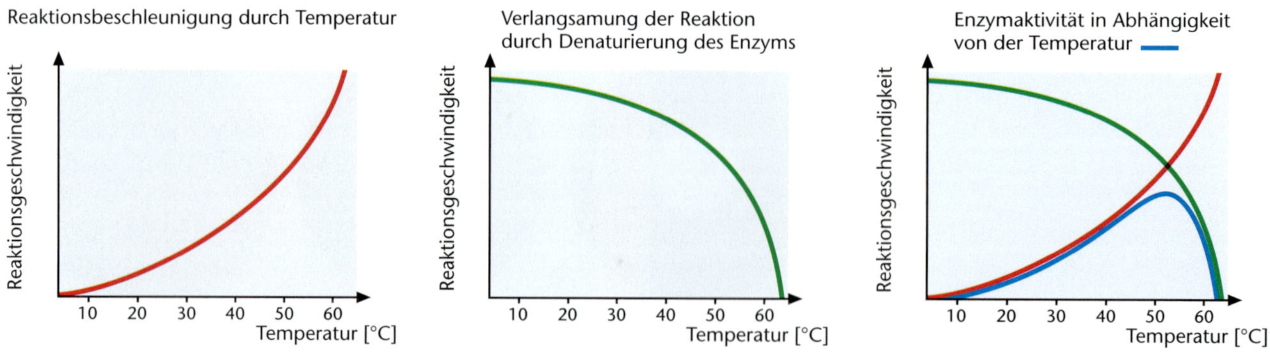

2 *Enzymaktivität und Temperatur*

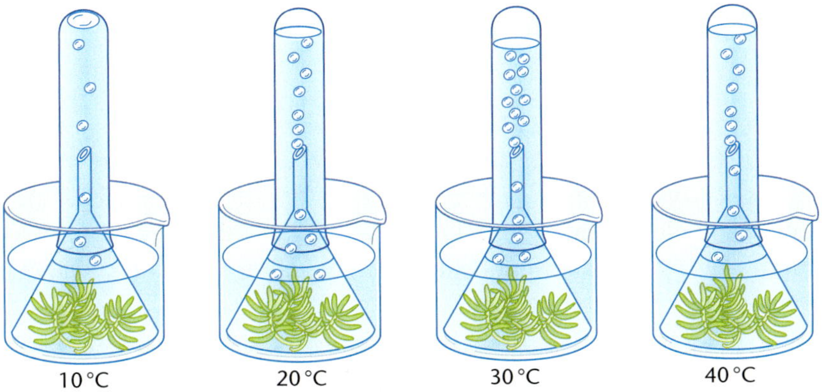

3 *Fotosynthese bei unterschiedlichen Temperaturen*

1 Enzymaktivität. Erkläre den Verlauf der blauen Kurve in Abbildung 2. Setze den Kurvenverlauf in Beziehung zur Raum-Struktur von Enzymen und zur RGT-Regel.

2 Versuch: Die Temperaturabhängigkeit der enzymatischen Bräunung.
Information: Die Bräunung von angeschnittenen Äpfeln oder von rohem Kartoffelbrei an der Luft ist ein enzymatischer Prozess. Enzyme oxidieren unter Mitwirkung von Sauerstoff Inhaltsstoffe zu braunen Produkten.
Versuchsdurchführung: Zerreibe eine Kartoffel zu einem Brei. Verteile den frischen Kartoffelbrei auf drei Gefäße. Stelle eines der Gefäße in den Kühlschrank, eines in einen normal temperierten Raum und eines an einen warmen Ort, zum Beispiel in einen auf 40 °C vorgeheizten Backofen. Überprüfe und protokolliere das Aussehen der Proben eine halbe Stunde lang in Abständen von fünf Minuten. Verfasse ein Versuchsprotokoll mit einer Deutung der erhaltenen Ergebnisse.

Shrimp aus Alaska

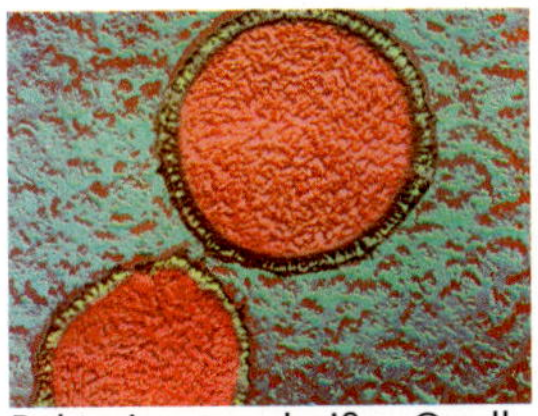
Bakterium aus heißer Quelle

Schwein

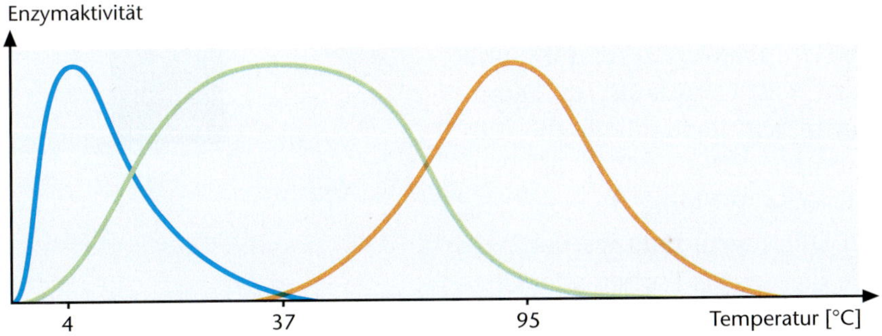

4 *Unterschiedliche Temperaturoptima von drei gleichen Enzymen*

3 Die Temperaturabhängigkeit der Enzymwirkung. Gleiche Mengen an Wasserpestpflanzen werden in dem Versuchsaufbau der Abbildung 3 bei unterschiedlichen Temperaturen belichtet. Der fotosynthetisch erzeugte Sauerstoff wird mit umgestülpten Reagenzgläsern aufgefangen. Anhand der Menge des pro Zeiteinheit produzierten Sauerstoffs lässt sich die Fotosyntheseaktivität abschätzen.
a) Beurteile die jeweilige Fotosyntheseaktivität bei den unterschiedlichen Temperaturen. Stelle die Fotosyntheseaktivität der Wasserpest in Abhängigkeit von der Temperatur in geeigneter Weise grafisch dar.
b) Erläutere, inwiefern das Versuchsergebnis dafür spricht, dass an der Sauerstoffbildung durch Fotosynthese Enzyme beteiligt sind.

4 Enzymaktivität und Lebensraum. Die Abbildung 4 zeigt die Temperaturoptima von drei gleichen Enzymen in unterschiedlichen Lebewesen. Beschreibe, welche Fakten du dem Diagramm entnehmen kannst und ordne die Kurven den abgebildeten Lebewesen zu. Begründe deine Zuordnung.

5.6 pH-Abhängigkeit der Enzymwirkung

1 *Milcheiweiße gerinnen mit Zitronensaft*

Versetzt man Milch mit etwas Zitronensaft, flockt das in der Milch enthaltene Eiweiß aus (Abb. 1). Der Zitronensaft säuert die Milch an. In sauren Lösungen liegen höhere Konzentrationen an Hydroniumionen (H_3O^+-Ionen) vor (Abb. 3). Deshalb werden an einigen Stellen der Polypeptidkette Protonen (H^+-Ionen) angelagert. In alkalischen Lösungen herrscht dagegen ein Überschuss an Hydroxidionen (OH^-). Diese spalten Protonen von der Polypeptidkette ab. Durch Anlagerung oder Abspaltung von Protonen werden Wasserstoffbrückenbindungen und Ionenbindungen in der Polypeptidkette des Enzyms gelöst oder an anderer Stelle neu gebildet. Dadurch ändert sich die räumliche Struktur des Enzyms, es denaturiert. Die Denaturierung ist meist reversibel: Stellt sich der ursprüngliche pH-Wert wieder ein, bildet das Enzym seine ursprüngliche Struktur wieder aus.

Da Struktur und Funktion von Enzymen eng miteinander verknüpft sind, beeinflusst der pH-Wert stark die Funktionsfähigkeit der Enzyme. Für jedes Enzym gibt es einen pH-Wert, bei dem es mit größter Geschwindigkeit arbeitet. Dieser pH-Wert heißt **pH-Optimum.**

Wenn die Nahrung unseren Verdauungstrakt passiert, gelangt sie in Verdauungsorgane mit völlig unterschiedlichen pH-Werten. Der Mundspeichel ist neutral. Die Amylase des Mundspeichels arbeitet bei einem pH-Wert von sieben am besten. Im stark sauren Magensaft herrscht ein pH-Wert von zwei. Dieser pH-Wert ist für das Eiweiße spaltende Enzym Pepsin optimal. Die Amylase aus dem Mundspeichel ist bei diesen pH-Werten inaktiv und wird selbst verdaut. Im Dünndarm liegt eine alkalische Lösung vor. Dort verliert das Pepsin seine Wirkung. Enzyme, die im Dünndarm tätig werden, wie die Lipase, das Trypsin oder Chymotrypsin, haben pH-Optima im alkalischen Bereich (Abb. 2).

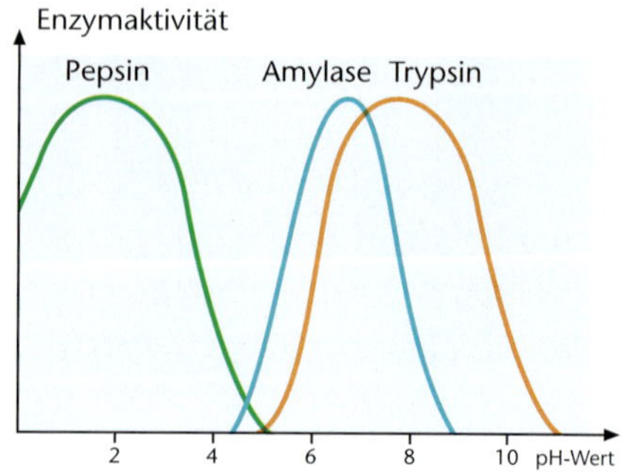

2 *pH-Optima von Enzymen*

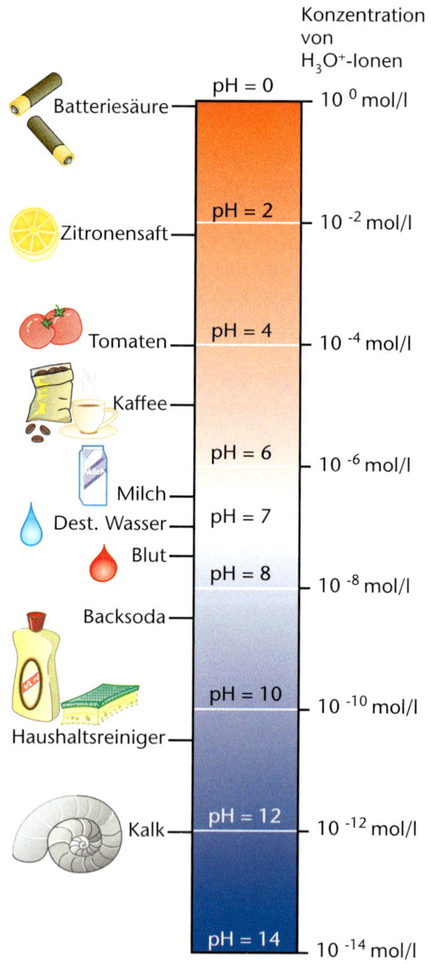

3 *Die pH-Skala*

1 Versuche zur Eiweißverdauung. Ein Gramm Magerquark wird gründlich in 20 ml Wasser eingerührt. Dabei erhält man eine trübe Suspension. Die Trübung wird vor allem durch Eiweißflocken hervorgerufen. Magerquark enthält viel Eiweiß, aber fast kein Fett.
Eine Spatelspitze des Enzyms Pepsin wird in 10 ml Wasser eingerührt.
Nach Befüllen der Reagenzgläser, wie in Abbildung 4 angegeben, werden diese für 15 min in einem Wasserbad auf knapp 40 °C erwärmt.
a) Formuliere mithilfe der Grundwissenseite und der Abbildung 2 die Versuchsbeobachtung und entwickle eine Deutung.
b) Welche Ergebnisse würdest du erwarten, wenn statt des Enzyms Pepsin das Enzym Trypsin eingesetzt würde? Formuliere eine begründete Hypothese.
c) Führe den Versuch mit Trypsin statt mit Pepsin durch.

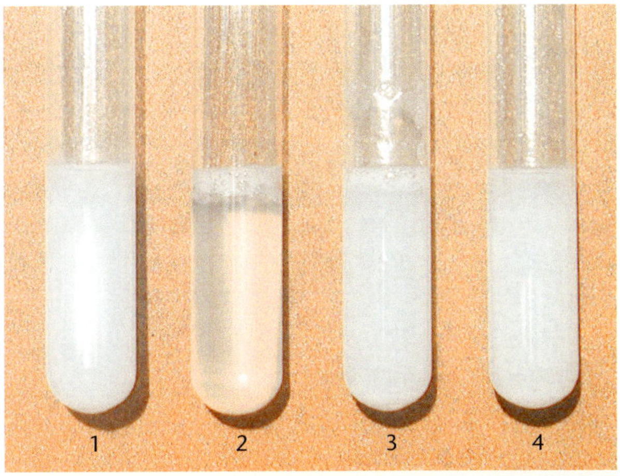

	Reagenzglas 1	Reagenzglas 2	Reagenzglas 3	Reagenzglas 4
Quarksuspension	3 ml	3 ml	3 ml	3 ml
Pepsinlösung	–	2 ml	2 ml	2 ml
Wasser	2 ml	–	–	–
Salzsäure (1 mol/l) (Xi)	–	3 Tropfen	–	–
Natronlauge (1 mol/l) (Xi)	–	–	–	3 Tropfen

4 *Versuch zur Eiweißverdauung*

2 Das pH-Optimum der Speichelamylase. Reagenzgläser werden mit Stärkelösung gefüllt. Es werden jeweils unterschiedliche pH-Werte eingestellt. Anschließend gibt man jeweils Amylaselösung hinzu und wartet 10 min. Danach gibt man in alle Reagenzgläser einige Tropfen Iodkaliumiodid-Lösung. Beschreibe und deute das Versuchsergebnis mithilfe von Abb. 5.

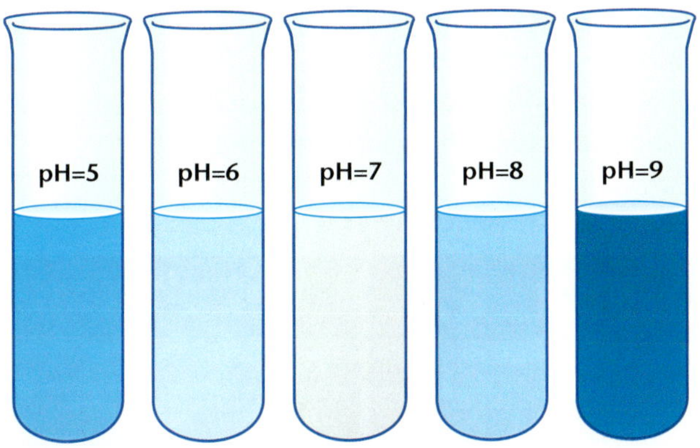

5 *Versuchsergebnis zum pH-Optimum der Speichelamylase*

3 Ladungsverteilung in einem Enzym. Beschreibe die pH-abhängige Ladungsverteilung eines Enzyms mithilfe von Abbildung 6.

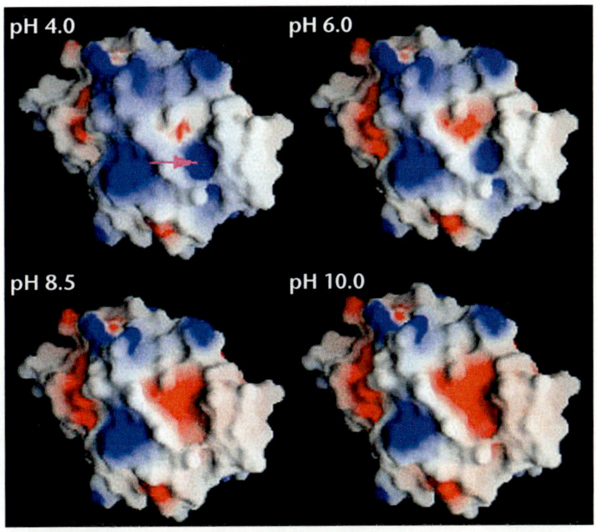

6 *Ladungen in einem Enzym in Abhängigkeit vom pH-Wert. Blau: Überschuss positiver Ladung, rot: Überschuss negativer Ladung*

5.7 Enzyme in der Technik

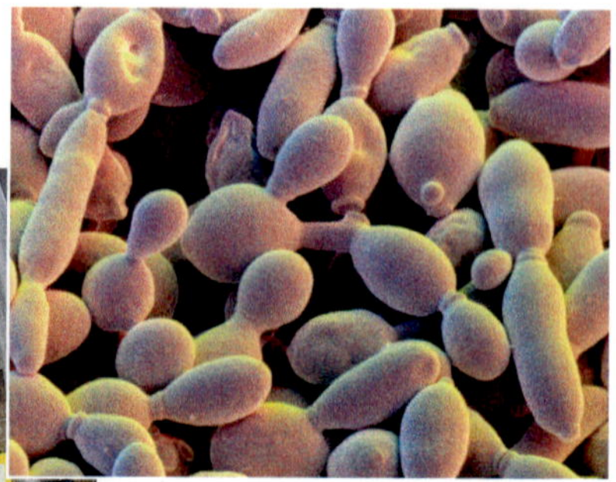

1 *In einem Braukessel produzieren Hefen Alkohol*

Menschen setzen bereits seit Tausenden von Jahren Mikroorganismen zur Lebensmittelherstellung ein. Mithilfe von Pilzen und Bakterien werden zum Beispiel Brote gebacken oder Bier, Wein und Käse hergestellt (Abb. 1).

Aus diesen Anfängen hat sich heute ein moderner, bedeutender Wirtschaftszweig entwickelt. Diese so genannte **„Weiße Biotechnologie"** setzt heute in großem Maßstab Gewebe, Zellen oder Zellbestandteile ein, um neue Produkte herzustellen oder Produktionsverfahren zu verbessern. Im Vergleich zu konventionellen Produktionsverfahren benötigen biotechnologische Verfahren weniger Energie und produzieren weniger Abfall- und unerwünschte Nebenprodukte. Deshalb gilt die „Weiße Biotechnologie" als Zukunftstechnologie.

Die Gefäße, in denen die biotechnologischen Prozesse im industriellen Maßstab ablaufen, bezeichnet man als Fermenter. Häufig kommen darin keine lebenden Mikroorganismen, sondern Enzyme zum Einsatz. Das hat den Vorteil, dass in einem Fermenter nur die von diesen Enzymen katalysierten Reaktionen ablaufen. Bei der Suche nach geeigneten Enzymen sind besonders Mikroorganismen von Interesse, die an extremen Standorten vorkommen. Wärme liebende Bakterien aus heißen Quellen liefern Enzyme, die bei hohen Temperaturen ihre Wirksamkeit nicht verlieren. Produktionsprozesse können dann bei hohen Temperaturen schnell ablaufen.

Seit einigen Jahrzehnten werden Enzyme in Waschmitteln eingesetzt (Abb. 2). Das hat dazu geführt, dass es heute nicht mehr notwendig ist, Wäsche zu kochen. Mithilfe der Enzyme wird sie schon bei 40 oder 60 Grad Celsius sauber. Das schont das Gewebe und spart Energie.

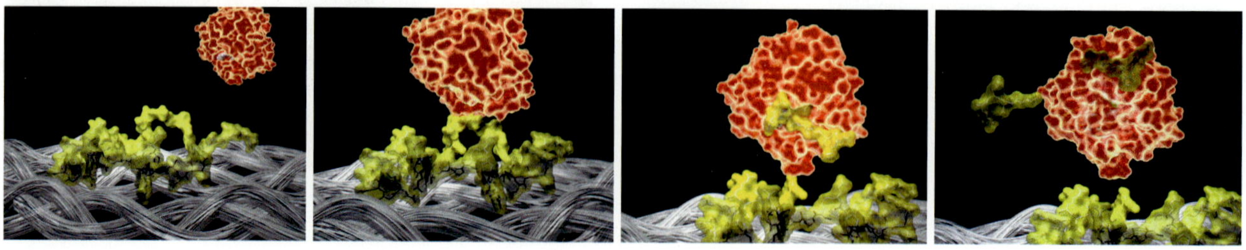

2 *Eine Protease (rot) löst Eiweißflecken (gelb) von einer Faser*

1 Enzyme in Waschmitteln.

a) In Waschmitteln werden Enzyme eingesetzt. Je nach Verwendungszweck sind unterschiedliche Enzyme enthalten: Proteasen, Amylasen, Lipasen und Cellulasen. Gib jeweils an, welche Enzyme für die Entfernung der folgenden Verschmutzungen von Bedeutung sind.

- Eiflecken
- Schokolade
- Kartoffelbrei
- Bratenfett
- Baumwollfusseln
- Sonnencreme
- Milch

Begründe deine Antwort jeweils.

b) Auf den Waschmittelverpackungen sind die enthaltenen Enzyme angegeben. Fertige eine Tabelle mit den Namen der Waschmittel und den darin enthaltenen Enzymen an. Versuche, Zusammenhänge zwischen der speziellen Funktion des Waschmittels und den enthaltenen Enzymen herzustellen.

2 Vergleich biotechnologischer und herkömmlicher Herstellungsverfahren am Beispiel der Herstellung eines Medikamentes. Erläutere, welche Informationen der Abbildung 3 zu entnehmen sind.

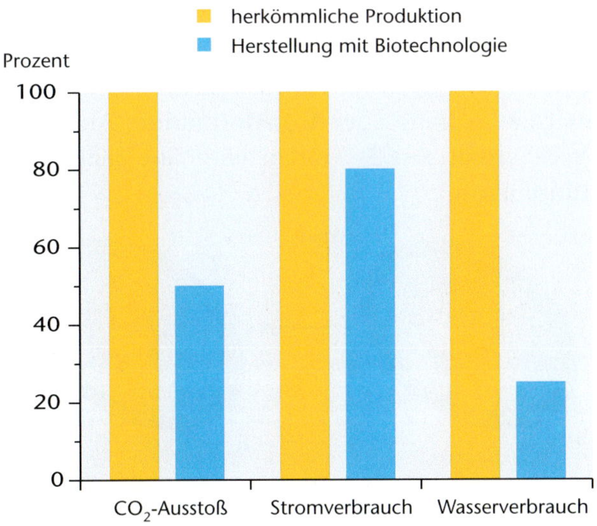

3 *Vergleich von Herstellungsverfahren*

3 Versuch: Enzyme in Waschmitteln. Protokolliere und deute jeweils die Versuchsergebnisse.

a) Proteasen: Gummibärchen bestehen hauptsächlich aus Gelatine, einem Protein. Gib in 3 Reagenzgläser jeweils ein rotes Gummibärchen und 10 cm hoch Wasser. Gib in das erste Reagenzglas zusätzlich eine Spatelspitze eines Waschmittels, das Protease enthält. Gib in das zweite Reagenzglas eine Spatelspitze eines Waschmittels ohne Protease. Schüttle mehrmals um und lasse die Reagenzgläser über Nacht stehen.

b) Lipasen: Gib in 3 Reagenzgläser jeweils 5 cm hoch Wasser. Gib darauf einen Tropfen mit Sudan-III gefärbtes Speiseöl. Gib in das erste Reagenzglas zusätzlich eine Spatelspitze eines Waschmittels, das Lipase enthält. Gib in das zweite Reagenzglas eine Spatelspitze eines Waschmittels ohne Lipase. Schüttle mehrmals um und lasse die Reagenzgläser über Nacht stehen.

c) Cellulasen: Gib in 4 Reagenzgläser jeweils 5 cm hoch Wasser und einige kleine Stückchen brauner Zwiebelschale. Gib in das zweite Reagenzglas zusätzlich eine Spatelspitze eines Vollwaschmittels mit Cellulase. In das dritte Reagenzglas eine Spatelspitze eines Color-Waschmittels und in das vierte ein cellulasefreies Waschmittel. Schüttle mehrmals um und lasse die Reagenzgläser über Nacht stehen (Abb. 4).

Zwiebelschale, Wasser	Zwiebelschale, Wasser, Vollwaschmittel mit Cellulasen	Zwiebelschale, Wasser, Color-Waschmittel	Zwiebelschale, Wasser, cellulasefreies Waschmittel

4 *Versuchsergebnis zur Wirkung von Cellulasen*

6 Molekulargenetik

6.1 DNA als Erbsubstanz

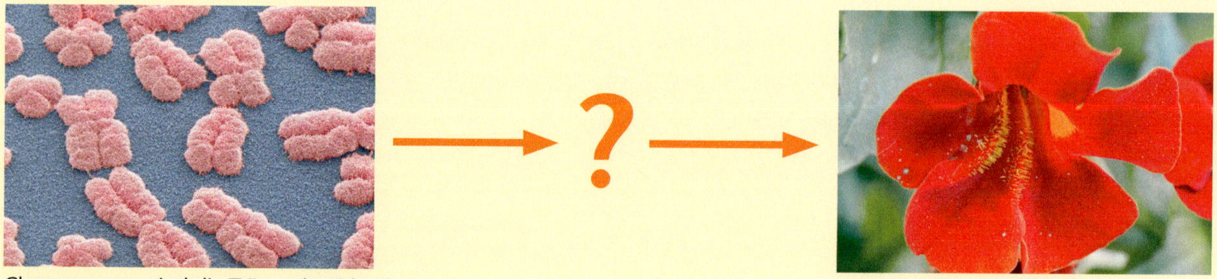

1 *Stand des genetischen Wissens um 1940*

Um das Jahr 1940 war der Stand des genetischen Wissens etwa folgendermaßen: Man wusste, dass Chromosomen die Träger der Erbanlagen sind und dass sie aus DNA und Proteinen bestehen. Außerdem wusste man, dass Gene Informationen für die Ausbildung von Merkmalen enthalten. Ebenfalls bekannt waren die Regeln der Vererbung, wie sie MENDEL entdeckt hatte. Nicht bekannt war dagegen, ob die Erbinformation in Proteinen oder in DNA festgelegt ist (Abb. 1).

Noch ehe die Erbsubstanz eindeutig identifiziert wurde, war klar, welche Anforderungen sie erfüllen muss:
- Die Erbsubstanz muss Informationen speichern können.
- Die Erbsubstanz muss sich identisch verdoppeln können.
- Die Informationen der Erbsubstanz müssen gelesen werden können.
- Die Erbsubstanz muss den Zellstoffwechsel steuern können.
- Die Erbsubstanz muss mutieren können.

Um 1940 hatten die meisten Forscherinnen und Forscher die Hypothese, dass Gene aus Proteinen bestehen. Im Jahr 1944 wurde diese Hypothese durch Versuche von AVERY widerlegt und die DNA eindeutig als Erbsubstanz festgestellt (Abb. 5).

Bei diesen Versuchen wurden Bakterien benutzt (Abb. 2). Sie haben ein ringförmiges Chromosom. Bakterien vermehren sich schnell. Manche Bakterien können fremde DNA-Bruchstücke durch ihre Zellwand aufnehmen und in ihre eigene DNA einbauen (Abb. 3). Man bezeichnet diesen Vorgang als Umwandlung oder **Transformation.** Auf diese Weise erhält eine Bakterienzelle neue genetische Information.

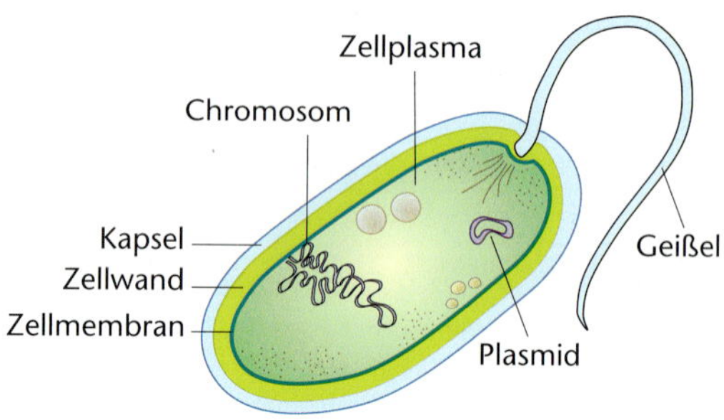

2 *Aufbau einer Bakterienzelle*

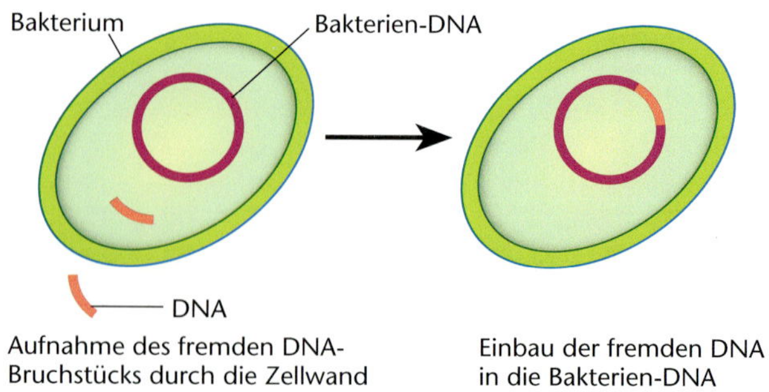

3 *Transformation einer Bakterienzelle*

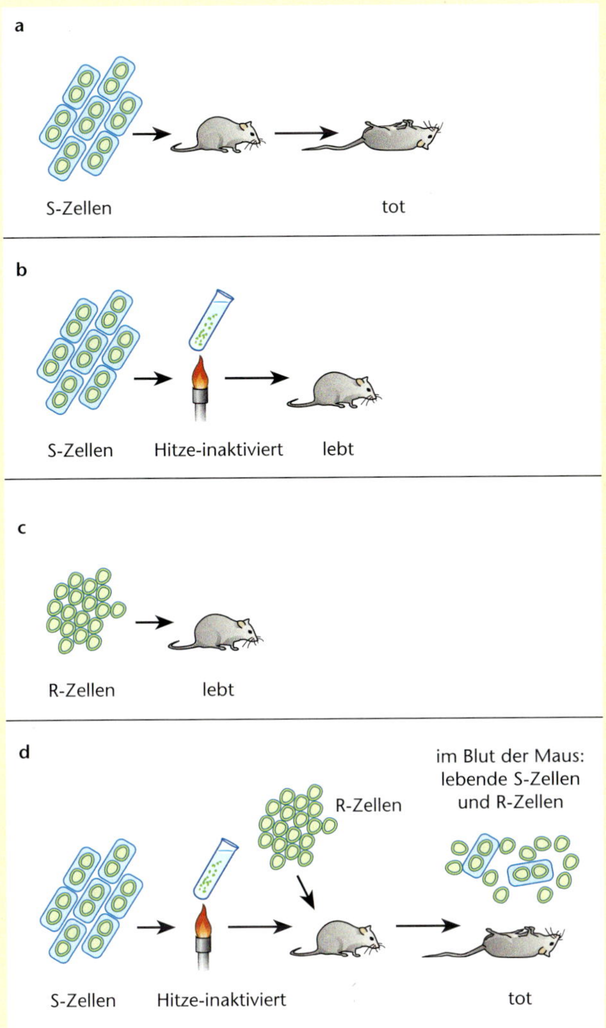

1928 führte der Mikrobiologe FRED GRIFFITH Versuche mit zwei Stämmen der Bakteriengattung Pneumococcus durch. Der S-Stamm (engl. smooth = glatt) bildet auf Nährboden glatte Kolonien. Beim S-Stamm sind je zwei Zellen von einer Schleimkapsel umgeben. Verantwortlich dafür ist das S-Gen. Injizierte man Mäusen lebende S-Zellen, so erkrankten die Mäuse an Lungenentzündung und die meisten starben daran (a). Heute weiß man, dass die S-Pneumokokken wegen ihrer Schleimkapsel nicht schnell genug von den weißen Blutzellen der Mäuse erkannt und vernichtet werden können. Durch Erhitzen verlieren die S-Pneumokokken ihre Gefährlichkeit (b). Erhitzen zerstört Zellwand und Zellmembran, verformt Proteine und zerstückelt die ringförmige Bakterien-DNA in kleine Bruchstücke.
Der R-Stamm der Pneumokokken (engl. rough = rau) bildet auf Nährboden Kolonien mit rauer Oberfläche. Diesen Bakterien fehlt das S-Gen. Daher bilden sie keine Schleimkapsel aus. Das Immunsystem der Mäuse kann die Bakterien des R-Stammes wirkungsvoll bekämpfen (c).
GRIFFITH mischte in dem entscheidenden Versuch durch Hitze zerstörte S-Zellen mit lebenden R-Zellen (d). Die Injektion dieses Gemisches führte zur Lungenentzündung und zum Tod der Mäuse. Im Blut dieser Mäuse konnten neben lebenden R-Zellen auch lebende S-Zellen gefunden werden.

4 *Die Versuche von Griffith (1928)*

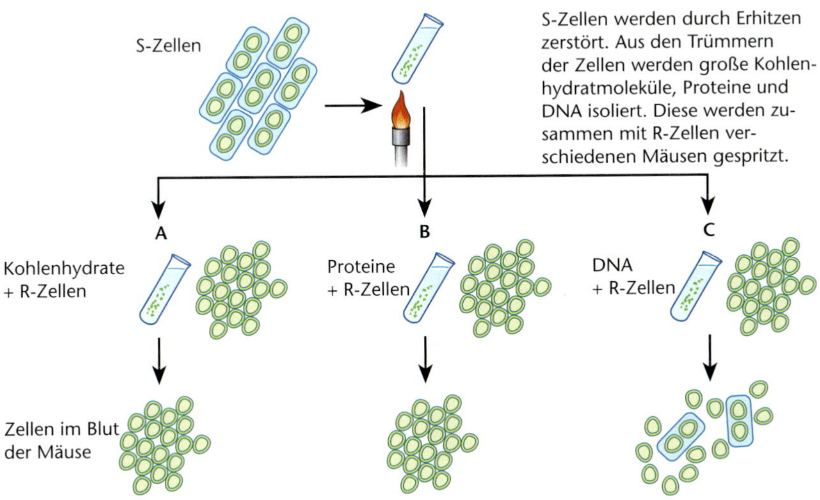

5 *Die Versuche von Avery (1944)*

1 Beweis für DNA als Erbsubstanz. Erläutere unter Bezug auf die Grundwissenseite und die Abbildungen 4 und 5, inwiefern die Versuche von GRIFFITH und AVERY als Beweis für die DNA als Erbsubstanz gelten.

2 Transformation. Erläutere mithilfe geeigneter Skizzen die Transformation im Teilversuch d von GRIFFITH (Abb. 4) und im Teilversuch c von AVERY (Abb. 5).

6.2 Bau der DNA

Alle Lebewesen haben genetische Information in chemischer Form gespeichert. Der Informationsträger heißt Desoxyribonukleinsäure. Die Abkürzung für dieses Molekül ist DNA. Bei den Eukaryoten liegt die DNA in den Chromosomen des Zellkerns als dünnes, stark aufgeknäueltes Molekül vor. Mitochondrien und Chloroplasten enthalten ebenfalls DNA. Die Aufklärung des Baus der DNA im Jahr 1953 war ein wissenschaftlicher Meilenstein und wurde mit dem Nobelpreis gewürdigt.

DNA ist ein Kettenmolekül, das aus vielen hintereinander geknüpften Bausteinen, den **Nukleotiden,** besteht. Jedes Nukleotid besteht aus einer Phosphatgruppe, die sich von der Phosphorsäure ableitet, und aus einem Zucker mit fünf Kohlenstoffatomen, der Desoxyribose (Abb. 1). Zusätzlich gehört zu jedem Nukleotid eine von vier stickstoffhaltigen Basen. Diese Basen heißen Adenin (A), Cytosin (C), Guanin (G) und Thymin (T). Sie werden mit ihren Anfangsbuchstaben abgekürzt (Abb. 1). Nukleotide unterscheiden sich also nur in der Base. Die Abfolge der Basen in einem DNA-Molekül bezeichnet man als **Basensequenz** oder DNA-Sequenz. In ihr ist die genetische Information verschlüsselt. Nukleotide werden im Stoffwechsel einer Zelle gebildet. Letztlich stammen die dafür notwendigen Baustoffe aus der Nahrung.

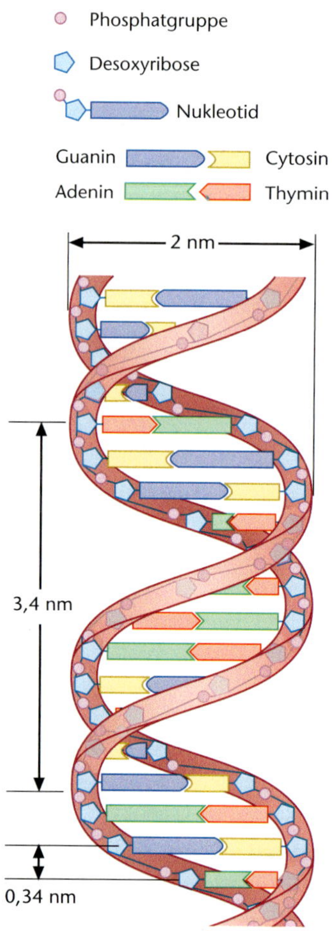

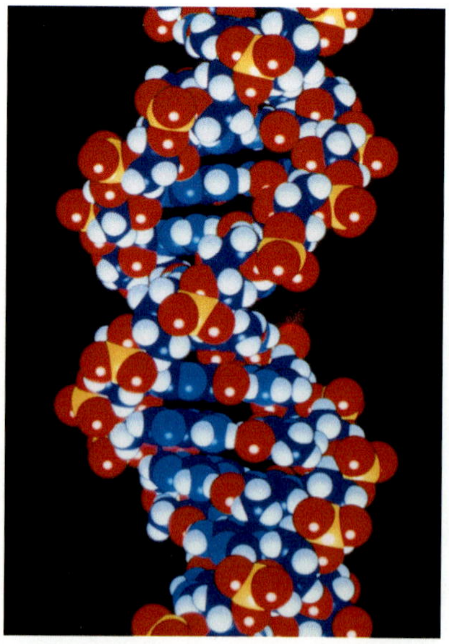

1 *Nukleotide sind die Bausteine der DNA*

Ein DNA-Molekül besteht aus zwei Strängen, die sich schraubig umeinander winden (Abb. 1). Man spricht von **Doppelhelix-Struktur.** Dabei bilden die einander gegenüberstehenden Nukleotide mit ihren Basen ein Paar. Man kann die Doppelhelix modellhaft vereinfacht mit einer Wendeltreppe vergleichen, die an beiden Seiten ein Geländer hat. In diesem Modell entspricht die regelmäßige, hunderttausendfache Abfolge von Phosphatgruppe und Desoxyribose dem Geländer der Wendeltreppe. Phosphatgruppe und Desoxyribose sind durch Atombindungen fest miteinander verbunden. Die senkrecht zum Geländer stehenden Basenpaare sind im Modell der Wendeltreppe die Stufen oder Sprossen. Die Basen jedes Paares sind durch Wasserstoffbrücken miteinander verbunden (Abb. 4).

Die einzelnen Basen eines Paares sind nicht beliebig. Bei allen Lebewesen bildet Adenin (A) immer nur mit Thymin (T) und Cytosin (C) nur mit Guanin (G) ein Paar. Wenn Adenin und Thymin oder Cytosin und Guanin einander gegenüberliegen, passen sie wie Schlüssel und Schloss zusammen. Man sagt, die zueinander passenden Basen sind komplementär. Die Anordnung der komplementären Basen ist ein Beispiel für das Schlüssel-Schloss-Prinzip.

2 *Aus Tomaten isolierte DNA*

1 Versuch: DNA aus Tomaten isolieren.
Material: 100 ml Wasser, 3 g Kochsalz, 10 ml Spülmittel, 20 ml Brennspiritus (F), ein Faltenfilter und ein passender Trichter, ein Glas, ein Reagenzglas, ein Pürierstab, eine Tomate, ein Messer, ein Glasstab, ein Holzstab.
Durchführung: Die Tomate wird klein geschnitten. 3 g Kochsalz werden in 10 ml Spülmittel gegeben und unter Rühren mit 100 ml Wasser aufgefüllt. Zusammen mit den klein geschnittenen Tomatenstückchen wird der Ansatz bei Zimmertemperatur mindestens eine Viertelstunde stehen gelassen. Das Spülmittel zerstört in dieser Zeit Membranen. Danach wird die Probe etwa 10 Sekunden püriert und das Gemisch durch eine Filtertüte in ein Glas gegossen. Etwa 20 ml des Filtrats werden in ein Reagenzglas gegeben und langsam 20 ml Brennspiritus hinzugefügt. In der Flüssigkeit bilden sich zwei Phasen: oben der Brennspiritus (F), unten das Filtrat aus der Tomate. An der Grenze zwischen beiden Phasen fällt die isolierte DNA als weißgelber Ring aus (Abb. 2). Mit einem Holzstab kann die DNA aus dem Reagenzglas gehoben werden.

2 Basenzusammensetzung der DNA bei verschiedenen Lebewesen und einem Virus.
Werte die Abbildung 3 aus.

3 Berechnungen zur DNA. Ein menschlicher Säugling besitzt etwa 2×10^{12} Zellen. Die Masse der DNA in jeder dieser Zellen ist etwa 6 pg (Pikogramm). Die DNA einer Zelle enthält etwa 5500×10^6 Basenpaare. Berechne die Masse (in g) und die Länge (in km) der gesamten DNA eines menschlichen Säuglings. Beachte dabei auch Angaben in Abbildung 1. Hinweis: 1 pg (Pikogramm) = 10^{-12} g; 1 nm (Nanometer) = 10^{-9} m.

4 DNA-Trennung durch Erhitzen. Bei verschiedenen Versuchen wurde DNA erhitzt. Dabei lösten sich bei bestimmten Temperaturen die Wasserstoffbrücken-Bindungen zwischen den Basenpaaren und das DNA-Doppelhelix-Molekül zerfiel in zwei Einzelstränge.
Beschreibe Abbildung 4. Begründe, warum sich ein DNA-Molekül mit einem hohen Gehalt an den Basen Cytosin und Guanin erst bei höheren Temperaturen in Einzelstränge trennt.

	Adenin	Cytosin	Guanin	Thymin
Mensch	31 %	19 %	19 %	31 %
Schaf	30 %	20 %	20 %	30 %
Seeigel	33 %	17 %	17 %	33 %
Weizen	27 %	23 %	23 %	27 %
E. coli (Bakterium)	24 %	26 %	26 %	24 %
Virus T7	26 %	24 %	24 %	26 %

3 *Anteil der vier Basen an allen Basen der DNA*

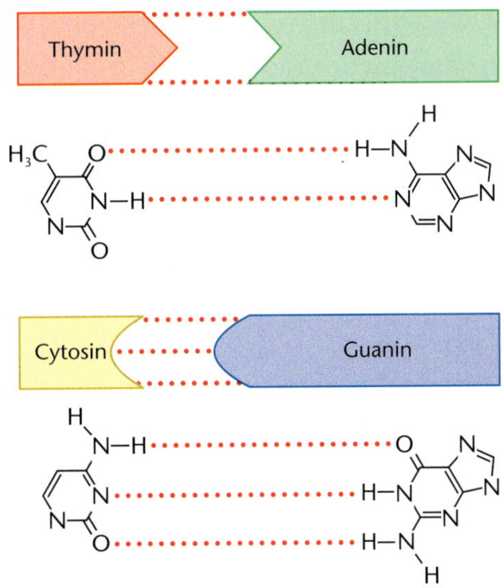

4 *Wasserstoffbrücken zwischen den komplementären Basen Adenin und Thymin sowie Cytosin und Guanin*

6.3 Identische Verdopplung der DNA

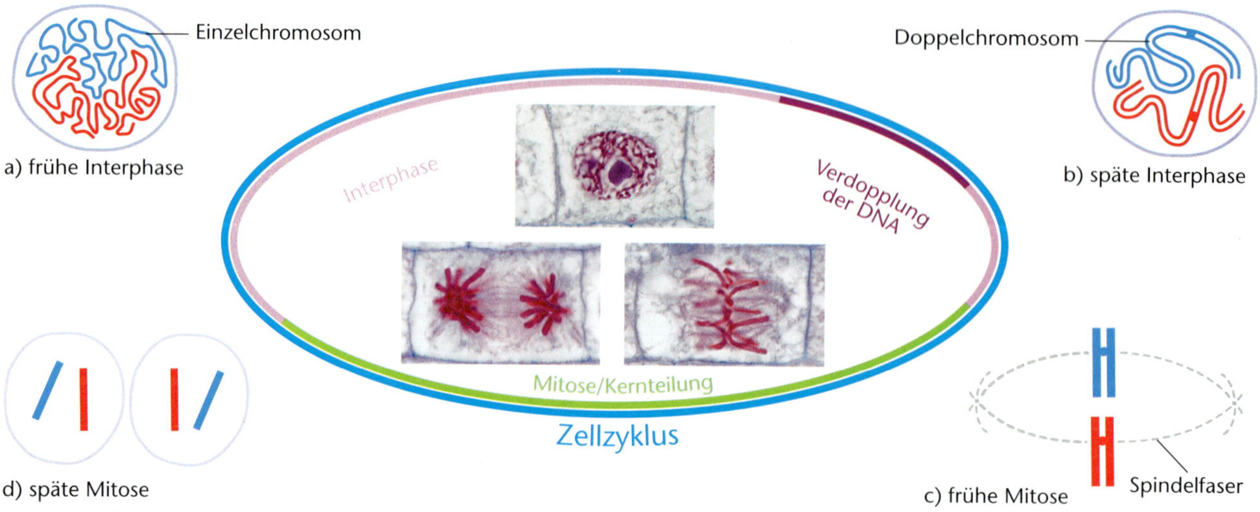

1 *Zellzyklus*

Die identische Verdopplung der DNA ist der Grund dafür, dass aus jeder Zell- und Kernteilung (Mitose) erbgleiche Tochterzellen hervorgehen (Abb. 1). Dadurch haben alle Körperzellen die gleichen genetischen Informationen.

Die identische Verdopplung der DNA und damit der Chromosomen findet in der Interphase des Zellzyklus statt (Abb. 1a, b). Da der Mensch von jedem Chromosom zwei hat, ergeben sich durch identische Verdopplung von jedem Chromosom vier Chromosomen, die dann in Form von zwei Doppelchromosomen vorliegen (Abb. 1b, c). Jedes Doppelchromosom besteht in dieser Phase aus zwei identischen DNA-Molekülen. Diese werden so voneinander getrennt, dass die Tochterzellen untereinander und zur Zelle, aus der sie hervorgingen, erbgleich sind (Abb. 1d, a).

Der Vorgang der identischen Verdopplung beginnt damit, dass sich der DNA-Doppelstrang durch Trennen der Wasserstoffbrückenbindungen zwischen den Basenpaaren ähnlich einem Reißverschluss öffnet (Abb. 2). Dann wird entsprechend zu der Basenabfolge der vorhandenen Einzelstränge des DNA-Moleküls je ein neuer Strang gebildet. Im Ergebnis liegen zwei DNA-Doppelstränge vor, die untereinander, aber auch im Vergleich zum Ausgangsmolekül, identische Basensequenzen haben und daher erbgleich sind (Abb. 2). Man nennt die Art der Verdopplung der DNA **semikonservativ,** was so viel wie „halb bewahrend“ bedeutet. Die eine Hälfte des DNA-Moleküls ist unverändert der alte Molekülteil, die andere Hälfte ist neu gebildet.

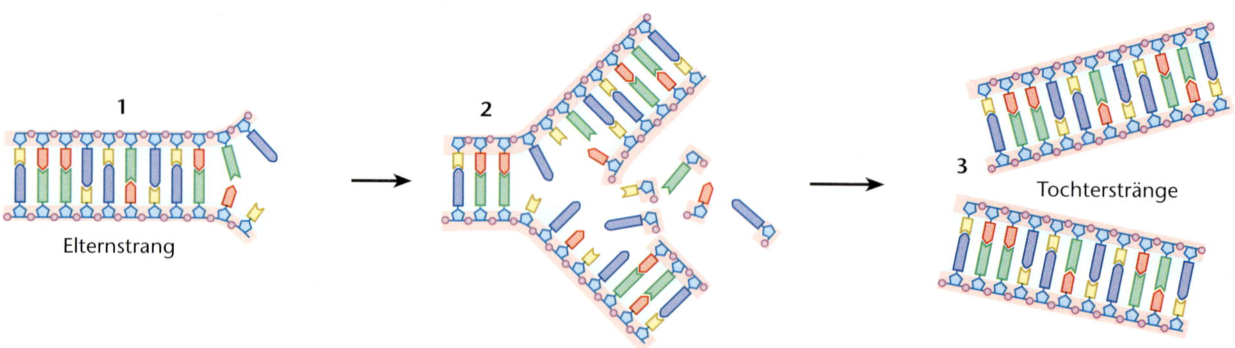

2 *Identische Verdopplung eines DNA-Moleküls*

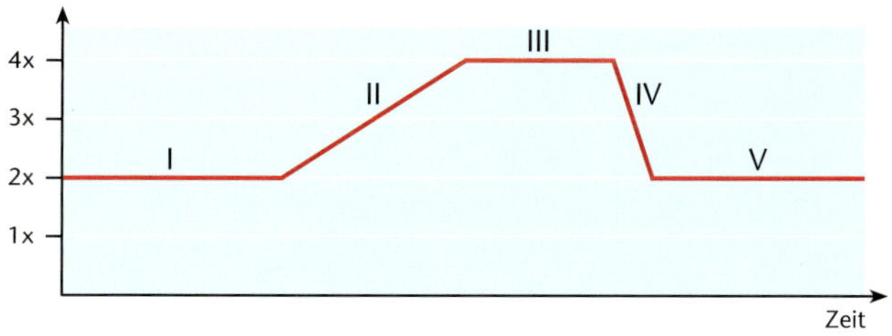

3 *DNA-Gehalt des Zellkerns während des Zellzyklus*

1 Identische Verdopplung der DNA und Zellzyklus. Beschreibe die Abbildung 3. Ordne die Phasen I bis V in Abbildung 3 dem Geschehen im Zellzyklus zu.

2 Experimenteller Beweis der semikonservativen Verdopplung der DNA. Mithilfe von Stickstoff-Isotopen konnten die beiden Forscher MATTHEW MESELSON und FRANKLIN STAHL 1958 an Bakterien beweisen, dass die Verdopplung der DNA semikonservativ erfolgt (Abb. 4, links). Eine alternative Hypothese war damals die konservative Verdopplung, bei der eine vollständig neue Kopie des DNA-Moleküls hergestellt wird (Abb. 4, rechts).
Isotope sind Atome eines Elements mit unterschiedlicher Massezahl. Beim Stickstoff (N) gibt es ein schwereres Isotop mit der Massezahl 15 (^{15}N) und ein leichteres Isotop mit der Massezahl 14 (^{14}N). Bakterien benötigen Stickstoff zum Aufbau der DNA.
Das Experiment von MESELSON und STAHL nimmt als Ausgangspunkt Bakterien, die zu hundert Prozent die etwas schwerere ^{15}N-DNA besitzen (Abb. 4, oben). Diese Bakterien wurden auf einen Nährboden überführt, der nur ^{14}N als Stickstoffquelle enthielt. Dort vermehrten sich die Bakterien durch Zellteilungen. Somit enthielt neu gebildete DNA ausschließlich leichtere ^{14}N-DNA. MESELSON und STAHL verfügten über technische Möglichkeiten, um schwere, mittelschwere und leichte DNA voneinander zu trennen. Von jeder Bakteriengeneration wurde die DNA isoliert und der Anteil der unterschiedlich schweren DNA-Moleküle bestimmt.
a) Vergleiche semikonservative und konservative Verdopplung der DNA (Abb. 4, erste Generation).
b) Welche Anteile schwerer, mittelschwerer und leichter DNA finden sich voraussichtlich in der dritten Bakteriengeneration, wenn die DNA-Verdopplung dem semikonservativen oder dem konservativen Mechanismus folgt? Fertige zur Beantwortung der Frage in Anlehnung an Abbildung 4 eine Skizze an.

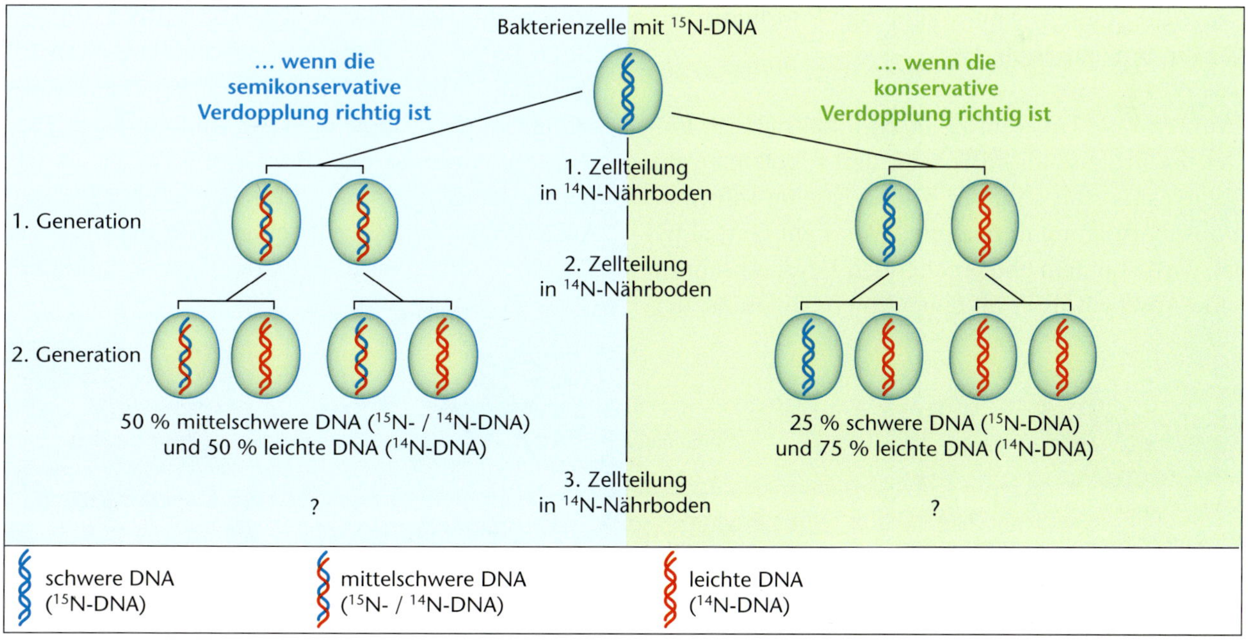

4 *Hypothesen für den Versuch von Meselson und Stahl (1958) für die semikonservative und die konservative Verdopplung der DNA*

6.4 Entschlüsselung des genetischen Codes

生日快樂

Chinesische Schriftzeichen („Herzlichen Glückwunsch zum Geburtstag")

Von einem Wort lässt sich kein Jota rauben.

… Zweitausendste Zeile aus „Faust I" (Goethe)

64	32	16	8	4	2	1
Ø	1	Ø	Ø	1	Ø	1
1	1	Ø	1	1	1	Ø
Ø	1	1	Ø	1	Ø	1

Binäre Codierung von Dezimalzahlen. Beispiel: Die binäre Zahl 0100101 in der zweiten Zeile codiert die Dezimalzahl 37

TAAGAGTGGC TTTTAGTTCC AAATAATGAA GATAATTCTA GATTCACTAA AAAAATTTTC
GCCTCAGAAA CACAAGTAGA TTAAATTCAA CTATGAGTAA ACATGTGACT ATBBCAACAC
TTCAAAATAT TTAACTTATG ATAATGTGAA TTTTATAATT TCTTCTCTTT AAATACACCT
GGGAAAAGTA AAAGAATACC TTTATTAAGA AGAAGCAAGC CACACCCCCA TCGCACGCCC

Winziger Ausschnitt der Basensequenz des Chromosom 4 des Menschen

	Telegraphenalphabet Zeichengruppen	Morsealphabet Zeichengruppen
A	LLOOO	· — /
B	LOOLL	— · · · /
C	OLLLO	— · — · /
D	LOOLO	— · · /
E	LOOOO	· /
F	LOLLO	· · — · /
G	OLOLL	— — · /
H	OOLOL	· · · · /
I	OLLOO	· · /
J	LLOLO	· — — — /
K	LLLLO	— · — /
L	OLOOL	· — · · /
M	OOLLL	— — /
N	OOLLO	— · /
O	OOOLL	— — — /
P	OLLOL	· — — · /
Q	LLLOL	— — · — /
R	OLOLO	· — · /
S	LOLOO	· · · /
T	OOOOL	— /
U	LLLOO	· · — /
V	OLLLL	· · · — /
W	LLOOL	· — — /
X	LOLLL	— · · — /
Y	LOLOL	— · — — /
Z	LOOOL	— — · · /

L = Loch O = kein Loch / = Pause · — = Zeichen

1 *Verschiedene verschlüsselte Informationen*

Informationen werden zwischen einem Sender und einem Empfänger ausgetauscht. Der Sender verschlüsselt (codiert) die Information. Nur dann, wenn der Empfänger die Informationen entschlüsseln (decodieren) kann, sind die Informationen für ihn nutzbar (Abb. 1).

Während die DNA im Zellkern lokalisiert ist, findet die Proteinbiosynthese an den Ribosomen im Zellplasma statt (Abb. 2). Daher ist eine Informationsübertragung notwendig: Wenn ein Gen aktiv ist, wird von dem entsprechenden DNA-Abschnitt eine Abschrift in Form eines Boten-Moleküls, der messenger-RNA (mRNA), angefertigt. Die mRNA ist einsträngig. Die Basenabfolge auf der mRNA ist komplementär zur Basenabfolge der abgelesenen DNA. Statt der Base Thymin enthält die mRNA die Base Uracil (U). Die mRNA verlässt durch Poren den Zellkern und gelangt zu den Ribosomen (Abb. 2). Nach Anleitung der mRNA erfolgt an den Ribosomen die Bildung eines Proteins aus Aminosäuren. Immer drei Basen, ein Basentriplett, codieren den Einbau einer bestimmten Aminosäure in das entstehende Protein. Dieser Zusammenhang ist in der Code-Sonne dargestellt (Abb. 3).

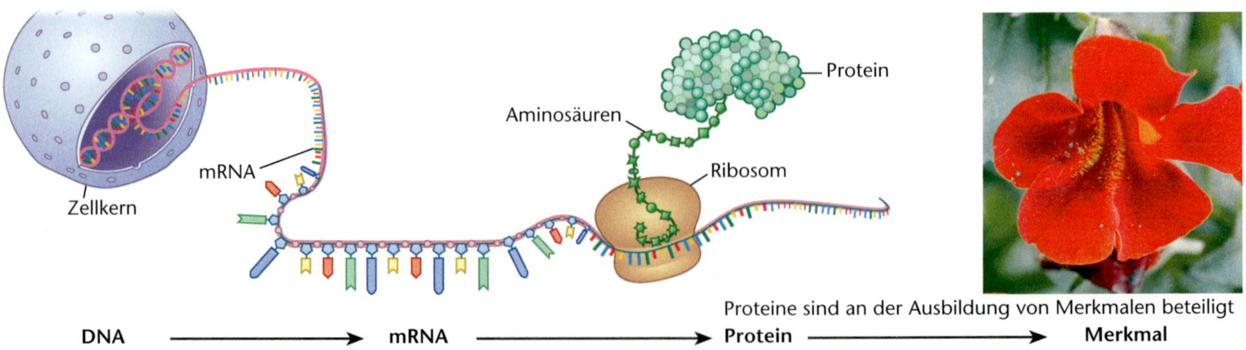

2 *Proteinbiosynthese: Gene enthalten die Information für die Bildung von Proteinen*

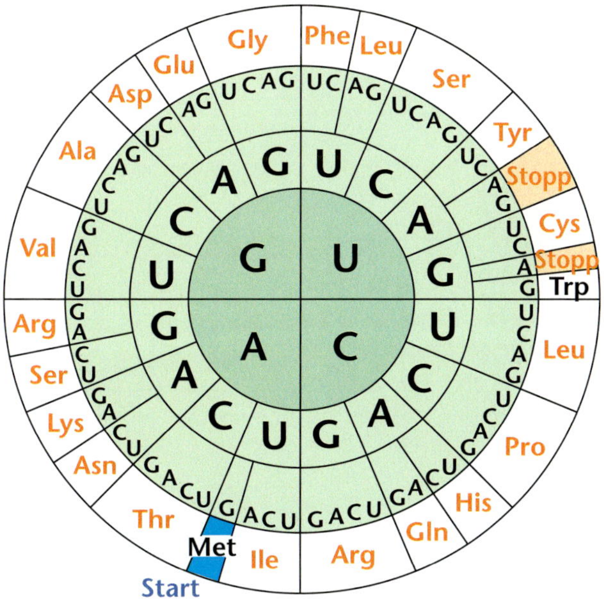

Kurzbezeichnung der Aminosäuren

Gly = Glycin
Val = Valin
Ile = Isoleucin
Phe = Phenylalanin
Cys = Cystein
Ser = Serin
Asn = Asparagin
Tyr = Tyrosin
Asp = Asparaginsäure
Glu = Glutaminsäure
Lys = Lysin
His = Histidin
Ala = Alanin
Leu = Leucin
Pro = Prolin
Met = Methionin
Thr = Threonin
Gln = Glutamin
Trp = Tryptophan
Arg = Arginin

Lesebeispiel:
Die Leserichtung ist von innen nach außen.
Das mRNA-Basentriplett AUG codiert die Aminosäure Met = Methionin oder den Start.

3 *Code-Sonne für mRNA-Basentripletts; Basen: A = Adenin, C = Cytosin, G = Guanin; U = Uracil*

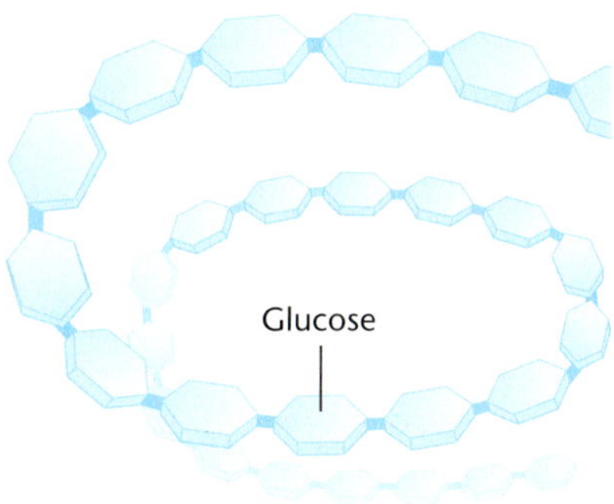

4 *Ausschnitt aus einem Stärkemolekül*

1 Informationen verschlüsseln und entschlüsseln.

a) Beschreibe die verschiedenen Formen der Codierung in Abbildung 1.

b) Denke dir ein Wort aus, dass du mithilfe des Morsealphabets sowie mit dem Telegraphenalphabet verschlüsselt aufschreibst. Dein Nachbar oder deine Nachbarin soll das Wort entschlüsseln. Verdeutliche an diesem Wort, welche Folgen es hat, wenn man ein Zeichen vergisst.

c) Verschlüssele die Dezimalzahlen 16 und 79 im binären Code.

d) Was ist beim genetischen Code der „Sender" und was ist der „Empfänger"?

e) Begründe, warum ein Kohlenhydrat wie Stärke nicht als Träger für chemisch verschlüsselte Information geeignet ist (Abb. 4).

2 Informationsfluss bei der Proteinbiosynthese. Übersetze mithilfe von Abbildung 3 die Abfolge der mRNA-Basentripletts in Abbildung 5 in eine Abfolge von DNA-Basentripletts und in eine Abfolge von Aminosäuren. Beispiel: Das Basentriplett AAG auf der mRNA codiert den Einbau der Aminosäure Lysin (Lys) in das entstehende Protein. Das Basentriplett AAG auf der mRNA ist durch die Basenpaarung komplementär zum Basentriplett TTC auf der DNA.

DNA .... ?
mRNA .... AUG AAG GAC UUU CCA UCU AUG AGA UAA
Aminosäuren ... ?

5 *Beispiel für mRNA-Basentripletts*

6.5 Proteinbiosynthese: Transkription

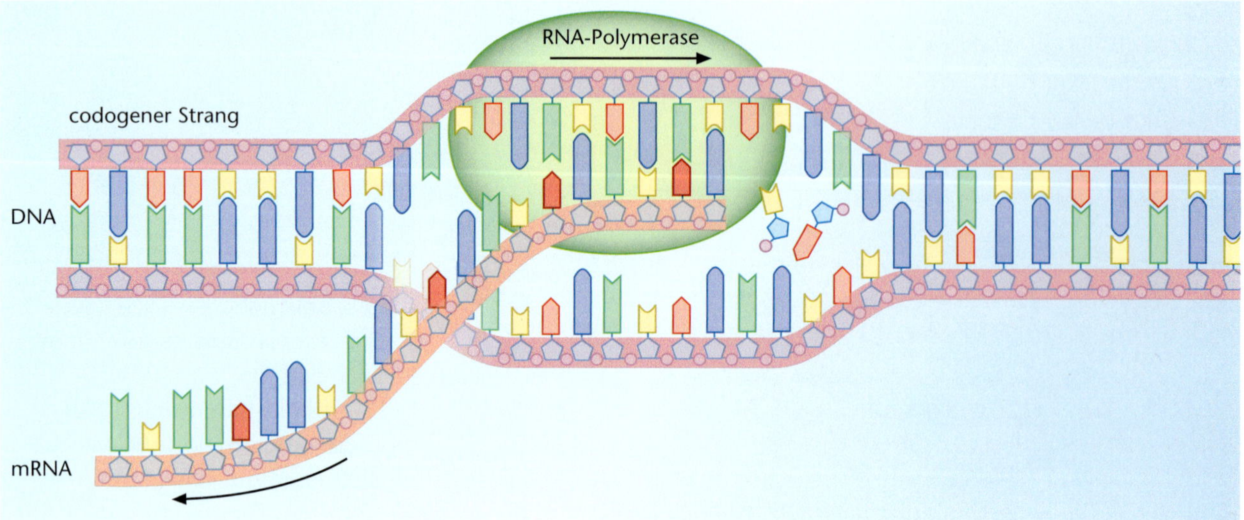

1 *Ablauf der Transkription*

In der genetischen Information der DNA sind direkt keine Informationen über Merkmale, zum Beispiel über das Merkmal „rote Blütenfarbe", niedergelegt, sondern Informationen für die Bildung von Proteinen. Proteine sind an der Ausbildung von Merkmalen unmittelbar beteiligt. Proteine sind mit Werkzeugen vergleichbar. Sie sind als Enzyme an allen chemischen Umsetzungen beteiligt, transportieren Stoffe im Körper, geben Zellen Form und Struktur, bekämpfen Fremdkörper, sind als Muskelproteine beweglich oder wirken an der Gedächtnisbildung im Gehirn mit. Proteine bestehen aus Aminosäuren. Proteine unterscheiden sich in der Anzahl und Anordnung der 20 verschiedenen Aminosäuren.

Einen Abschnitt auf der DNA, der die Information für die Bildung eines Proteins enthält, bezeichnet man als **Gen.** Die Chromosomen des Menschen enthalten etwa 25 000 Gene.

Die **Proteinbiosynthese** beginnt mit der Transkription. Die **Transkription** ist das Umschreiben von DNA in mRNA. Die DNA weist besondere Abschnitte auf, die den Startpunkt von Genen markieren. Den DNA-Strang, der abgelesen wird, nennt man **codogenen Strang.** Er enthält die Erbinformation, die in ein Protein übersetzt wird. Jeweils drei aufeinanderfolgende Basen bilden die kleinste Einheit des genetischen Codes. Sie wird Basentriplett genannt. Ein Basentriplett codiert eine Aminosäure. Die Basentripletts der DNA werden auch Codogene genannt.

Die **RNA-Polymerase** ist ein Enzym, das die Bildung der mRNA-Moleküle an der DNA katalysiert. RNA-Moleküle sind ähnlich aufgebaut wie DNA-Moleküle, bestehen aber nur aus einem einzelnen Nukleotidstrang und weisen statt der Base Thymin die Base Uracil (U) auf (Abb. 1).

Nach der Bindung der RNA-Polymerase an die DNA beginnt die Trennung der beiden DNA-Stränge. Die RNA-Polymerase kann aufgrund ihres Aufbaus die DNA nur in eine Richtung ablesen. Die mRNA wird durch die Anlagerung immer neuer Nukleotide gebildet. Die Basensequenz der DNA wird durch die RNA-Polymerase in eine komplementäre Basensequenz der mRNA umgeschrieben. Die Transkription wird durch ein bestimmtes Basentriplett, das Stopp-Codogen beendet. Daraufhin wird die fertige mRNA freigesetzt, verlässt durch die Poren den Zellkern und gelangt ins Zellplasma zu den Ribosomen.

1 Der codogene Strang der DNA. In Abbildung 3 sind ein DNA-Abschnitt sowie das komplementäre mRNA-Molekül dargestellt. Welcher der beiden DNA-Stränge ist der codogene Strang? Begründe deine Entscheidung.

2 Ablauf der Transkription. Ordne die in Abbildung 4 dargestellten Schemata der Transkription in eine chronologische Abfolge. Beschreibe in deinem Heft die Abläufe in Form von Überschriften.

3 Lebensdauer der mRNA. Die mRNA-Moleküle zerfallen bei Bakterien schon nach einigen Minuten, bei Säugetieren nach wenigen Stunden. Stelle Hypothesen auf, warum diese Kurzlebigkeit biologisch sinnvoll ist.

4 Schema der Proteinbiosynthese. Beschreibe das Schema (Abb. 2). Inwiefern kann die im Schema dargestellte Einsträngigkeit der mRNA anhand der Basenverhältnisse, wie sie in Abbildung 2 aufgeführt sind, belegt werden? Führe eine Modellrechnung durch.

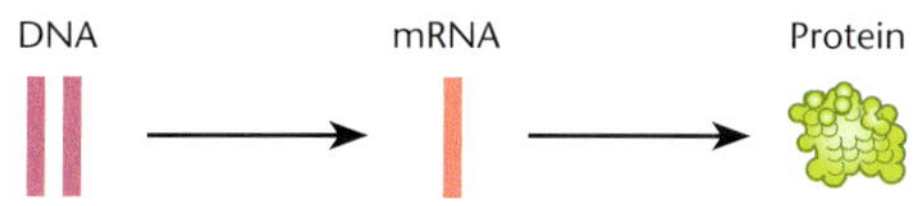

DNA-Basenverhältnis	mRNA-Basenverhältnis	
(A+T)/(G+C)	(A+U)/(G+C)	(A+G)/(U+C)
0,96	1,00	0,90

2 *Proteinbiosynthese und Basenverhältnisse*

5 EM-Bild. Beschreibe und erläutere das elektronenmikroskopische Bild der Proteinbiosynthese bei einem Bakterium (Abb. 5). Nimm den englischen Text zu Hilfe. Beschreibe Unterschiede zu Lebewesen, deren Zellen eine Kernmembran besitzen.

C A G C C G C C A G T T C C G T G G C G G C A T T T
| | | | | | | | | | | | | | | | | | | | | | | | | | DNA
G T C G G C G G T C A A G G C A C C G C C G T A A A

C A G C C G C C A G U U C C G U G G C G G C A U U U mRNA

3 *DNA und zugehörige mRNA*

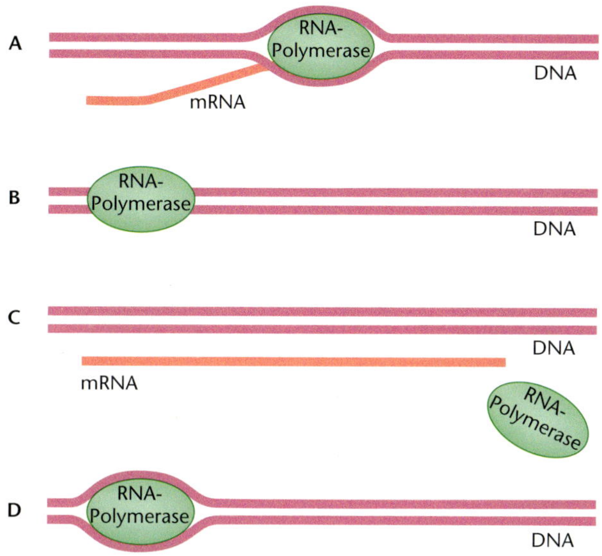

4 *Ablauf der Transkription*

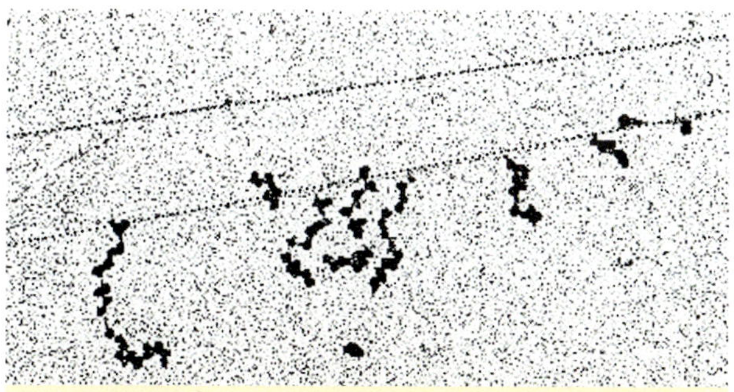

Transcription of a DNA segment of Escherichia coli. The DNA looks like a thread. It is transcribed by several RNA polymerases simultaneously. In the picture the direction of transcription can be recognized by the lengths of the synthesized RNA. As soon as a part of the RNA has been synthesized is it bound by ribosomes. The number of bound ribosomes grows with the length of the RNA.

5 *Elektronenmikroskopisches Bild der Proteinbiosynthese mit englischer Beschreibung*

6.6 Proteinbiosynthese: Translation

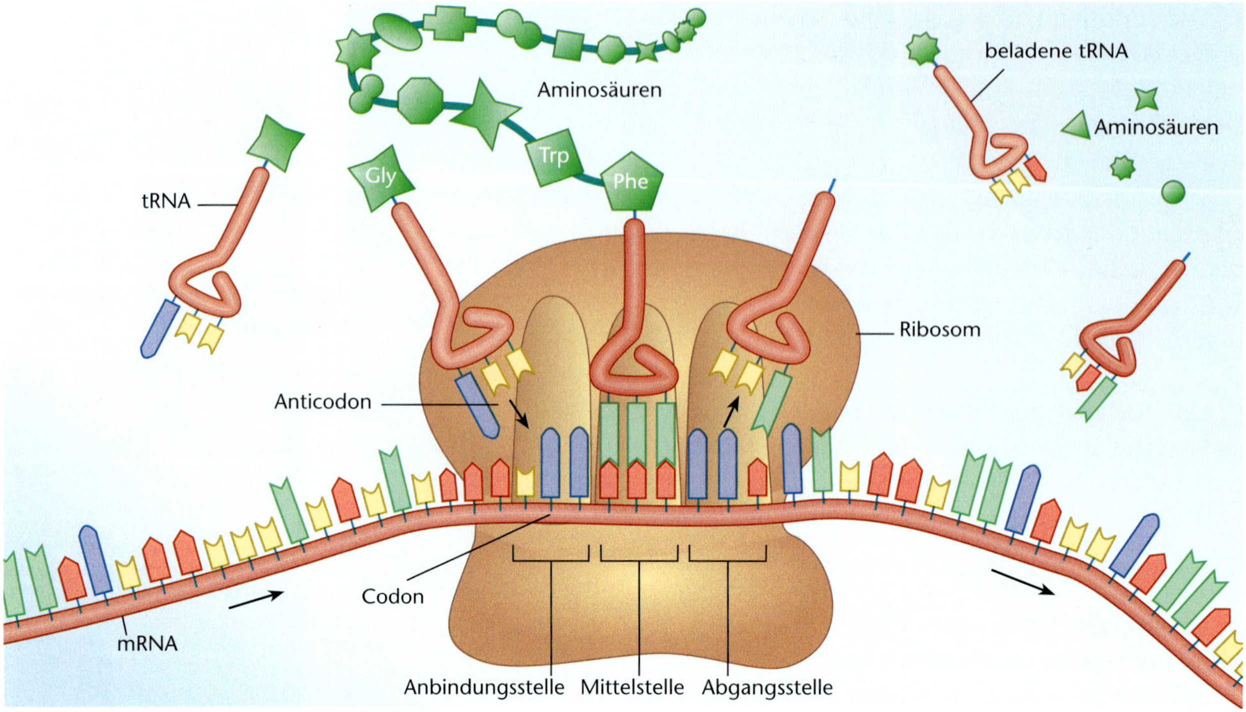

1 *Translation im Ribosom*

Nachdem die mRNA durch die Kernporen in das Zellplasma gelangt ist, lagert sie sich an ein Ribosom an. Dort wird sie schrittweise abgelesen und in eine Folge von Aminosäuren umgesetzt. Diese Folge von Aminosäuren bildet schließlich ein Protein mit einer typischen Raumstruktur.

Auf der mRNA besteht zu jedem Basentriplett auf der DNA, dem **Codogen,** ein komplementäres Basentriplett, das **Codon** (Abb. 1). An einer bestimmten Stelle des Ribosoms kann sich an dieses Codon eine andere Ribonucleinsäure binden. Diese Transfer-RNA (tRNA) besitzt an einem Ende eine Bindungsstelle für eine Aminosäure. Am anderen Ende befindet sich ein Basentriplett, das so genannte **Anticodon.** Es gibt verschiedene tRNAs, die jeweils durch ein spezifisches Anticodon gekennzeichnet sind. TRNAs, die das gleiche Anticodon besitzen, transportieren immer die gleiche Aminosäure. Bisher kennt man 20 verschiedene Aminosäuren, die bei der Synthese von Proteinen verwendet werden.

Ein Ribosom besitzt drei Bindungsstellen für tRNA (Abb. 1). An der Anbindungsstelle verbindet sich das Anticodon der tRNA mit dem entsprechenden Codon der mRNA. Wenn das Ribosom beim Ablesen der mRNA eine Stelle weiterrückt, gelangt die gerade gebundene tRNA an die Mittelstelle, wo die mitgeführte Aminosäure an die wachsende Proteinkette gebunden wird. Beim Weiterrücken gelangt die nun entladene tRNA an die Abgangsstelle, von wo aus sie das Ribosom verlässt. Im Cytoplasma bindet die entladene tRNA erneut unter Mitwirkung eines Enzyms die passende Aminosäure. Das tRNA-Molekül kann somit rasch wieder an der Proteinbiosynthese teilnehmen.

Das Ribosom wandert so lange auf der mRNA entlang, bis es an ein Stopp-Codon, zum Beispiel UAA, gelangt, für das es keine passende tRNA gibt. Das gesamte Protein ist nun entsprechend den Anweisungen der DNA hergestellt worden.

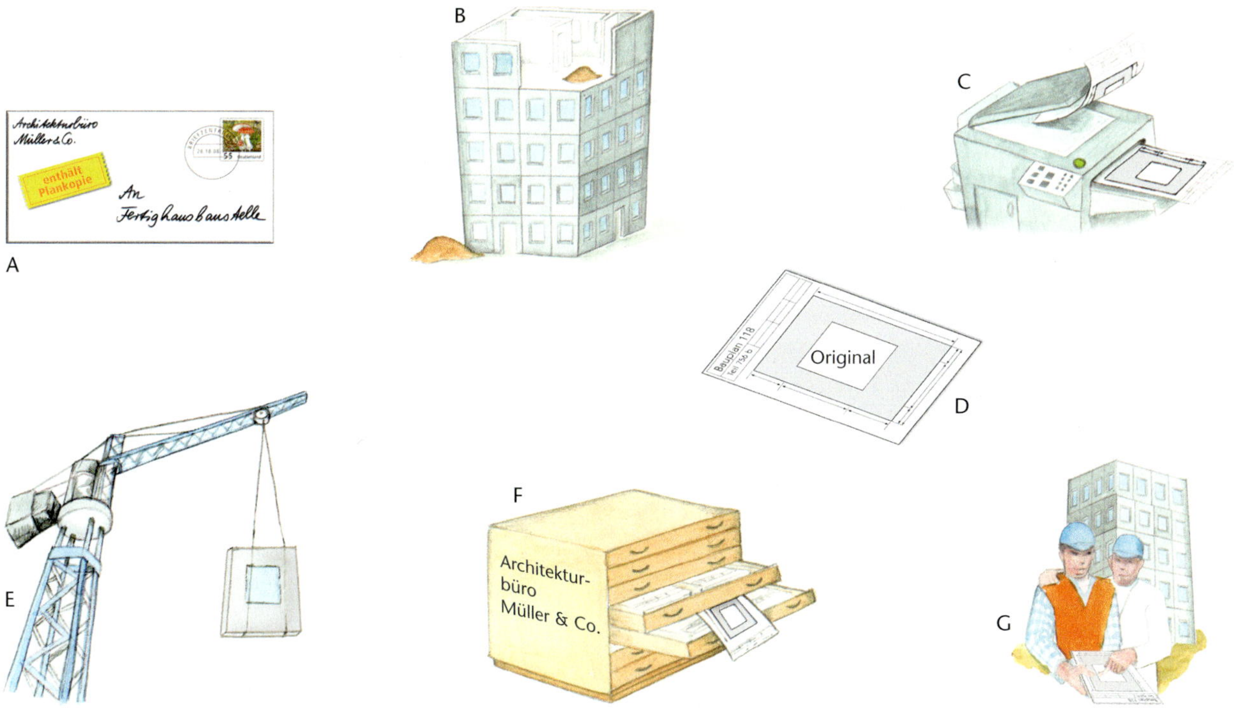

2 *Proteinbiosynthese als Modell*

1 Proteinbiosynthese als Modell. Die Proteinbiosynthese kann mit dem Bau eines Fertighauses verglichen werden. Die Abbildungen 2 A bis G stellen verschiedene Schritte bei der Erstellung eines Gebäudes dar. Lege eine Tabelle mit drei Spalten an: Trage in die erste Spalte die Buchstaben der Abbildung ein. In der zweiten Spalte beschreibe die Abbildung kurz und in der dritten Spalte übertrage das Modell auf die Vorgänge bei der Proteinbiosynthese.

2 Von der DNA zum Protein. Erläutere die Abbildung 3. Verwende in deiner Darstellung auch die in Anführungszeichen gesetzten Begriffe und erläutere sie dabei.

3 Vom Codogen zum Anticodon. Übertrage die Tabelle aus Abbildung 4 in dein Heft. Ergänze die fehlenden Basentripletts, so dass jede Zeile die Informationsübertragung vom codogenen Strang der DNA über die mRNA bis zur tRNA darstellt.

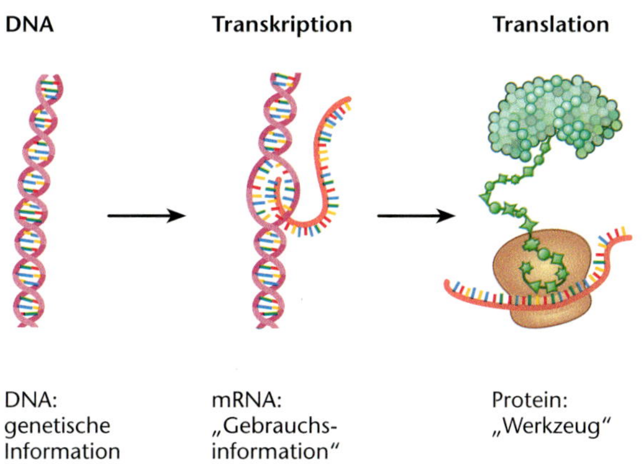

3 *Von der DNA zum Protein*

Codogen (DNA)	Codon (mRNA)	Anticodon (tRNA)
ACG		
	UAG	
		UCG
TTA		
		UUA
	AUC	
GAA		
TCG		

4 *Vom Codogen zum Anticodon*

6.7 Proteinbiosynthese – ein Überblick

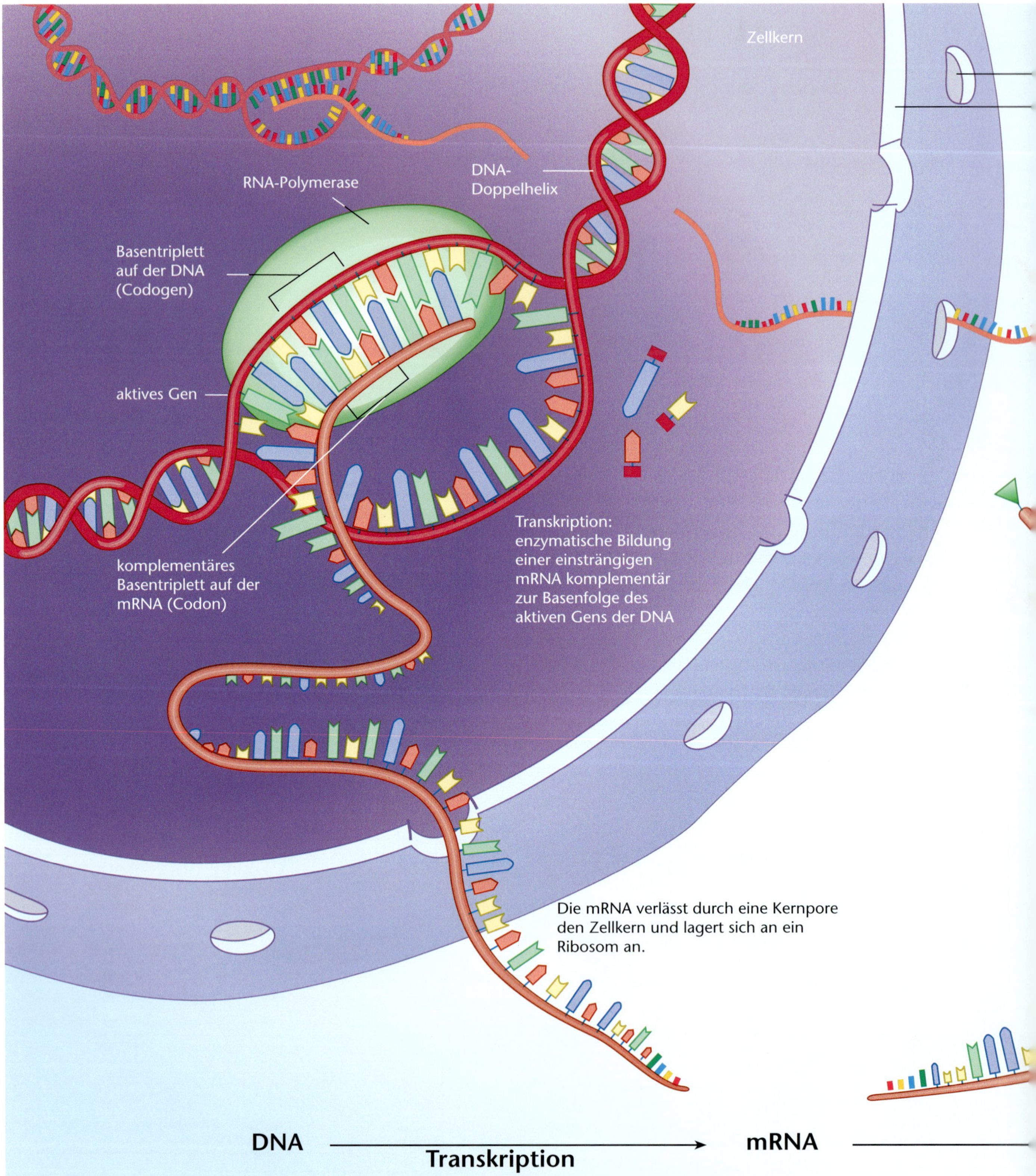

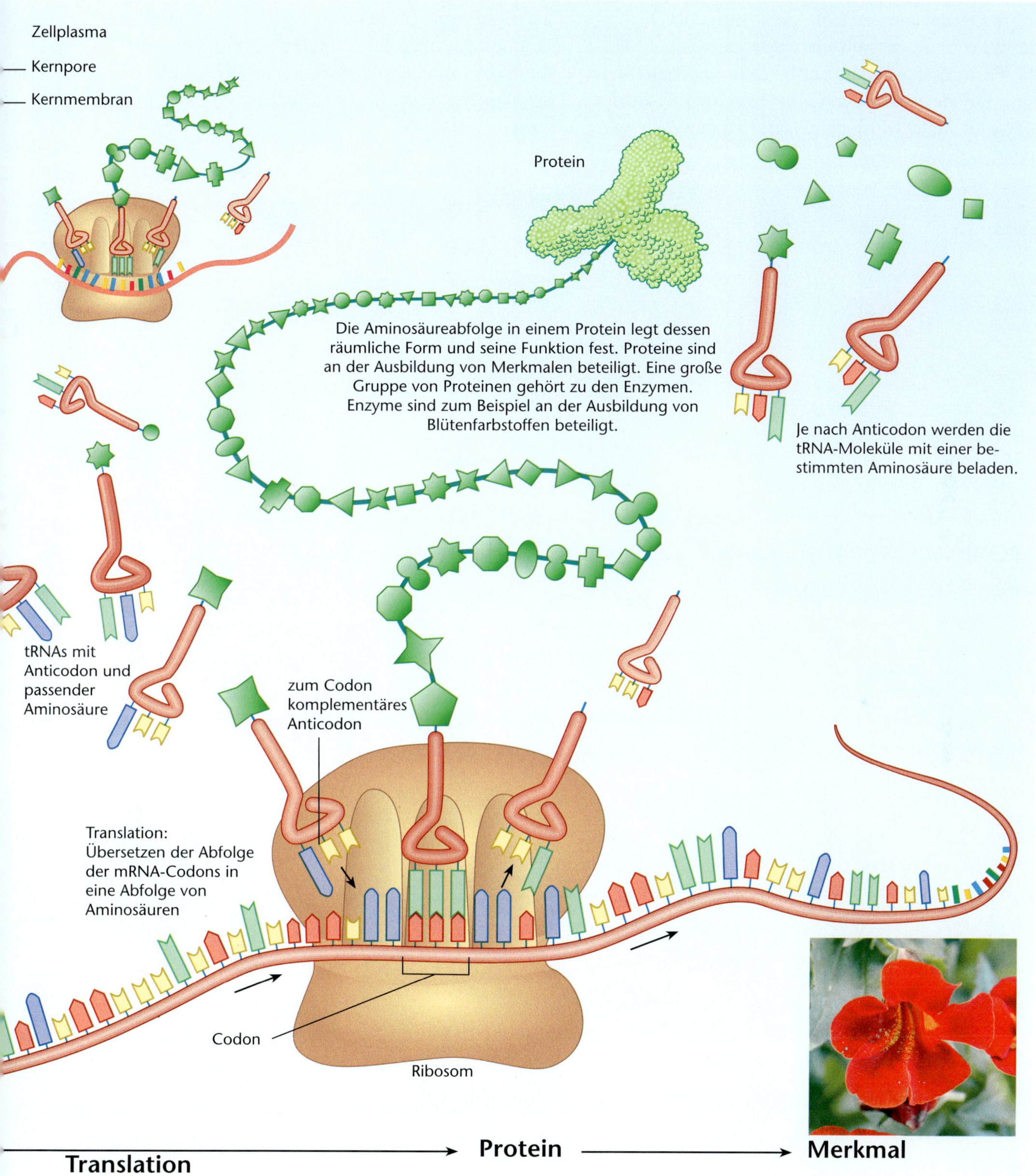
Zellplasma
Kernpore
Kernmembran
Protein
Die Aminosäureabfolge in einem Protein legt dessen räumliche Form und seine Funktion fest. Proteine sind an der Ausbildung von Merkmalen beteiligt. Eine große Gruppe von Proteinen gehört zu den Enzymen. Enzyme sind zum Beispiel an der Ausbildung von Blütenfarbstoffen beteiligt.
Je nach Anticodon werden die tRNA-Moleküle mit einer bestimmten Aminosäure beladen.
tRNAs mit Anticodon und passender Aminosäure
zum Codon komplementäres Anticodon
Translation: Übersetzen der Abfolge der mRNA-Codons in eine Abfolge von Aminosäuren
Codon
Ribosom
Translation
Protein
Merkmal

6.8 Die Vielfalt der Proteine

Jeder Organismus enthält viele tausend verschiedene Proteine mit jeweils unterschiedlicher Größe, Form und Aufgabe (Abb. 1, 2). Die Bauanleitung für die Herstellung von Proteinen ist in der DNA im Zellkern niedergelegt. In jeder Zelle wirken bestimmte Proteine als molekulare Werkzeuge oder als Baumaterial. Proteine sind an der Ausbildung von erblichen Merkmalen und Eigenschaften, also am Aussehen und dem Verhalten eines Lebewesens, beteiligt.

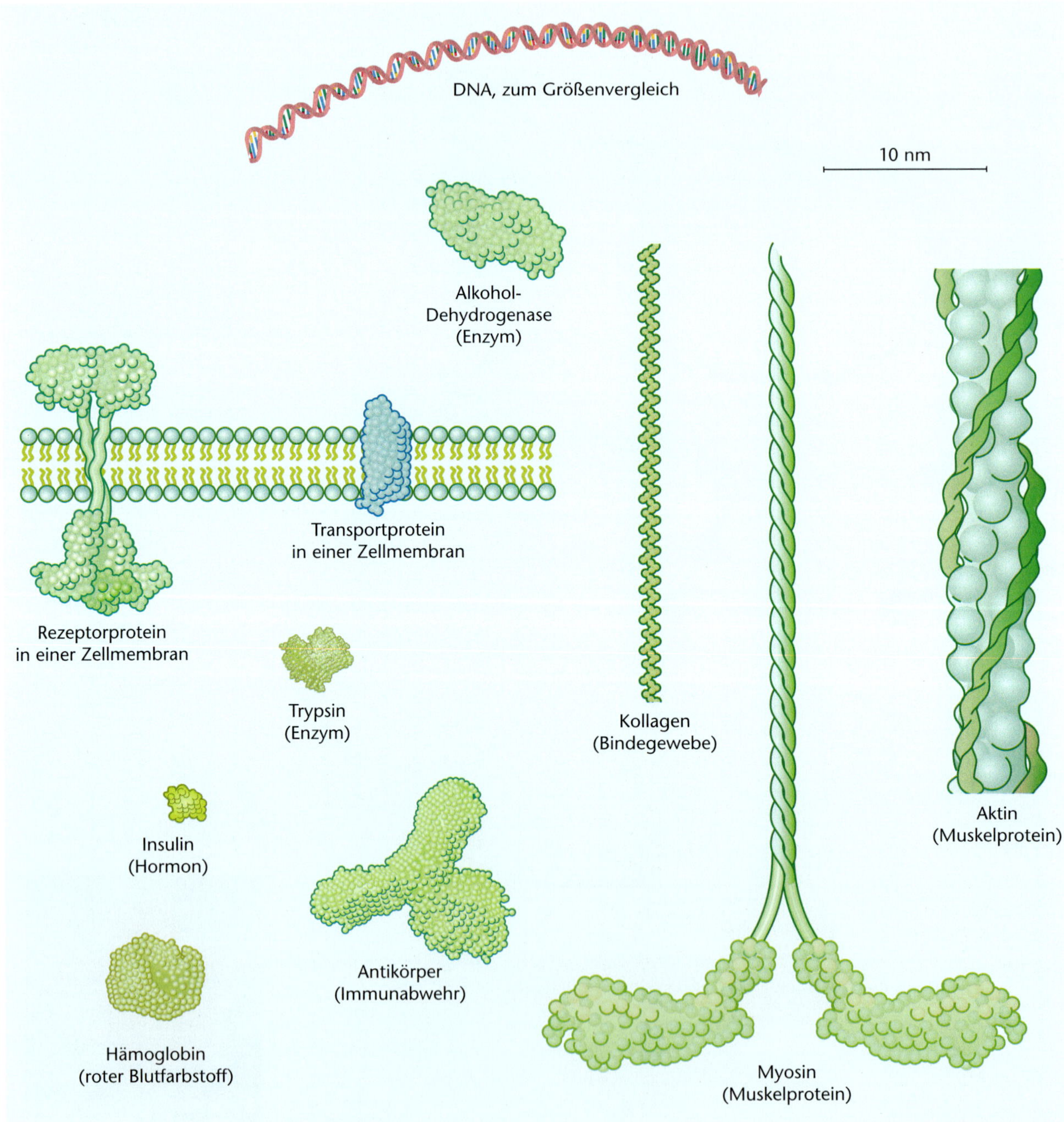

1 *Verschiedene Proteine des Menschen*

1. Struktur-Proteine sind für die Form, Festigkeit und Elastizität von Zellen und Geweben verantwortlich.

Beim Menschen ist Kollagen das häufigste Protein. Es befindet sich unter anderem im Bindegewebe sowie in Sehnen, Gelenkbändern und in der Haut. Kollagen besitzt eine enorme Zugfestigkeit. Keratin ist ein Strukturprotein in Hörnern, Hufen, Federn, Nägeln und Haaren. Ob jemand von Natur aus lockige oder glatte Haare hat, hängt auch vom Keratin ab. Die Seiden der Spinnenfäden und der Insekten-Kokons sind weitere Beispiele für Strukturproteine.

2. Enzyme ermöglichen, beschleunigen und steuern alle chemischen Reaktionen im Körper.

Enzyme sind chemische Werkzeuge in Zellen, die an dem Auf-, Um- und Abbau von Stoffen beteiligt sind. Die Aufgaben und Leistungen jeder lebenden Zelle erfordern beständig eine große Zahl verschiedener Enzyme. Enzyme wie das Trypsin sind zum Beispiel an der Verdauung der Nahrung, der Energieversorgung von Zellen sowie der DNA-Verdopplung und der Zellteilung beteiligt. Blütenfarbstoffe werden aus Vorstufen durch Enzyme gebildet. Alkohol-Dehydrogenase ist ein Enzym, das in der Leber am Abbau von Ethanol mitwirkt.

3. Transport-Proteine dienen dem Transport von Stoffen in Zellen, durch Zellmembranen hindurch und im Körper.

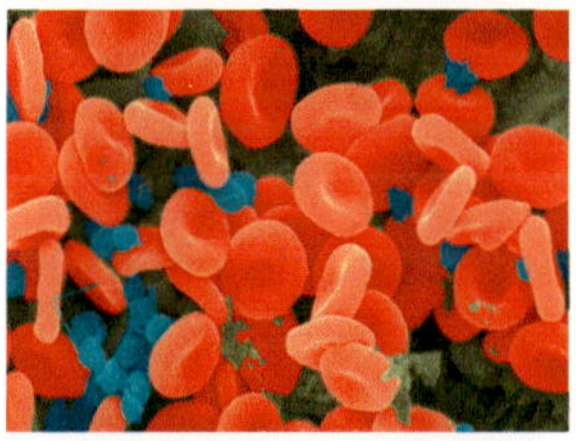

Die roten Blutzellen sind angefüllt mit dem roten Blutfarbstoff Hämoglobin. Jedes Hämoglobin-Molekül besteht aus vier Proteinen, die in einem großen Molekül zusammenwirken. Hämoglobin transportiert Sauerstoff im Körper vom Ort der Sauerstoffaufnahme, zum Beispiel den Lungen, zum Gewebe, wo Sauerstoff benötigt wird.

4. Bewegliche Proteine sind Moleküle, die Bewegungen von Zellorganellen, Zellen oder des ganzen Körpers bewirken.

Der größte Teil der Muskeln von Tieren und Menschen besteht aus den beiden länglichen Proteinen Aktin und Myosin. Beide wirken zusammen. Millionen dieser Proteinmoleküle sind an der Kontraktion eines Muskels beteiligt.
Bewegliche Proteine sind auch für das Schlagen von Wimpern und Geißeln bei Einzellern verantwortlich.

5. Abwehr-Proteine gehören zum Immunsystem des Körpers und bekämpfen Krankheitserreger.

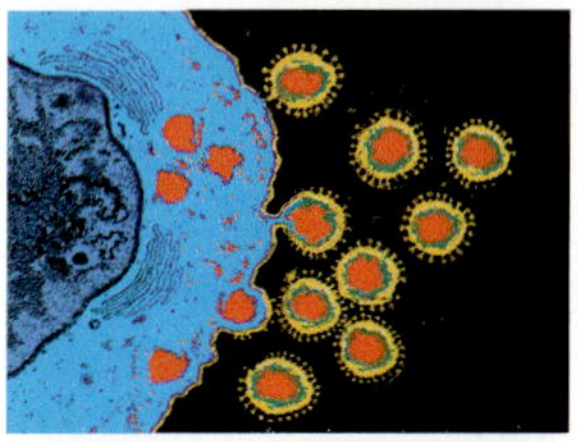

Das Immunsystem des Menschen bekämpft Krankheitserreger wie Viren und Bakterien auch mithilfe spezieller Proteine, den Antikörpern. Antikörper erkennen Krankheitserreger an bestimmten Merkmalen ihrer Oberfläche.

6. Rezeptor-Proteine sitzen in Zellmembranen und setzen von außen kommende chemische Signale in Signale innerhalb einer Zelle um.

Rezeptor-Proteine sitzen vor allem in der Zellmembran. Sie können von außerhalb der Zelle kommende chemische Signale empfangen und in ein intrazelluläres Signal umwandeln. Rezeptoren in Riechsinneszellen können Duftmoleküle von Blumen empfangen und daraufhin eine Signalkette starten, die zu elektrischen Impulsen führt, die über das Nervensystem zum Gehirn geleitet werden. Dort erfolgt die Wahrnehmung des Duftes.

2 *Beispiele für die Vielfalt von Proteinen*

7 Anwendung der Molekulargenetik

7.1 Mutationen

Mutationen sind bleibende Veränderungen der genetischen Information. Zum Beispiel kann eine bestimmte Mutation dazu führen, dass kein funktionsfähiges Enzym gebildet wird, das für die Herstellung des dunklen Hautfarbstoffs Melanin notwendig ist (Abb. 1, 2).

Mutationen können durch **mutagene Faktoren** oder **Mutagene** verursacht werden. Das sind physikalische und chemische Einflüsse, die die Erbinformation verändern. Zu den physikalischen mutagenen Faktoren gehören unter anderem kurzwelliges ultraviolettes Licht (UV-Licht) sowie radioaktive Röntgenstrahlung. Zu den chemischen mutagenen Faktoren zählt eine Reihe von Chemikalien. In Deutschland und in der Europäischen Union (EU) gelten rechtliche Vorschriften zum Schutz der Menschen vor Mutagenen. Wenn Mutationen nicht durch Mutagene ausgelöst werden, sondern durch Fehler bei den molekularen Vorgängen in einer Zelle, zum Beispiel bei der DNA-Verdopplung, spricht man von **spontanen Mutationen.**

Manche Mutationen treten nur in Körperzellen auf. Das ist bei verschiedenen Tumoren der Fall, zum Beispiel bei Hautkrebs. Mutationen in Körperzellen werden nicht vererbt. Mutationen, die in den Geschlechtszellen auftreten, können über die Keimbahn an die Nachkommen weitergegeben werden. Solche Mutationen sind erblich.

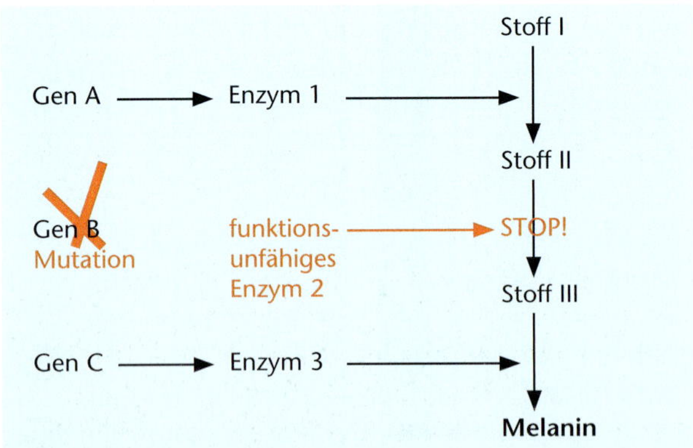

Melanin wird durch Enzyme aus Vorstufen gebildet. Bei vielen Formen von Albinismus ist ein Gen mutiert, das für die Melaninbildung notwendig ist.

1 *Eine Mutation führt zum Albinismus*

2 *Albino-Gorilla Snowflake starb an Hautkrebs*

Genmutationen sind Veränderungen in der Basensequenz eines Gens. Den meisten Fällen von Albinismus liegen Genmutationen zugrunde (Abb. 1). Genmutationen werden in zwei Untergruppen unterteilt (Abb. 3). Bei **Punktmutationen** wird eine Base eines Basentripletts durch eine andere Base ausgetauscht. Punktmutationen sind die häufigsten Mutationen. Bei **Leserastermutationen** wird durch Hinzufügen oder Entfernen einer oder mehrerer Basen das Leseraster verändert. Bei einer Leserastermutation werden ab der Stelle, wo die Mutation auftritt, alle nachfolgenden Basentripletts verändert. Das führt zu schwerwiegenden Veränderungen der Erbinformation.

Viele Mutationen sind für ihren Träger nachteilig. Manche Mutationen haben jedoch Vorteile. Solche Mutationen sind die Grundlage für die Vielfalt der Lebewesen auf der Erde. Für die Evolution spielen Mutationen eine große Rolle, denn Mutationen sind eine Quelle für neue erbliche Eigenschaften von Lebewesen.

Normale Abfolge der Basentripletts auf der mRNA:	AUG AAG UUU GGC UAA
Punktmutationen	
1. Stumme Mutation:	AUG AAG UUU GGU UAA
2. Missense-Mutation (Fehlsinn-Mutation):	AUG AAG UUU AGC UAA
3. Nonsense-Mutation (Unsinn-Mutation):	AUG UAG UUU GGC UAA
Leserastermutationen	
4. Missense-Mutation (Fehlsinn-Mutation):	AUG AAG UUG GCU AA
5. Nonsense-Mutation (Unsinn-Mutation):	AUG UAA GUU UGG CUA A

3 *Verschiedene Typen von Genmutationen*

1 Mutagene Faktoren. Erläutere den Fachbegriff „mutagene Faktoren" und nenne Beispiele.

2 Verschiedene Typen von Genmutationen. Schreibe die normale Basenfolge und die fünf Beispiele für Genmutationen aus Abbildung 3 in dein Heft. Übersetze dann mithilfe der Code-Sonne in Abbildung 4 die normale Abfolge der Basentripletts und die Abfolge bei den fünf verschiedenen Mutationen in ein Protein (einschließlich Start-Codon und Stopp-Codon). Beschreibe für jedes Beispiel die Art der Mutation. Erläutere die Begriffe „stumme Mutation", „Fehlsinn-Mutation" und „Unsinn-Mutation".

3 Modell zur Genmutation. Die Basensequenz kann in einem Modell auf die Wortfolge in einem Satz übertragen werden (Abb. 5). Beschreibe die vier Modellbeispiele für Genmutationen und ordne sie Mutations-Typen aus Abbildung 3 zu.

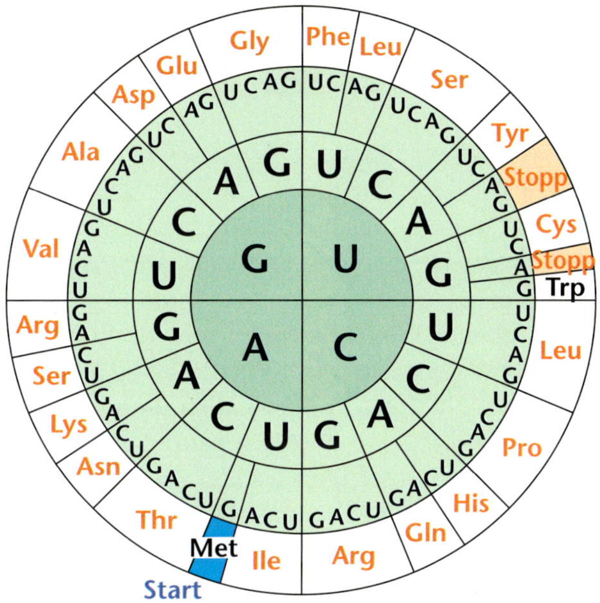

4 *Code-Sonne für Basentripletts auf der mRNA*

Normale, lesbare Buchstabensequenz:	DIE KUH LAG AUF DEM HEU UND TAT NIX
„Mutation" I:	DIE KUH LAG RUF DEM HEU UND TAT NIX
„Mutation" II:	DIE KUH LAG MAU FDE MHE UUN DTA TNI X
„Mutation" III:	DIE KUH LAG UFD EMH EUU NDT ATN IX
„Mutation" IV:	DIE KUH LAG DEM HEU UND TAT NIX

5 *Modell für Genmutationen*

7.2 Phenylketonurie (PKU) – eine erbliche Stoffwechselstörung

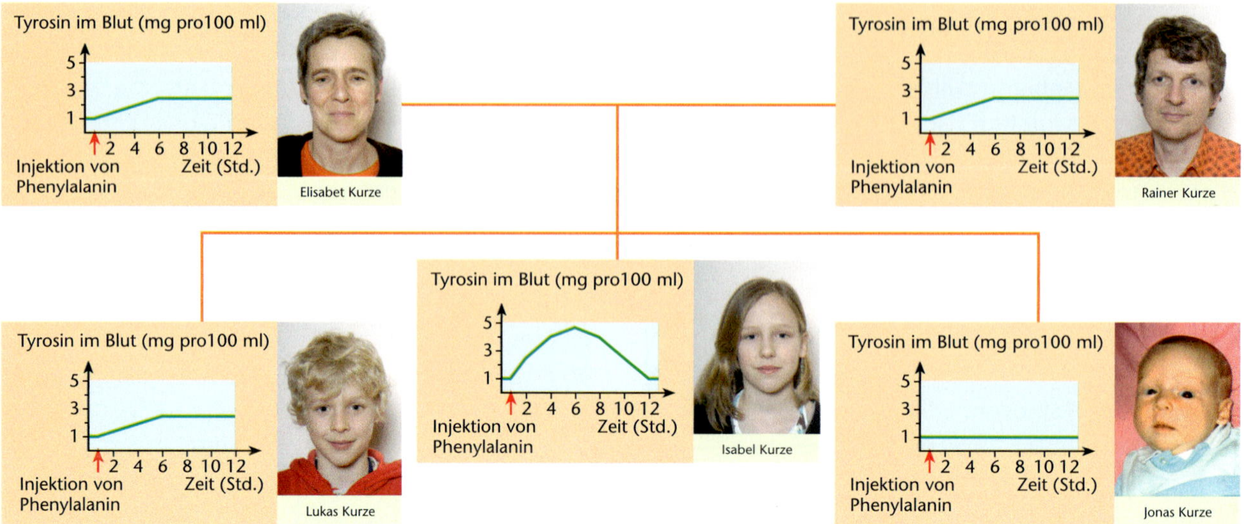

1 *Familie Kurze mit den Ergebnissen des Phenylalanin-Belastungstests*

Mit der Nahrung nehmen Menschen Proteine zu sich. Bausteine der Proteine sind Aminosäuren. Eine der 21 verschiedenen Aminosäuren heißt Phenylalanin. Wir nehmen sie mit der Nahrung auf. Normalerweise wird Phenylalanin aus der verdauten Nahrung in Leberzellen mithilfe eines Enzyms, das abgekürzt PAH genannt wird, zu der Aminosäure Tyrosin umgewandelt (Abb. 2). Tyrosin wiederum ist eine Vorstufe für die Bildung zum Beispiel von Schilddrüsenhormon, Dopamin und Melanin. Ein Übermaß an Phenylalanin im Blut kann über längere Zeiträume zu schweren Schädigungen führen.

Das Gen für das Enzym PAH liegt auf dem Chromosom 12. Eine Punktmutation des Gens verändert seine Information derart, dass kein funktionsfähiges PAH in Leberzellen gebildet werden kann. Wenn beide Eltern jeweils das mutierte Gen an ein Kind weitergeben, ist es nicht in der Lage, Phenylalanin in Tyrosin umzuwandeln. Dann häuft sich Phenylalanin im Körper an. Man spricht von einer **erblichen Stoffwechselstörung.** Sie hat den Namen **Phenylketonurie,** abgekürzt PKU. Kinder, die von Phenylketonurie betroffen sind und nicht behandelt werden, entwickeln im Laufe der ersten Lebensjahre unter anderem schwere geistige Defekte. Das hängt damit zusammen, dass bei hoher Konzentration an Phenylalanin im Körper verstärkt Phenylpyruvat gebildet wird (Abb. 2). Dieser Stoff beeinträchtigt die Gehirnentwicklung. Heute werden in Deutschland alle Neugeborenen mithilfe eines Bluttests auf Phenylketonurie untersucht. Durchschnittlich ein Neugeborenes von 12 000 hat diese erbliche Stoffwechselstörung. Wird die Krankheit erkannt, muss viele Jahre, meistens lebenslang, eine Diät mit wenig Phenylalanin eingehalten werden. So behandelte Kinder zeigen eine normale Entwicklung.

Phenylketonurie wird rezessiv vererbt. Heterozygote (Mischerbige mit dem Genotyp Aa) sind selbst nicht erkrankt, können aber das mutierte Gen übertragen. Bei Heterozygoten ist nur eines der beiden Allele für das Enzym PAH mutiert. Das andere Allel arbeitet normal. Beim **Heterozygoten-Test** (Phenylalanin-Belastungstest) wird Personen eine bestimmte Menge Phenylalanin durch Injektion verabreicht und über einen Zeitraum von mehreren Stunden der Gehalt an Tyrosin im Blut gemessen. Auf diese Weise können heterozygote Personen erkannt werden (Abb. 1, 3).

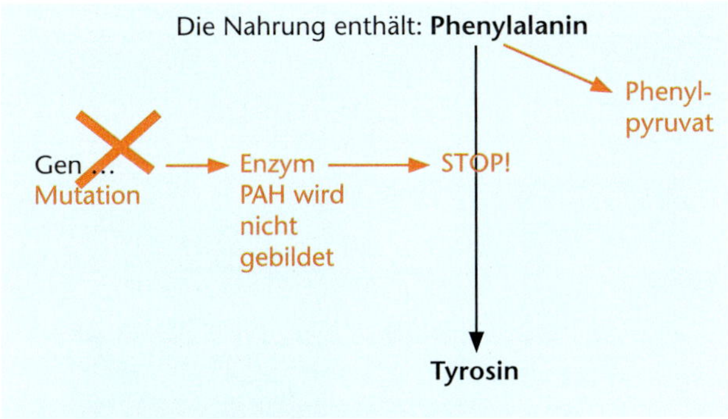

2 *Phenylalanin-Stoffwechsel*

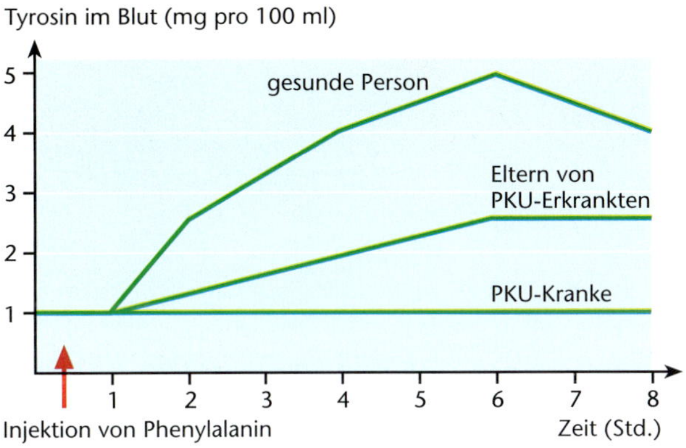

3 *Heterozygoten-Test (Phenylalanin-Belastungstest) bei verschiedenen Personengruppen*

1 Phenylalanin-Stoffwechsel bei verschiedenen Genotypen. Erläutere unter Bezug auf Abbildung 4 den Phenylalanin-Stoffwechsel bei homozygot Gesunden, Heterozygoten und bei PKU-Kranken.

2 Molekulare Grundlagen des Heterozygoten-Tests. Bei diesem Test wird allen Testpersonen die gleiche Menge an Phenylalanin je Kilogramm Körpermasse durch Injektion verabreicht. Dann wird der Tyrosin-Gehalt im Blut über die nächsten Stunden gemessen. Vergleiche die Kurvenverläufe in Abbildung 3. Ordne jeder der drei Kurven in Abbildung 3 eine Teilabbildung in Abbildung 4 zu. Begründe dann die Unterschiede im Verlauf der Kurven in Abbildung 3 unter Bezug auf Abbildung 4.

3 PKU in der Familie Kurze.
a) Nenne für jede Person in der Familie Kurze die möglichen Genotypen. Beachte dabei die Ergebnisse des Phenylalanin-Belastungstests (Abb. 1, 3).
b) Mit welcher Wahrscheinlichkeit wäre ein weiteres Kind von Herrn und Frau Kurze PKU-krank? Beantworte die Frage mithilfe eines selbst gefertigten Erbschemas.

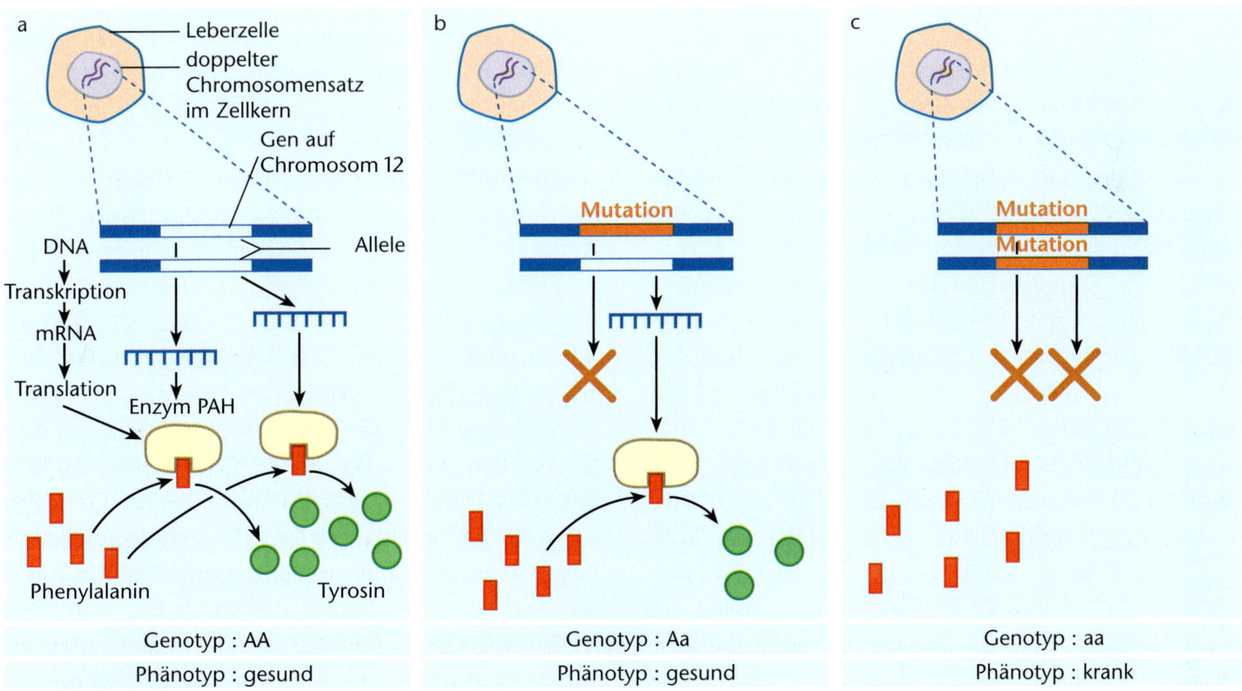

4 *Modell zum Stoffwechselgeschehen bei a) homozygot Gesunden, b) Heterozygoten und bei c) PKU-Kranken*

7.3 Mukoviszidose und Sichelzellanämie

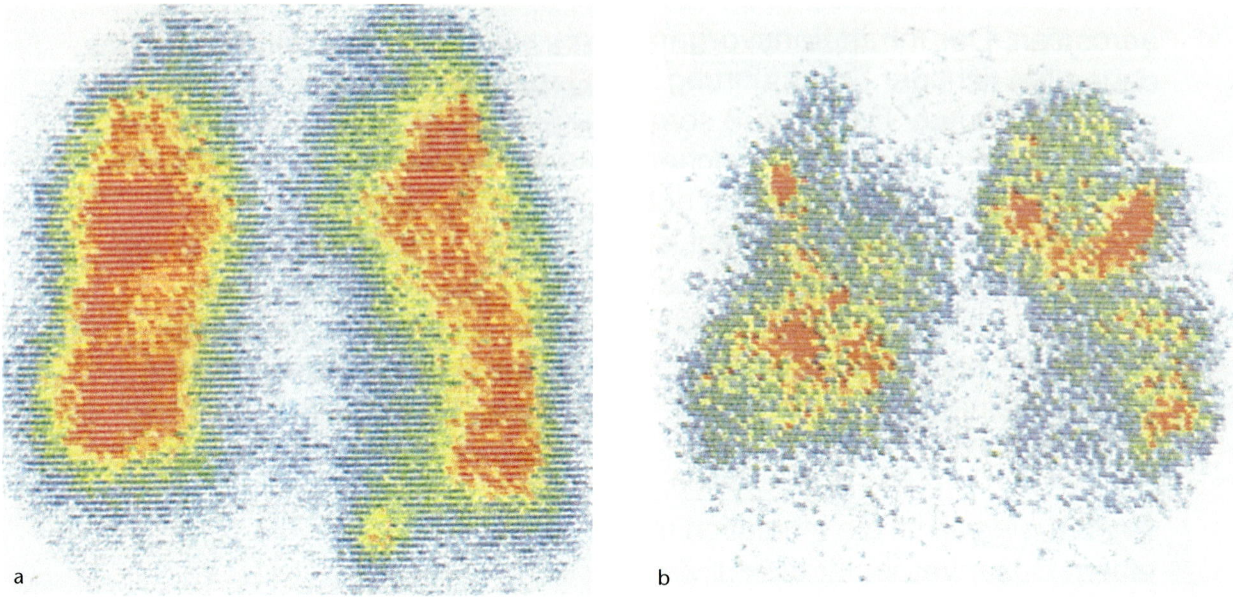

1 *a) Luft in den Lungen eines gesunden und b) eines an Mukoviszidose erkrankten Mädchens. Rot und gelb gefärbt sind die gut mit Luft gefüllten Teile der Lunge.*

Die **Mukoviszidose** ist in Europa die häufigste erbliche Stoffwechselstörung. Ein Kind von 2500 Neugeborenen leidet an der Krankheit, die rezessiv vererbt wird. Ursache ist die Mutation eines Gens auf dem Chromosom 7. Das Gen trägt die Information für ein Protein, das in Schleimhautzellen am Austausch von Chorid-Ionen beteiligt ist. Die Mutation führt dazu, dass die Schleimhautzellen einen sehr zähen Schleim abgeben. Er häuft sich vor allem in den Atemwegen, im Darm und in der Bauchspeicheldrüse an und schädigt die Organe. Bereits in den ersten Lebensmonaten tritt Mukoviszidose in Erscheinung. Vor allem die Lungen sind betroffen. Der zähe Schleim bildet einen Nährboden für Infektionen. Häufige Lungenentzündungen können die Folge sein. Die ständige Auseinandersetzung der Zellen des Immunsystems mit den Erregern führt dazu, dass das Lungengewebe geschädigt wird und zunehmend schlechter in der Lage ist, den Gasaustausch zu gewährleisten (Abb. 1). In der Behandlung der Mukoviszidose steht daher an erster Stelle, Infektionen der Lunge, so gut es geht, zu verhindern. Erkrankte müssen mehrmals täglich inhalieren und den Schleim abklopfen. Starben noch vor wenigen Jahrzehnten die meisten Erkrankten im Kindesalter, so kann mit heutigen medizinischen Möglichkeiten eine Lebenserwartung von ungefähr vier Jahrzehnten erreicht werden.

Die **Sichelzellanämie** ist eine erbliche Stoffwechselstörung, bei der eine winzige Ursache lebensbedrohliche Auswirkungen haben kann. Rote Blutzellen enthalten den roten Blutfarbstoff Hämoglobin. Dieses Protein transportiert Sauerstoff. Die Sichelzellanämie ist eine erbliche Erkrankung der roten Blutzellen. Die Betroffenen haben aufgrund einer Punktmutation im Chromosom 11 ein verändertes Hämoglobin, das zur sichelförmigen Gestalt der roten Blutzellen führt (Abb. 2). Die Krankheit wird rezessiv vererbt. Beim Genotyp aa wird die lebensbedrohliche Erkrankung voll ausgebildet. Bei Heterozygoten mit dem Genotyp Aa sind etwa die Hälfte der roten Blutzellen sichelförmig. Sichelförmige rote Blutzellen können sich leicht untereinander verhaken. Es kommt zur Verklumpung mit der Folge, dass Blutkapillaren verstopft werden.

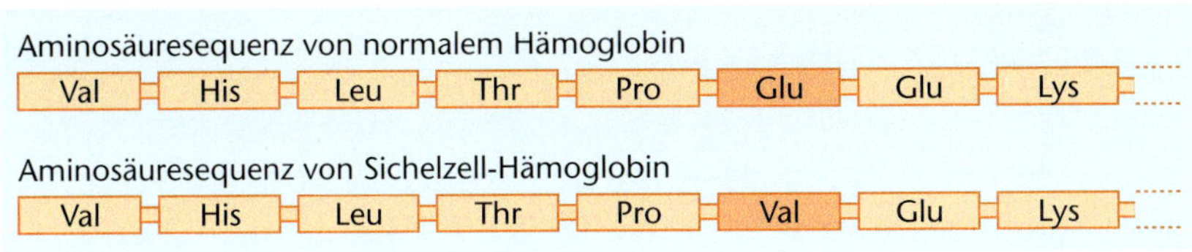

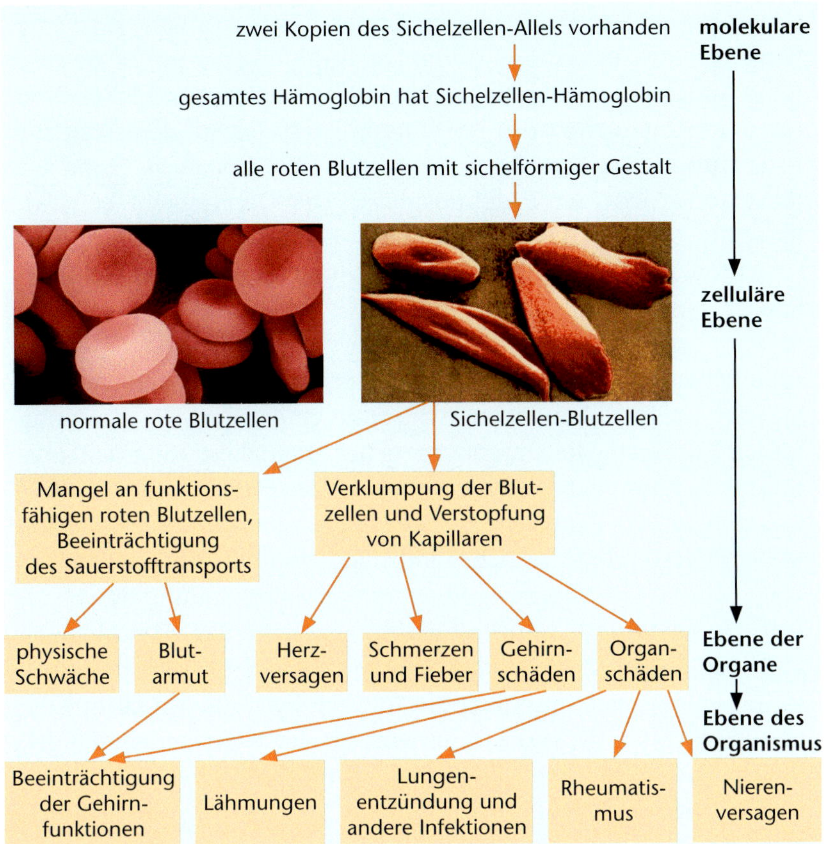

2 *Sichelzellanämie*

Was soll genetische Beratung leisten?
Bei der genetischen Beratung versuchen Fachleute, dem Einzelnen, dem Paar oder der Familie zu helfen …

1) die medizinischen Fakten einschließlich der Diagnose des mutmaßlichen Verlaufs und der zur Verfügung stehenden Behandlungen zu erfassen;
2) den erblichen Anteil der Erkrankung und das Wiederholungsrisiko für bestimmte Verwandte zu begreifen;
3) eine Entscheidung zu treffen, die ihrem Risiko, ihren familiären Zielen, ihren ethischen und religiösen Wertvorstellungen entspricht und in Übereinstimmung mit dieser Entscheidung zu handeln und
4) sich so gut wie möglich auf die mögliche Behinderung des betroffenen Familienmitgliedes einzustellen.

3 *Was soll genetische Beratung leisten?*

1 Sichelzellanämie: Von der Mutation zur Erkrankung. Beschreibe anhand der Abbildung 2 die Auswirkungen und Zusammenhänge auf den verschiedenen Ebenen – von der DNA über das Hämoglobin-Protein, die roten Blutzellen bis zum Organismus.

2 Mukoviszidose: Fallbeispiele zur genetischen Beratung.
a) In Abbildung 4 stehen die roten Personen für an Mukoviszidose Erkrankte. Wofür stehen die grünen und blauen Personen?
b) Gib für die Personen der Beispiele A bis E die jeweiligen Genotypen an. Gib für jedes Beispiel die Wahrscheinlichkeiten an, dass die Nachkommen der Eltern homozygot gesund, heterozygot oder an Mukosviszidose erkrankt sein werden.
c) Simuliert an selbst gewählten Beispielen aus Abbildung 4 die genetische Beratung eines Elternpaares. Beachtet dabei die Aussagen in Abbildung 3.

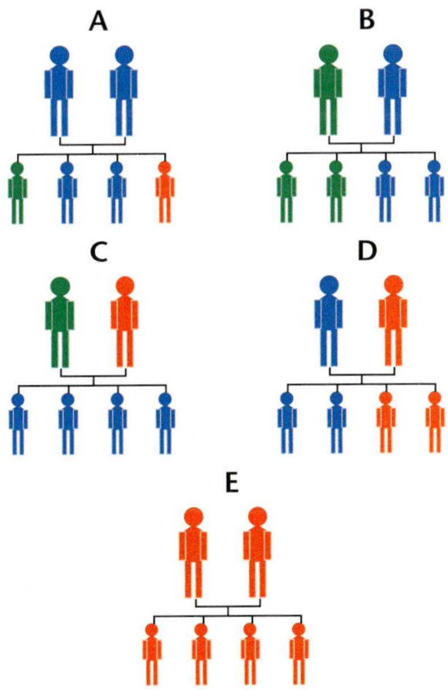

4 *Mukoviszidose, Fallbeispiele*

7.4 Ultraviolette Strahlung, Mutationen und Hautkrebs

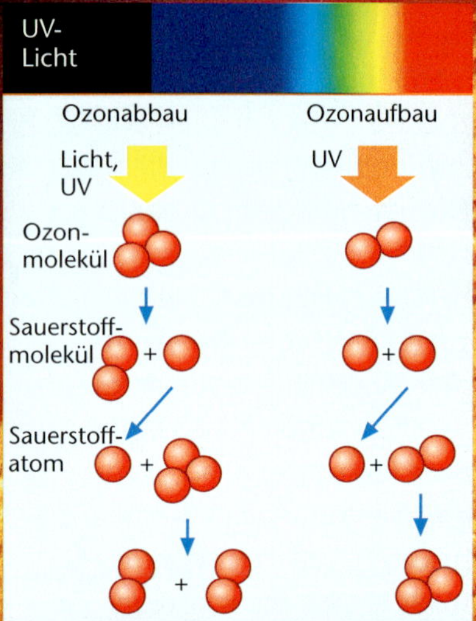

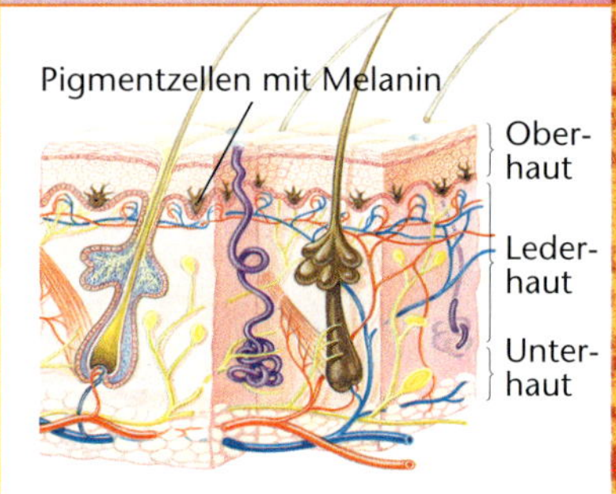

UV-Strahlung bewirkt:
- Durchblutung der Haut
- Hautbräunung
- Sonnenbrand
- Hautalterung, Faltenbildung
- Bildung von Vitamin D
- Zerstörung von Folsäure
- Mutationen

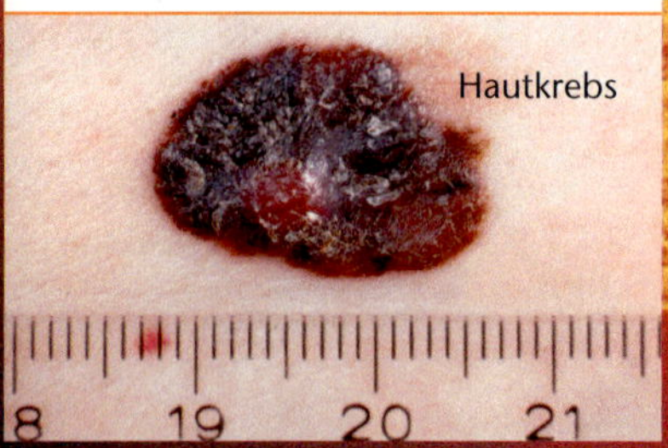

1 *Wirkung von UV-Strahlung*

In der Sonne verschmelzen durch Kernfusion in jeder Sekunde 600 Millionen Tonnen Wasserstoff zu 595 Millionen Tonnen Helium. Dabei wird die Energie von fünf Millionen Tonnen Wasserstoff pro Sekunde freigesetzt und gelangt in Form von Strahlung von der Sonne in den Weltraum. Die Strahlung der Sonne besteht unter anderem aus dem für uns Menschen sichtbaren Licht sowie aus der ultravioletten (UV) Strahlung (Abb. 1). Auf dem Weg zur Erde trifft die UV-Strahlung in ungefähr 35 Kilometern Höhe auf die Ozonschicht der Erdatmosphäre. Die Ozonschicht bewirkt, dass nur Teile der UV-Strahlung zur Erde gelangen. Die Ozonschicht ist lebenswichtig, da UV-Strahlung für Lebewesen gefährlich ist.

Auf die menschliche Haut hat die UV-Strahlung verschiedene Wirkungen: UV-Strahlung kann in die Haut eindringen. UV-Strahlung fördert kurzfristig die Durchblutung der Haut, diese rötet sich. UV-Strahlung führt auch zu einer Bräunung der Haut, da der Farbstoff Melanin in den Pigmentzellen der Haut vermehrt gebildet wird. Melanin verhindert das tiefe Eindringen von UV-Strahlung in die Haut. Starke UV-Strahlung führt zu einer Entzündung der Haut, dem Sonnenbrand. UV-Strahlung beeinflusst das Bindegewebe und trägt so zur schnelleren Hautalterung und Faltenbildung bei. UV-Strahlung regt außerdem die Bildung von Vitamin D im Körper an, ein Vitamin, das für den Aufbau der Knochen wichtig ist. Andererseits zerstört UV-Strahlung in den Blutgefäßen der Haut die Folsäure, ein wichtiges Vitamin der B-Gruppe.

Eine der gefährlichen Folgen von UV-Strahlung ist das Auslösen von Mutationen. UV-Strahlung kann Brüche in den DNA-Molekülen und bestimmte Punktmutationen hervorrufen, bei denen sich zwei benachbarte Basen miteinander verbinden. Diese Schäden können durch Reparatur-Enzyme beseitigt werden. Wenn die DNA-Reparatur zum Beispiel durch ungeschütztes und allzu häufiges Sonnenbaden – vor allem in der Kindheit – überfordert wird, kann dies unter bestimmten Bedingungen die Entstehung von Hautkrebs begünstigen. Ein Sonnenbrand hat zur Folge, dass stark geschädigte Hautzellen sich nicht weiter teilen und schließlich sogar absterben. Fachleute sehen die biologische Bedeutung dieser Vorgänge als eine Schutzreaktion der Haut. Denn würden Zellen, die durch UV-Strahlung mutiert sind, sich weiter teilen und nicht absterben, würde die Mutation der DNA von Zellteilung zu Zellteilung an die Tochterzellen weitergegeben. Das würde die Entstehung von Hautkrebs stark begünstigen.

1 Haut und UV-Strahlung. Diskutiere anhand der Abbildung 1 und des Grundwissentextes folgende Aussage einer Wissenschaftlerin: „Die Pigmentierung der Haut ist ein Balanceakt. Gegenüber der ultravioletten Strahlung darf sie weder zu dunkel noch zu hell sein."

2 Bedeutung der Ozon-Schicht.

a) Beschreibe mithilfe der Abbildung 1 die chemischen Vorgänge in der Ozonschicht.

b) Fluorchlorkohlenwasserstoffe (FCKW) wurden früher häufig als Treibmittel für Spraydosen, als Kühlmittel in Kühlschränken und zum Aufschäumen von Kunststoffen verwendet. FCKW sind sehr reaktionsträge und können zum Teil mehr als hundert Jahre in der Atmosphäre verweilen. In der Ozonschicht sind FCKW sehr schädlich, weil sie zur Ausdünnung der Ozonschicht beitragen. In Deutschland und einer Reihe anderer Länder ist deshalb der Einsatz von FCKW inzwischen verboten. Erläutere anhand der Abbildung 3 die durch FCKW ausgelösten chemischen Vorgänge. Welche Folgen ergeben sich daraus für die Ozonschicht? Entwickle begründete Vermutungen darüber, welche Folgen eine Ausdünnung der Ozonschicht für Menschen haben könnte.

3 „Mondscheinkinder", UV-bedingte DNA-Schäden und die DNA-Reparatur.

a) Erläutere anhand der Informationen in Abbildung 2 und 5, warum Menschen mit Xeroderma pigmentosum (XP) umgangssprachlich „Mondscheinkinder" genannt werden. Erläutere die Folgen, die XP für den Alltag der Betroffenen hat.

b) Beschreibe anhand der Abbildung 4 die Vorgänge der Reparatur von UV-bedingten DNA-Schäden.

Man nennt sie Mondscheinkinder:

„Du liebst mich nicht, Sonne! Ich sehe dich nur hinter Vorhängen. Du sperrst mich in die Dunkelheit. Du bist sehr schön, alle lieben dich. Aber was du nicht weißt, Sonne, du bist da oben genauso alleine wie ich hier unten" (Merve, ein Mondscheinkind. Mittlerweile ist Merve gestorben.).

Merve war eine von etwa hundert Menschen in Deutschland, die an einer seltenen, autosomal rezessiven Erbkrankheit leiden. Die Krankheit heißt Xeroderma pigmentosum, abgekürzt XP. Bei Menschen mit XP ist das DNA-Reparatursystem defekt, das die UV-bedingten Mutationen erkennt und beseitigt. Daher häufen sich Mutationen an. Die Wahrscheinlichkeit, Hautkrebs zu entwickeln, ist bei Menschen mit XP im Vergleich zu Gesunden vieltausendfach erhöht. Daher müssen Menschen mit XP konsequent das Sonnenlicht und vor allem jede UV-Strahlung meiden.

2 *Mondscheinkinder*

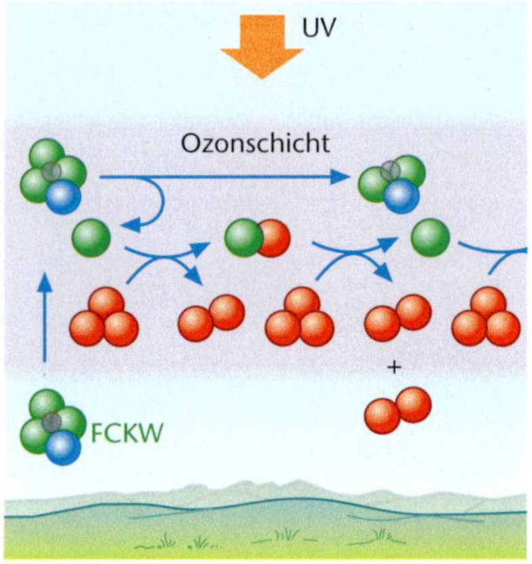

3 *Wirkung von FCKW auf Ozon*

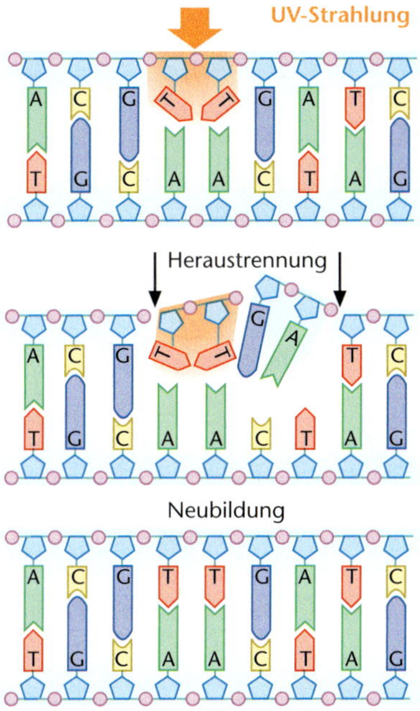

4 *Reparatur eines UV-bedingten DNA-Schadens*

5 *Merve bei einem Tagesausflug*

7.5 Genetischer Fingerabdruck und PCR

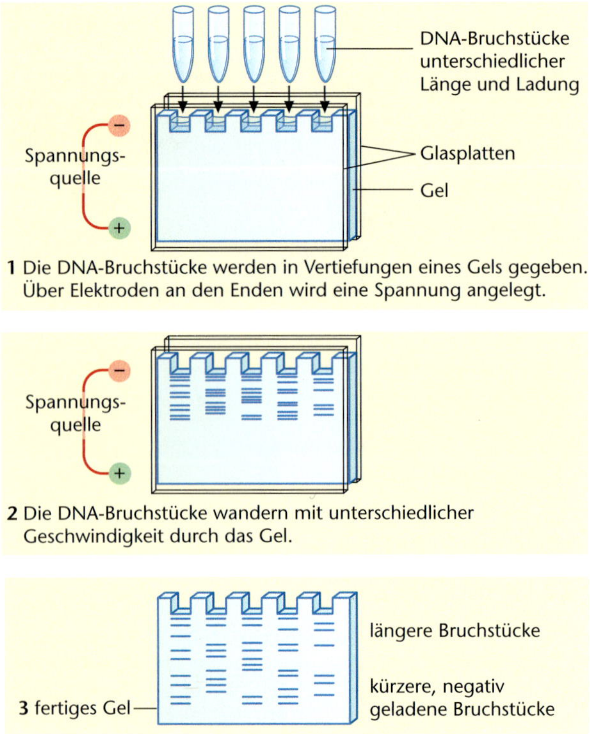

1 *DNA-Analyse (genetischer Fingerabdruck)*

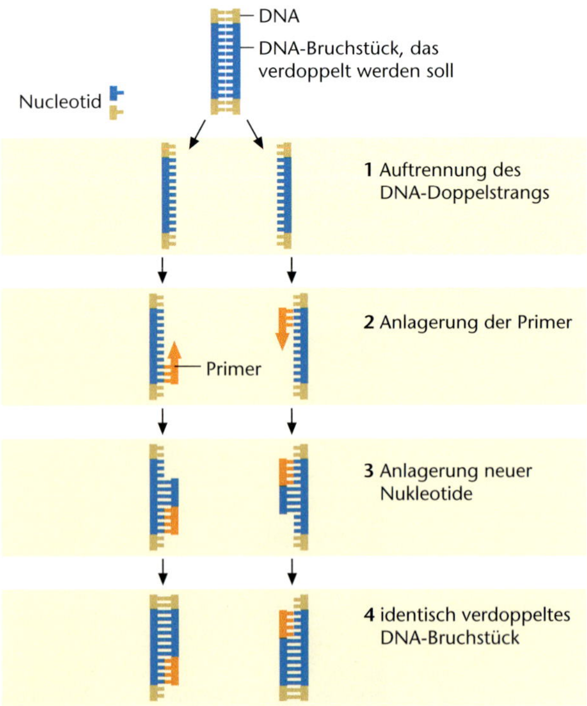

2 *Die Polymerase-Kettenreaktion (PCR)*

Seit dem Jahr 1990 hat der Bundesgerichtshof erlaubt, DNA-Analysen als Beweise in Strafverfahren zuzulassen. Seit dieser Zeit werden zunehmend Täter anhand ihres so genannten genetischen Fingerabdruckes überführt. Zur Erstellung eines **genetischen Fingerabdruckes** wird die DNA-Probe eines Menschen durch Einwirkung bestimmter Enzyme in Bruchstücke unterschiedlicher Länge gespalten. Die Bruchstücke werden einer elektrischen Spannung ausgesetzt. Dabei wandern sie zur positiven Elektrode. Kleine Bruchstücke wandern dabei schneller als größere. Es entsteht ein Bandenmuster, das für jeden Menschen genauso individuell ist wie sein Fingerabdruck (Abb. 1).

Ist nur wenig DNA als Ausgangsmaterial vorhanden, wird die **PCR-Technik** (engl.: **p**olymerase **c**hain **r**eaction) eingesetzt, bei der DNA-Bruchstücke identisch vervielfältigt werden (Abb. 2). Zur DNA-Vervielfältigung werden als Ausgangsstoffe Nucleotide, das Enzym DNA-Polymerase sowie „Primer" benötigt. Primer sind kurze, einzelsträngige DNA-Moleküle, die komplementär zu den Anfängen der zu kopierenden DNA-Bruchstücke sind. Diese Primer dienen zur Kennzeichnung der Startsequenz an beiden Einzelsträngen und sind der Start der DNA-Synthese.

In dem ersten Reaktionsschritt der PCR erfolgt durch Erhitzen auf etwa 90 bis 95 Grad Celsius die Auftrennung der DNA in Einzelstränge. Nach dem Abkühlen auf etwa 70 Grad Celsius binden sich die Primer an beide DNA-Einzelstränge. Die DNA-Polymerase katalysiert dann die Anlagerung der Nucleotide an ein spezifisches Ende jedes Primers. Grundsätzlich lässt sich dieser Ablauf mit dem der identischen DNA-Verdopplung in lebenden Zellen vergleichen. Ein einzelner PCR-Zyklus dauert nur etwa fünf Minuten. Am Ende des Zyklus ist die zu vermehrende DNA-Sequenz verdoppelt. Die PCR-Technik wird heute bei vielen biologischen, medizinischen und kriminologischen Fragestellungen eingesetzt.

1 Die Polymerase-Kettenreaktion (PCR). Erkläre den Ablauf der PCR anhand von Abbildung 2.

2 Auswertung eines Bandenmusters. In Abbildung 3 ist das Bandenmuster des Opfers eines Gewaltverbrechens, das Bandenmuster einer fremden Blutprobe auf der Kleidung des Opfers sowie die Bandenmuster von drei Tatverdächtigen dargestellt.

a) Werte Abbildung 3 aus und ermittle den Täter.
b) Der genetische Fingerabdruck wird auch für Vaterschafts-Nachweise eingesetzt. Erläutere eine mögliche Vorgehensweise.

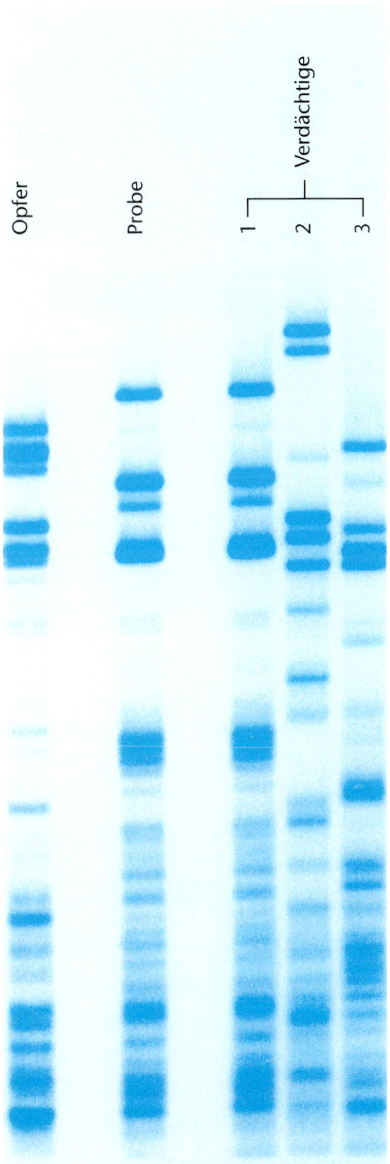

3 *Genetischer Fingerabdruck*

3 Spurensuche durch DNA-Analyse. Erläutere das Zusammenwirken der PCR-Methode und der DNA-Analyse anhand von Abbildung 3 ausführlich.

4 DNA in Fossilien. Auch in mehreren zehntausend Jahre alten Skelettteilen findet man noch DNA-Bruchstücke. Trockene und kühle Bedingungen verlangsamen den Zerfall der DNA in kleine Bruchstücke; feuchte und warme Bedingungen sowie saure und basische Verhältnisse beschleunigen dagegen den Zerfall der DNA in kleine Bruchstücke. Meistens liegt DNA in Fossilien in sehr geringen Mengen vor. Die Erforschung dieser DNA ist daher eng mit der Erfindung der PCR verbunden.
a) Erläutere mögliche Anwendungsgebiete der Untersuchung von DNA aus Fossilien.
b) Seit 30 000 Jahren gibt es keine Neandertaler mehr. Hinsichtlich der Verwandtschaftsverhältnisse zwischen Neandertalern und Vorfahren der heutigen Menschen werden zwei Modelle diskutiert (Abb. 5). Nenne wesentliche Aussagen der beiden Modelle. Erläutere eine mögliche Vorgehensweise, mit der die Untersuchung von DNA aus Fossilien zur Lösung der Frage beitragen kann, welches der beiden Modelle zutrifft.

4 *Fossile Skelette enthalten noch geringe Mengen DNA*

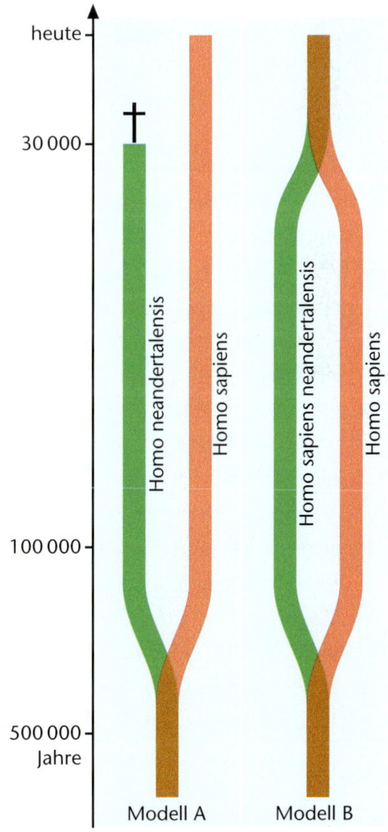

5 *Zwei Stammbaum-Modelle von Neandertalern und den Vorfahren der heutigen Menschen*

7.6 Genanalyse – wie gehen wir mit dem neuen Wissen um?

1 *Die Genanalyse als neuer Ausweis?*

- Das menschliche Genom ist grundlegender Bestandteil des gemeinsamen Erbgutes aller Menschen.
- Jeder Mensch hat seine eigene genetische Identität. Dabei lässt sich die Persönlichkeit eines Menschen nicht auf seine genetischen Merkmale reduzieren.
- Jeder Mensch hat unabhängig von seinen genetischen Eigenschaften ein Recht auf Achtung seiner Würde. Niemals darf er aufgrund seiner Merkmale diskriminiert werden.
- Jedem Individuum soll das Recht auf das ihn betreffende krankheitsrelevante genetische Wissen garantiert sein. Gleichzeitig soll er aber das Recht haben, auf solches Wissen verzichten zu können.
- Die Würde und Freiheit des Menschen muss absoluten Vorrang vor jedem wissenschaftlichen Fortschritt haben.

2 *Auszug aus der „Allgemeinen Erklärung über das menschliche Genom und Menschenrechte" (UNESCO, 1997)*

Die Gesamtheit der Erbanlagen eines Lebewesens bezeichnet man als **Genom.** Mit einer Reihe von internationalen wissenschaftlichen Projekten ist das menschliche Genom mittlerweile vollständig entschlüsselt worden. Die ungleich schwierigere Aufgabe ist es nun, das Genom und seine Funktionen zu verstehen, zum Beispiel zu wissen, wann, wie und warum ein Gen abgelesen wird.

Das Wissen um das Genom eines Menschen greift tief in die Persönlichkeitssphäre und das Selbstverständnis eines Menschen ein. Der enorme Zuwachs an Kenntnissen über das menschliche Genom birgt große Chancen, aber auch Risiken. Besonders die Fähigkeiten zur Analyse der Erbanlagen eines einzelnen Menschen mithilfe von Gentests zum Beispiel zum Erkennen von erblichen Veranlagungen bedürfen daher ethisch begründeter Regeln (Abb. 1). Es gibt immer mehr Krankheiten, die mit Gentests nachgewiesen werden können. Aber viele dieser Erkrankungen sind (noch) nicht behandelbar. Wie können wir mit dem neuen Wissen umgehen?

Erbkrankheit Chorea Huntington – Wissen oder Nicht-Wissen?

Chorea Huntington ist die Bezeichnung für eine bestimmte, fortschreitend verlaufende Erkrankung des Nervensystems, die mit Bewegungsstörungen und allmählichem geistigen Verfall einhergeht. Durchschnittlich haben 10 von 100 000 Personen diese Erbkrankheit. Sie wird durch ein dominantes Gen auf dem Chromosom Nr. 4 vererbt. Die Krankheit bricht meistens erst nach dem 40. Lebensjahr aus, in einem Alter, in dem die meisten Menschen ihre Familienplanung abgeschlossen haben. Bis zum Ausbruch der Krankheit sind die Betroffenen frei von Symptomen. Wer das Gen geerbt hat, wird mit hundertprozentiger Sicherheit krank. Zur Zeit gibt es keine Heilung dieser Krankheit. Kinder von Erkrankten erfahren meist erst als junge Erwachsene, dass sie ein 50%iges Risiko für die Krankheit haben.
Herr B. (27 Jahre, von Beruf Pilot) hat erfahren, dass seine Mutter an Chorea Huntington erkrankt ist. Herr B. ist sehr unentschlossen, ob er wissen oder nicht wissen will, ob er das Gen von seiner Mutter geerbt hat.

Erblich erhöhtes Risiko für Brustkrebs.

Von den 46 000 Frauen, die jährlich in Deutschland an Brustkrebs erkranken, sind 5–10 % erblich vorbelastet, das heißt, es gibt eine erbliche Veranlagung für ein höheres Brustkrebsrisiko. Meistens tritt in diesen Fällen Brustkrebs in der Familie und ihren Vorfahren häufiger auf als in der Bevölkerung insgesamt (Abb. 4). Heute können Frauen vorsorglich einen Gentest machen, um festzustellen, ob sie die Veranlagung für einen solchen „familiären Brustkrebs" haben. Die Früherkennung von Brustkrebs ist durch Mammografie, eine Röntgenuntersuchung, möglich (Abb. 5).
Frau M. ist 26 Jahre alt und hat ein Kind. Ihre Mutter war mit 31 Jahren an Brustkrebs erkrankt und mit 37 Jahren an den Folgen des Tumors gestorben. Eine Tante von Frau M. hatte ebenfalls früh Brustkrebs bekommen.

3 *Wissen oder Nicht-Wissen? Zwei Beispiele*

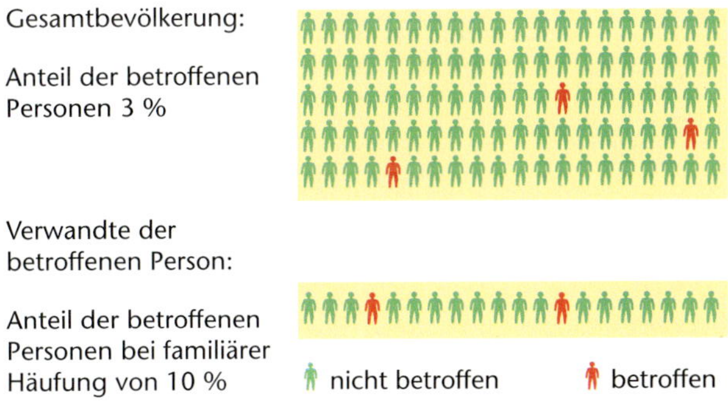

4 *Familiäre Häufung an einem Beispiel verdeutlicht*

1 Problemfelder der Genanalyse. Nenne Probleme und Konflikte, die die Möglichkeiten der Genanalyse beim Menschen mit sich bringen können a) für Partner mit Kinderwunsch, b) wenn sie für Arbeitnehmer und Versicherungsnehmer zugelassen würde.

2 Kurzvortrag „Genom und Menschenrechte". Erläutere deinen Mitschülerinnen und Mitschülern im freien Vortrag die Aussagen in Abbildung 2. Gib eine persönliche Antwort auf die Frage in der Überschrift dieses Abschnitts.

3 Recht auf Wissen und Recht auf Nicht-Wissen. Versetze dich in die Lage von Herrn B. und Frau M. (Abb. 3). Welche Fragen werden diese Personen vermutlich haben, bevor sie sich für oder gegen den jeweiligen Gentest entscheiden? Diskutiert für jedes der beiden Fallbeispiele Vor- und Nachteile des Gentests. Beachtet im Fall von Frau M. auch die Abbildung 4.

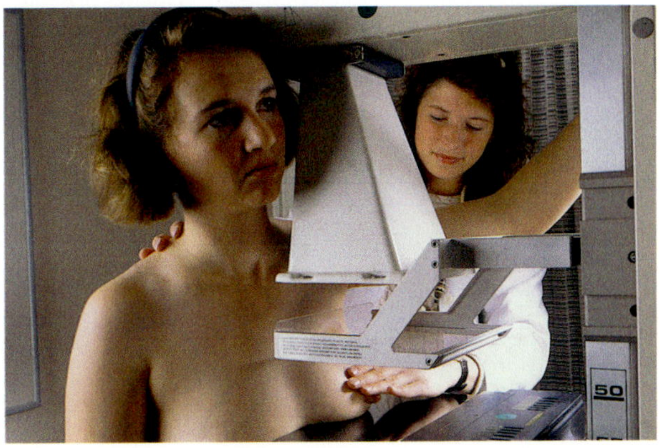

5 *Brustkrebsvorsorge durch Mammografie*

7.7 Gentechnik: Bakterien produzieren Humaninsulin

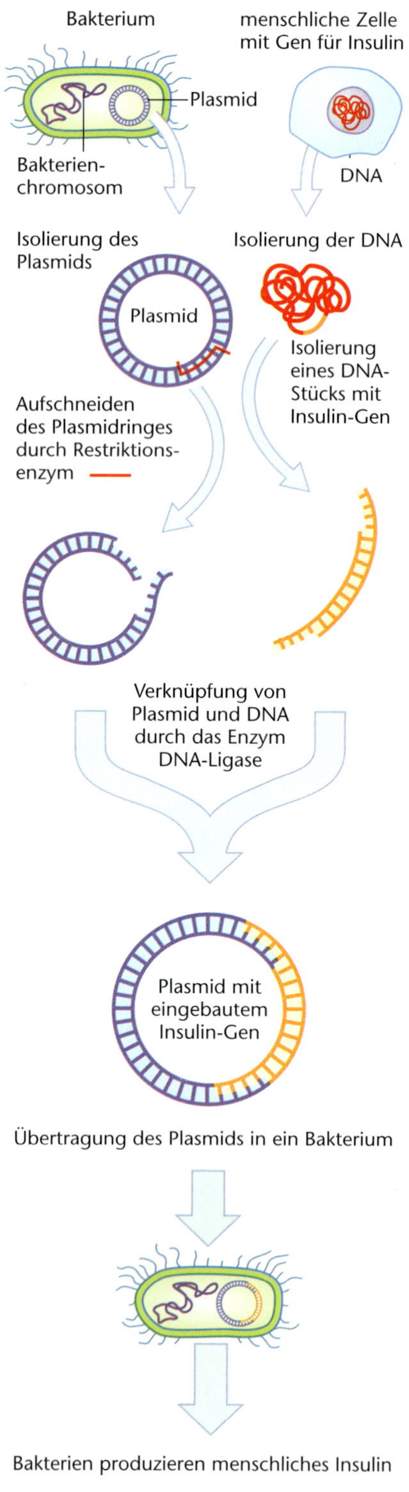

1 *Verfahren zur gentechnischen Veränderung von Bakterien*

Schon früh haben Menschen die Stoffwechselleistungen bestimmter Lebewesen für sich genutzt. So werden Hefepilze zum Brotbacken und Bierbrauen und Milchsäurebakterien zur Herstellung von Sauermilch, Joghurt, Kefir und Käse genutzt. Heute nennt man die Produktion von Waren und Dienstleistungen durch Lebewesen **Biotechnologie.** Ein jüngeres Teilgebiet der Biotechnologie ist die **Gentechnik.** Gentechnische Verfahren sind möglich, weil die Erbinformation aller Lebewesen aus DNA besteht. Das ist der Grund, warum Bakterien auch Gene des Menschen lesen können und so Stoffe herstellen können, die sonst nur im menschlichen Körper gebildet werden. Im Jahr 1982 gelang es erstmals, das menschliche Insulin mithilfe gentechnisch veränderter Bakterien zu produzieren. Insulin ist ein Protein, das als Hormon an der Regelung des Blutzuckerspiegels beteiligt ist. Von den Menschen, die an Diabetes erkrankt sind, benötigen viele Insulin als Medikament. Vor der gentechnischen Herstellung wurde Insulin aus Bauchspeicheldrüsen von Rindern und Schweinen gewonnen.

Grundlegende Verfahren der Gentechnik sind die **Genanalyse** und der **Gentransfer** (Abb. 2). Mithilfe des Gentransfers können Bakterien gentechnisch so verändert werden, dass sie Proteine des Menschen wie etwa das Insulin herstellen (Abb. 1). Für dieses Verfahren sind zwei verschiedene Enzyme von großer Bedeutung. Ein Restriktionsenzym erkennt eine bestimmte Abfolge von Basen auf der DNA und schneidet die DNA an dieser Stelle auf. Es gibt verschiedene Restriktionsenzyme, die jeweils eine andere Basenabfolge auf der DNA erkennen und dort schneiden. Weil Restriktionsenzyme vereinfacht wie eine Schere wirken, nennt man sie auch „molekulare Scheren". Ein anderes Enzym, die DNA-Ligase, verknüpft die zueinander passenden Enden von DNA-Stücken.

Bakterien enthalten oft zusätzlich zu ihrem Chromosom kleine, ringförmige DNA-Moleküle, die **Plasmide** (Abb. 1). Plasmide können aus Bakterien isoliert und mithilfe eines Restriktionsenzyms aufgeschnitten werden. In die Schnittstelle kann mittels DNA-Ligase ein neues Gen, zum Beispiel das für Insulin, eingefügt werden. So entsteht ein Plasmid mit neukombinierter DNA. Solche Plasmide werden in Bakterien übertragen und von den Bakterien identisch vervielfältigt. Die neukombinierten Plasmide sorgen in den Bakterien für die Bildung des gewünschten Proteins, in diesem Fall des Insulins. Das Insulin wird aus den Bakterien isoliert und kann als Medikament für diabeteskranke Menschen verwendet werden.

Genanalyse bei Viren, Bakterien, Pflanzen, Tieren, Menschen:
- den Code eines Gens analysieren;
- das An- und Abschalten von Genen erforschen;
- die Bedeutung von Genen im Organismus erforschen;
- neue Gene entdecken.

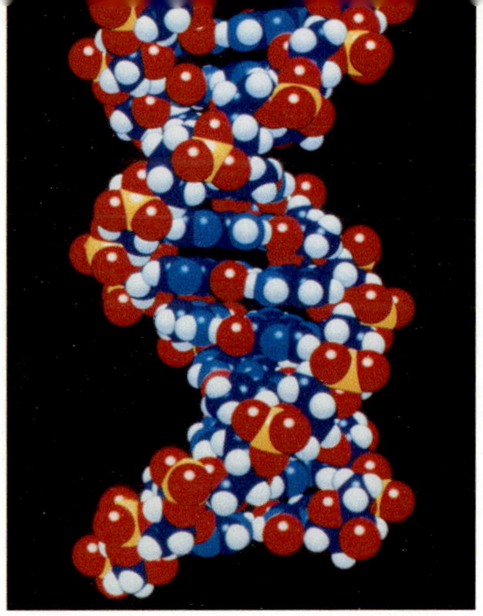

Gentransfer bei Viren, Bakterien, Pflanzen und Tieren:
- Gene isolieren;
- Gene verändern;
- Gene zwischen verschiedenen Arten übertragen und einbauen.

2 *Methoden der Gentechnik*

1865 Der österreichische Augustinermönch GREGOR MENDEL formuliert aufgrund seiner Züchtungsversuche mit Erbsenpflanzen die Vererbungsgesetze.
1903 Die „Chromosomentheorie der Vererbung" wird formuliert. Sie besagt, dass Chromosomen Träger der Erbanlagen sind.
1909 Der Begriff „Gen" wird zur Beschreibung einer einzelnen Erbeinheit eingeführt.
1944 Bei Experimenten mit einem Bakterium, das bei Mäusen Lungenentzündung hervorruft, gelingt der Beweis, dass Gene aus DNA bestehen.
1950 Bei Untersuchungen zur chemischen Zusammensetzung der DNA wird festgestellt, dass stets die Basen Adenin und Thymin sowie Guanin und Cytosin in gleichen Mengen vorkommen.
1953 JAMES WATSON und FRANCIS CRICK entschlüsseln die Doppelhelix-Struktur der DNA.
1961 Der genetische Code, der den Zusammenhang zwischen Basenabfolge der DNA und Aminosäureabfolge in einem Protein beschreibt, wird entschlüsselt.
1968 Entdeckung der Restriktionsenzyme zum Schneiden der DNA
1977 Erstmals gelingt es, Insulin-Gene von Ratten auf Bakterien zu übertragen (Gentransfer).
1982 Gentechnisch hergestelltes Insulin des Menschen auf dem Medikamentenmarkt.

3 *Aus der Geschichte der Genetik*

1 Gentechnische Veränderung von Bakterien. Beschreibe unter Bezug auf Abb. 1 und 2 das Verfahren zur Herstellung gentechnisch veränderter Bakterien.

2 Erfindungen bauen auf anderen Erfindungen und Entdeckungen auf. Die gentechnische Herstellung von Insulin seit 1982 hat eine Reihe wissenschaftlicher Voraussetzungen. Erläutere dies anhand der Angaben in Abb. 3.

3 Medizinische und wirtschaftliche Aspekte. Erörtert medizinische und wirtschaftliche Gesichtspunkte, die das Aufkommen gentechnisch hergestellten Insulins begünstigt haben. Beachtet dabei Abb. 4.

Insulin ist ein Protein, das in der Bauchspeicheldrüse gebildet wird. Insulin ist ein Hormon und fördert die Aufnahme von Glucose aus dem Blut in Zellen. Seit 1928 wird Insulin als Medikament bei Diabetikern eingesetzt. Dazu wurde Insulin aus Bauchspeicheldrüsen von Rindern und Schweinen gewonnen. Bereits 1976 wurde von Wissenschaftlern prognostiziert, dass Insulin aus Bauchspeicheldrüsen schon in wenigen Jahrzehnten den Bedarf nicht mehr decken könne. Weltweit ist die Zahl der Diabetiker deutlich gestiegen. Im Jahr 2006 gab es weltweit 180 Millionen Diabetiker. Bis zum Jahr 2030 rechnet die Weltgesundheitsorganisation mit einer Verdopplung. Schweineinsulin und Rinderinsulin unterscheiden sich vom Humaninsulin in einer Aminosäure bzw. zwei Aminosäuren. Das hatte bei einigen Patienten Unverträglichkeitsreaktionen zur Folge. 1975 gelang es, durch Enzyme, Schweineinsulin in Humaninsulin umzuwandeln. Gentechnisch hergestelltes Humaninsulin hat in den letzten Jahrzehnten auch aus wirtschaftlichen Gründen den größten Teil des Marktes erobert. In einem Bioreaktor von 40 Kubikmetern gewinnt man aus Bakterien namens Escherichia coli K12 in 30 Stunden etwa 100 Gramm Humaninsulin. Mittlerweile gibt es neue, gentechnisch hergestellte Humaninsuline, die sich in der Dauer ihrer Wirksamkeit unterscheiden und eine sorgfältige Abstimmung von Blutzuckerspiegel und Ernährung ermöglichen.

4 *Insulin*

7.8 Grüne Gentechnik: Beispiel Mais

1 *Genetisch bedingte Vielfalt beim Mais*

Menschen haben seit langer Zeit Pflanzen mit wünschenswerten Eigenschaften ausgelesen und vermehrt. Diese Auslesezüchtung brachte in Kombination mit anderen Züchtungsmethoden große Erfolge. Methoden der Pflanzenzucht ohne Gentechnik werden heute unter dem Begriff **klassische Züchtungsmethoden** zusammengefasst. Mit ihrer Hilfe entstanden im Laufe der Zeit aus Wildpflanzen die heutigen Nutzpflanzen. Zum Beispiel wurde aus dem unscheinbaren Gras Teosinte der heutige Mais mit seinen mächtigen Maiskolben gezüchtet. Ohne es zu wissen, haben unsere Vorfahren die Wildpflanzen genetisch verändert. Keine der heutigen Nutzpflanzen wäre von allein in der Natur entstanden.

Voraussetzung für jede Zucht ist genetische Vielfalt (Abb. 1). Erst genetische Vielfalt erlaubt die Auslese besonders geeigneter Pflanzen. Bei den klassischen Züchtungsmethoden ist die genetische Vielfalt auf die Gene einer Pflanzenart begrenzt. **Gentechnik** dagegen ermöglicht die gezielte Übertragung von Genen von einer Art auf eine andere Art. So gibt es Mais, Bt-Mais genannt, dem ein Gen eines Boden-Bakteriums namens Bacillus thuringiensis (B.t.) übertragen wurde. Dieses Bakteriengen bildet vor allem in den grünen Teilen einer Maispflanze ein Protein, das giftig für bestimmte Insekten ist. So kann Mais vor dem wichtigsten Schadinsekt im Maisanbau, dem Maiszünsler, geschützt werden. Davon erhofft man sich wirtschaftliche Vorteile, da weniger Mais durch den Maiszüngler vernichtet wird. Aus gentechnisch veränderten Pflanzen werden sowohl Futtermittel als auch Lebensmittel hergestellt. Die Meinung der Verbraucher spielt daher für die Akzeptanz von Lebensmitteln, die aus gentechnisch veränderten Pflanzen hergestellt werden, eine große Rolle. Gesetzlich geregelt ist, dass Verbraucher die Wahlfreiheit zwischen Lebensmitteln mit und ohne gentechnische Veränderungen haben sollen. Lebensmittel aus gentechnisch veränderten Organismen müssen nach den Gesetzen der Europäischen Union gekennzeichnet sein.

Lebensmittel aus gentechnisch veränderten Pflanzen werden wissenschaftlich so umfangreich untersucht wie kaum eine andere Gruppe von Lebensmitteln. Amtlich zugelassene Lebensmittel aus gentechnisch veränderten Lebewesen sind nach heutigem Kenntnisstand gesundheitlich unbedenklich und sicher.

Die Frage der Koexistenz spielt in der Diskussion um Grüne Gentechnik, die Gentechnik bei Pflanzen, eine wichtige Rolle. Mit Koexistenz meint man das Nebeneinander von Landwirtschaft mit gentechnisch veränderten Pflanzen und Landwirtschaft ohne gentechnisch veränderte Pflanzen. Die Pollen gentechnisch veränderter Pflanzen können sich leicht verbreiten. Es ist schwierig, sicherzustellen, dass nicht die Pflanzen benachbarter Landwirte mit gentechnisch veränderten Pollen befruchtet werden und es so zu einer unkontrollierten Verbreitung von gentechnisch veränderten Pflanzen kommt. Auch mögliche unerwünschte Auswirkungen auf die Umwelt stehen im Mittelpunkt der kontroversen Diskussion (Abb. 2).

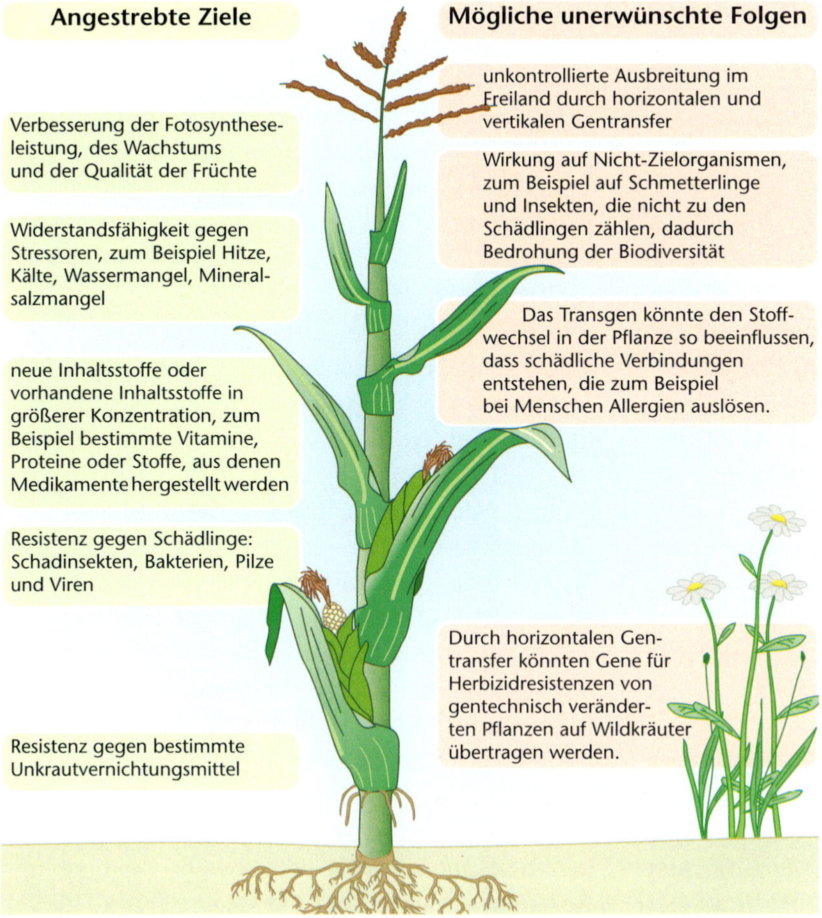

2 *Angestrebte Ziele und mögliche unerwünschte Folgen der Gentechnik an Nutzpflanzen (Begriffe in Abb. 3)*

1 Klassische Züchtung und Gentechnik. Beschreibe die wesentlichen Unterschiede zwischen klassischer Züchtung und Züchtung mit Gentechnik am Beispiel des Bt-Mais.

2 Grüne Gentechnik am Beispiel Mais.
a) Erläutere die Abbildung 2 mithilfe von Informationen auf dieser Doppelseite.
b) Welche der in Abbildung 2 dargestellten Aspekte sind eher für Landwirte, welche für Verbraucher von gentechnisch veränderten Lebensmitteln von Interesse?

3 Pro und contra Bt-Mais. Teilt eure Klasse in eine gerade Zahl von Gruppen auf. Etwa die Hälfte der Gruppen formuliert in Gruppenarbeit alle Argumente für den Einsatz von Bt-Mais, die andere Hälfte der Gruppen argumentiert gegen den Einsatz von Bt-Mais. Dabei sollen Informationen dieser Doppelseite und die Fachbegriffe berücksichtigt werden. Tragt die Pro- und Contra-Argumente vor. Erörtert dann, welche wissenschaftlichen Untersuchungen notwendig wären, um die jeweilige Pro- oder Contra-Position zu bestätigen oder zu widerlegen.

Resistenz: die Widerstandskraft eines Organismus gegen Schädlinge, gegen schädigende Umwelteinflüsse oder gegen bestimmte Wirkstoffe

Transgen: ein Gen, das mithilfe gentechnischer Verfahren vom Organismus einer Art auf einen Organismus einer anderen Art übertragen wurde

Freisetzung: das gezielte Ausbringen von gentechnisch veränderten Organismen in die Umwelt

Herbizidresistenz bei genetisch veränderten Pflanzen bewirkt, dass diese Pflanzen nicht durch Herbizide (Unkrautvernichtungsmittel) geschädigt werden.

Sicherheitsforschung: Die biologische Sicherheitsforschung beschäftigt sich auch mit den Auswirkungen, die ein Anbau gentechnisch veränderter Pflanzen auf Menschen, Tiere und Pflanzen haben kann.

Nicht-Zielorganismen sind solche Pflanzen und Tiere, die nicht zum eigentlich angestrebten Ziel einer Pflanzenschutzmaßnahme gehören, dennoch von der Maßnahme betroffen sind.

Horizontaler Gentransfer meint die Übertragung von Genen im Freiland über Artgrenzen hinweg.

Vertikaler Gentransfer ist die Übertragung von Genen im Freiland auf andere Pflanzen der Art, zum Beispiel durch Pollenflug.

3 *Begriffserklärungen*

Zusammenfassung zum Thema „Enzyme und Molekulargenetik“

Die nachfolgenden Sachverhalte stammen aus den Kapiteln „Enzyme“, „Molekulargenetik“ und „Anwendung der Molekulargenetik“. Die Nummerierung ist willkürlich und gibt keine Rangfolge an.

1. Unter Verdauung versteht man das Zerlegen von Nahrungsbestandteilen in kleinere wasserlösliche Bausteine unter Mitwirkung von Enzymen.

2. Enzyme sind Proteine, die Reaktionen beschleunigen, ohne sich selbst dabei bleibend zu verändern. Zum aktiven Zentrum eines Enzyms passt wie ein Schlüssel zum Schloss meistens nur ein ganz bestimmtes Substratmolekül, das zum Produkt umgesetzt wird. Jedes Enzym kann in der Regel nur eine ganz bestimmte Veränderung eines Substrates bewirken (Wirkungsspezifität).

3. Muscheln und Schnecken bilden Perlmutt an der Innenfläche ihrer Schale. Perlmutt enthält Calciumsalze und Proteine. Perlmutt könnte Bedeutung als Industriekeramik erlangen. Mit Enzymen der genannten Lebewesen entsteht Perlmutt bei gewöhnlicher Temperatur. Wenn Perlmutt ohne Enzyme technisch hergestellt wird, sind mehrere hundert Grad Celsius notwendig.

4. Enzymkatalysierte Reaktionen werden unter anderem durch die Temperatur und den pH-Wert beeinflusst.

5. Bausteine der DNA sind vier verschiedene Nukleotide, die sich in der Base unterscheiden. In der DNA-Doppelhelix bilden die Basen Adenin (A) und Thymin (T) sowie Cytosin (C) und Guanin (G) jeweils ein Paar gegenüberliegender Basen. A und T sowie C und G sind komplementäre Basen; sie passen wie Schlüssel und Schloss zusammen.

6. Mithilfe des semikonservativen Mechanismus wird die DNA-Doppelhelix identisch verdoppelt. Das ist der Grund dafür, dass aus jeder Zell- und Kernteilung (Mitose) erbgleiche Tochterzellen hervorgehen. Durch Mitose haben alle Körperzellen die gleiche genetische Information.

7. In der DNA-Basensequenz eines Gens ist die Information für die Aminosäuresequenz eines Proteins codiert.

8. Der Informationsfluss bei der Proteinbiosynthese erfolgt vom codogenen Strang der DNA über Transkription zur Bildung einer komplementären Boten-RNA (mRNA). Sie verlässt den Zellkern und lagert sich an ein Ribosom. Dort wird im Prozess der Translation die Basenfolge mithilfe Aminosäure beladener tRNA-Moleküle in die Aminosäuresequenz des entstehenden Proteins übersetzt.

9. Enzyme, Struktur-Proteine, Transport-Proteine, bewegliche Proteine, Abwehr-Proteine und Rezeptor-Proteine sind Beispiele für die Vielfalt der Proteine. Die Funktion eines Proteins hängt von seiner räumlichen Struktur, diese wiederum von der Aminosäuresequenz ab.

10. Mutationen sind bleibende Veränderungen der genetischen Information, die durch mutagene Faktoren oder durch spontane Mutation hervorgerufen werden.

11. Phenylketonurie (PKU), Mukoviszidose und Sichelzellanämie sind Beispiele für erbliche Stoffwechselstörungen, bei denen die Mutation eines oder weniger Nukleotide schwerwiegende Krankheiten zur Folge haben.

12. So genannte Mondscheinkinder müssen konsequent jede UV-Strahlung und damit auch das Sonnenlicht meiden. Bei diesen Menschen ist erblich bedingt das enzymatische Reparatursystem defekt, das UV-bedingte Mutationen erkennt und beseitigt.

13. Bei allen Lebewesen ist die genetische Information chemisch in der DNA gespeichert.

14. Gentechnisch veränderte Bakterien können menschliches Insulin bilden.

1 **Aufgabe:** Ordne jedem dieser Sachverhalte ein Basiskonzept oder mehrere Basiskonzepte zu. Die Basiskonzepte sind in diesem Buch auf der Methodenseite „Arbeiten mit Basiskonzepten“ erläutert. Begründe die von dir gewählte Zuordnung.

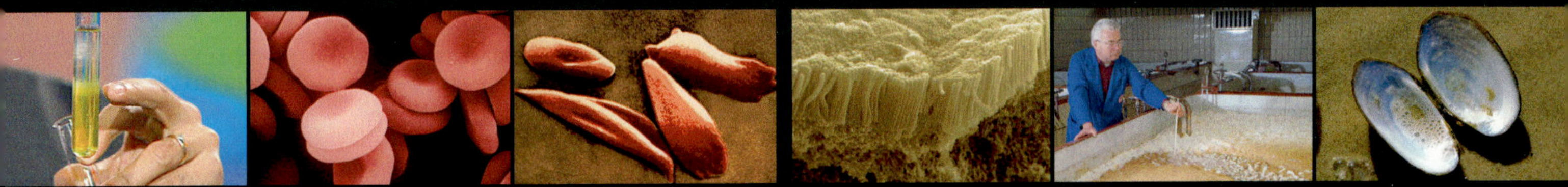

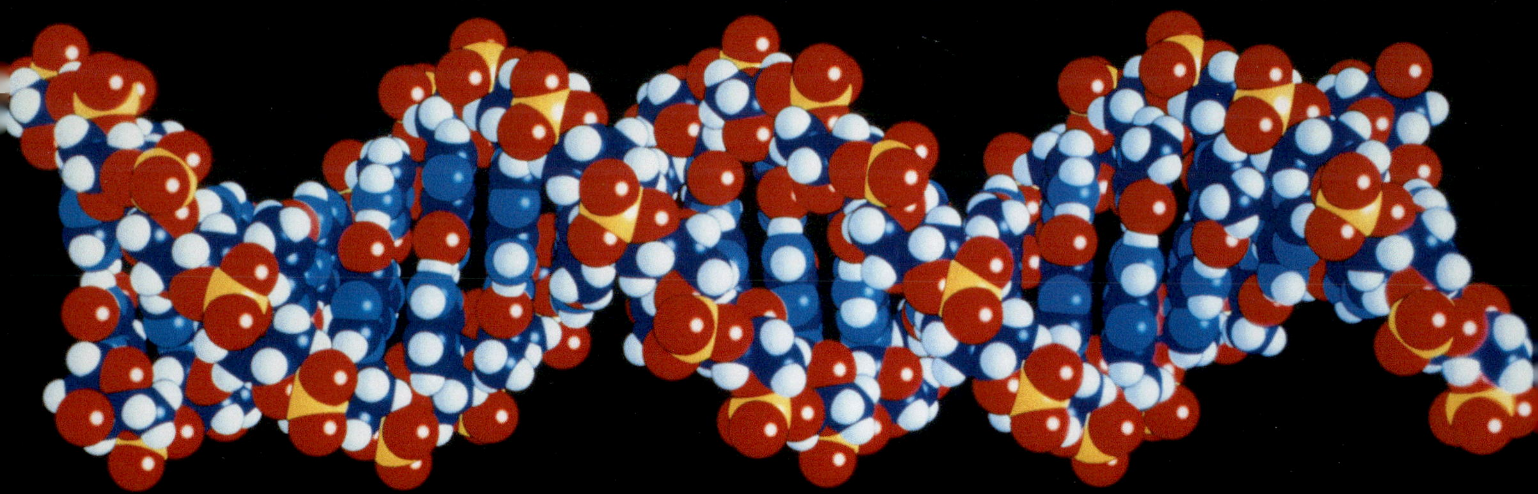

Enzyme und Molekulargenetik

Glossar

Aktivierungsenergie heißt der Energiebetrag, der notwendig ist, um sonst nur langsam oder gar nicht ablaufende chemische Reaktionen in Gang zu bringen. Enzyme vermindern die benötigte Aktivierungsenergie, so dass zum Beispiel schon die normalen Temperaturen im Körper ausreichen, um die Reaktionen schnell ablaufen zu lassen.

Allele sind zwei Versionen eines Gens, die auf den beiden homologen Chromosomen am selben Ort liegen, das heißt für dasselbe Merkmal zuständig sind.

Aminosäuresequenz: siehe Proteine

Amniozentese ist die Untersuchung von Fruchtwasser aus der Fruchtblase, in der der Embryo heranwächst. Mithilfe einer feinen Kanüle wird durch die Bauchdecke der Mutter eine kleine Menge Fruchtwasser entnommen. Es enthält auch Zellen des Embryos. Sie werden auf Gen- und Chromosomenveränderungen untersucht.

Autosomen sind die Chromosomen eines Chromosomensatzes, die nicht zu den Geschlechtschromosomen (Gonosomen) gehören.

Bakterien (Einzahl: Bakterium) sind mikroskopisch kleine, einzellige Lebewesen. Sie haben eine kugelige, spiralige oder stäbchenförmige Form. Bakterien gehören zur Gruppe der Prokaryoten. Sie haben keinen Zellkern und keine Zellorganellen wie Eukaryoten. Manche Bakterien sind Krankheitserreger. Die weitaus meisten von ihnen sind wichtige Glieder im Naturhaushalt, zum Beispiel bei der Zersetzung von toten Lebewesen.

Befruchtung heißt der Vorgang, bei dem die beiden haploiden Chromosomensätze der Spermazelle und der Eizelle zum diploiden Chromosomensatz der Zygote verschmelzen. Im deutschen Embryonenschutzgesetz wird die Befruchtung als Beginn eines neuen Menschen betrachtet.

Biokatalysatoren: siehe Enzyme

Biotechnologie: siehe Gentechnik

Blutzuckerspiegel ist die Bezeichnung für die Konzentration von Glucose im Blut. Der Blutzuckerspiegel wird durch Hormone (unter anderem Insulin und Glucagon) geregelt.

Chromosomen sind in den Zellkernen eukaryotischer Zellen enthaltene fadenförmige Gebilde, die als Träger der Erbanlagen (Gene) eine große Rolle bei der Vererbung spielen. Der Chromosomensatz, also die Anzahl der in Länge und Form verschiedenen Chromosomen, ist für jede Art charakteristisch. Beim Menschen beträgt der diploide (doppelte) Chromosomensatz $2n = 46$. Homologe Chromosomen sind die einander entsprechenden Chromosomen väterlicher und mütterlicher Herkunft. Die DNA-Doppelhelix bildet die Grundstruktur eines Chromosoms. Ein einzelnes Chromosom enthält ein langes, stark aufgeknäueltes DNA-Molekül, ein Doppelchromosom zwei identische DNA-Moleküle.

Diffusion beruht auf der ständigen Bewegung von Molekülen in Flüssigkeiten und Gasen. Dabei diffundiert ein Stoff entlang des Konzentrationsgefälles vom Bereich hoher in den Bereich niedriger Konzentration bis zum Konzentrationsausgleich. Innerhalb der Zelle wird auf diese Weise dafür gesorgt, dass Stoffe gleichmäßig im Cytoplasma verteilt werden.

Diploidie bedeutet, dass die Körperzellen eines Organismus den doppelten (diploiden) Chromosomensatz besitzen mit homologen Chromosomen mütterlicher und väterlicher Herkunft.

DNA ist die Abkürzung für engl. „deoxyribonucleic acid", die Desoxyribonukleinsäure. DNA ist ein Kettenmolekül, das aus vielen hintereinander geknüpften Bausteinen, den Nukleotiden, besteht. In der DNA gibt es vier verschiedene Nukleotide, die sich in der enthaltenen Base unterscheiden: A = Adenin, T = Thymin, C = Cytosin, G = Guanin. Die Abfolge der Basen in einem DNA-Molekül bezeichnet man als Basensequenz oder DNA-Sequenz. In ihr ist bei allen Lebewesen die genetische Information verschlüsselt. Ein DNA-Molekül besteht aus zwei Strängen, die sich schraubig umeinander winden, die Doppelhelix. Dabei bilden die Basen A und T sowie C und G jeweils ein Paar.

Dominant-rezessiv ist ein Erbgang dann, wenn bei Mischerbigkeit (Heterozygotie) ein Allel den Phänotyp bestimmt. Dieses Allel ist dominant. Das rezessive Allel trägt nicht zur Merkmalsausbildung bei.

Eiweiße: siehe Proteine

Embryo: Dies ist die Bezeichnung für den heranwachsenden Menschen in der Gebärmutter während der ersten drei Schwangerschaftsmonate.

Enzyme sind in allen lebenden Zellen gebildete Proteine, die als Biokatalysatoren die Gesamtheit der chemischen Umsetzungen steuern. Enzyme erniedrigen die Aktivierungsenergie, so dass chemische Reaktionen schon bei normalen Temperaturen schnell ablaufen. Jedes Enzym hat eine bestimmte räumliche Struktur, die vor allem von der Abfolge der Aminosäuren im Protein abhängt. Enzyme setzen Substrate zu Produkten um. Jedes Enzym wirkt nur auf ein ganz bestimmtes Substrat (Substratspezifität) und führt nur eine spezielle chemische Reaktion durch (Wirkungsspezifität). Grundlage für die Substratspezifität ist das Schlüssel-Schloss-Prinzip zwischen Enzym und Substrat. Der pH-Wert und die Temperatur können die räumliche Struktur eines Enzyms verändern und damit die Enzymaktivität beeinflussen.

Erbkrankheiten beruhen auf Veränderungen von Erbanlagen durch Mutationen, die Krankheiten zur Folge haben. Wenn diese Veränderungen durch Vererbung an Nachkommen weitergegeben werden, spricht man von Erbkrankheiten.

Erbliche Stoffwechselstörungen wie Phenylketonurie oder Mukoviszidose entstehen durch mutierte Gene, deren genetische Information so verändert ist, dass die Bildung von entsprechenden funktionsfähigen Proteinen beeinträchtigt ist. Der Mangel an funktionsfähigem Protein führt zu einer Störung des Stoffwechsels.

Ethik ist das Nachdenken über Moral und gesellschaftliche Werte. Ethik fragt nach Gründen, warum eine Handlung gut oder schlecht, richtig oder falsch ist.

Eukaryoten sind Lebewesen mit Zellen, die einen Zellkern und Zellorganellen enthalten. In den membranumgrenzten Zellorganellen (auch Kompartimente genannt) können jeweils bestimmte Stoffwechselvorgänge räumlich getrennt ablaufen, ohne sich zu stören. Zu den Eukaryoten zählen alle Einzeller mit Zellkern sowie Pilze, Pflanzen, Tiere und der Mensch.

Gen bezeichnet einen Abschnitt auf der DNA, der die Information für die Bildung eines Proteins enthält. Proteine sind an der Ausbildung von Merkmalen beteiligt.

Genetische Variabilität (genetische Vielfalt) liegt vor, wenn die Individuen einer Population Merkmalsunterschiede aufweisen und diese Unterschiede erblich bedingt sind. Genetische Variabilität hat zwei Ursachen: Neukombination der Erbanlagen bei der Bildung der Geschlechtszellen und der Befruchtung sowie Mutationen.

Genetischer Code: Im genetischen Code ist die Zuordnung der Basentripletts der DNA zu den zwanzig Aminosäuren, die in Proteinen vorkommen verschlüsselt.

Genom bezeichnet die Gesamtheit aller Erbinformationen eines Lebewesens.

Genotyp heißt die Gesamtheit der Erbinformation eines Lebewesens im Zellkern. Im Gegensatz zum Phänotyp ist der Genotyp nicht unbedingt in den Merkmalen eines Lebewesens sichtbar.

Gentechnik ist ein Teilgebiet der Biotechnologie. Dabei werden Gene isoliert, analysiert oder verändert. Genanalyse und Gentransfer sind gentechnische Verfahren, die in der Landwirtschaft, in der Medizin oder in der Industrie eingesetzt werden. Bei der Genanalyse werden genetische Informationen von Viren, Bakterien, Pflanzen, Tieren und Menschen analysiert und die Bedeutung von Genen im Organismus erforscht. Beim Gentransfer werden Gene isoliert und verändert sowie Gene zwischen Organismen verschiedener Arten übertragen.

Gewebe: Darunter versteht man einen Verband ähnlich gebauter Zellen mit gleichartiger Funktion.

Gonosomen sind die Chromosomen, die das Geschlecht des Menschen bestimmen. Der Mann besitzt als Geschlechtschromosomen jeweils ein X- und Y-Chromosom, die Frau hingegen zwei X-Chromosomen.

Hämoglobin ist die Bezeichnung für den roten Blutfarbstoff in den roten Blutzellen. Hämoglobin ist ein Transport-Protein, das aus vier Untereinheiten besteht. Hämoglobin dient dem Sauerstofftransport.

Haploid sind Zellen, die einen einfachen Chromosomensatz besitzen. Die Geschlechtszellen des Menschen sind haploid.

Heterozygot (mischerbig) sind Lebewesen, die zwei verschiedene Allele für die Ausbildung eines Merkmals besitzen.

Homologe Chromosomen sind die einander entsprechenden Chromosomen väterlicher und mütterlicher Herkunft. Homologe Chromosomen paaren sich in der Meiose.

Homozygot (reinerbig) sind Lebewesen, die zwei gleiche Allele für die Ausbildung eines Merkmals haben.

Hormone sind Botenstoffe, die in Hormondrüsen gebildet, an das Blut abgegeben und mit ihm im Körper verteilt werden. Hormone wirken schon in kleinsten Mengen. Jedes Hormon kann nur auf solche Zielzellen wirken, die nach dem Schlüssel-Schloss-Prinzip passende Rezeptoren besitzen. Unter Hierarchie des hormonellen Systems versteht man, dass es über- und untergeordnete Hormondrüsen gibt. Hormonsystem und Nervensystem arbeiten eng zusammen.

Identische Verdopplung der DNA: siehe semikonservative Verdopplung

Insulin ist ein Hormon der Bauchspeicheldrüse. Es fördert die Aufnahme von Glucose in die Zellen von Leber und Muskeln und reguliert damit den Blutzuckerspiegel.

Intermediärer Erbgang ist die Bezeichnung für einen Erbgang, bei dem beide Allele eines Gens

an der Ausbildung eines Merkmals beteiligt sind.

In-vitro-Fertilisation (IVF) bezeichnet die künstliche Befruchtung außerhalb des Körpers im Reagenzglas.

Karyogramm nennt man die übersichtlich geordnete Darstellung der Chromosomen eines Menschen. Dabei werden Chromosomen aus einer bestimmten Phase der Mitose, in der die Chromosomen als Doppelchromosomen vorliegen, dargestellt. Karyogramme sind wichtig für die genetische Beratung.

Kerntransfer ist ein Verfahren, bei dem ein isolierter Zellkern aus einer Körperzelle zum Beispiel in eine Eizelle übertragen wird, deren Zellkern zuvor entfernt wurde. Kerntransfer ist eine Methode, um künstliche Klone zu erzeugen.

Klon ist die Bezeichnung für Zellen oder Lebewesen, die genetisch identisch sind. Natürliche Klone sind zum Beispiel eineiige Zwillinge beim Menschen, durch ungeschlechtliche Fortpflanzung entstandene Ableger von Pflanzen oder Zellen einer Bakterienkolonie. Künstliche Klone können durch Zellteilungen im Reagenzglas oder durch Übertragung von Zellkernen (Kerntransfer) erzeugt werden.

Kompartimentierung: siehe Eukaryoten, Zellorganellen

Meiose ist der Vorgang zur Bildung der Geschlechtszellen (Spermazellen, Eizellen) mit einfachem (haploidem) Chromosomensatz. Die Meiose führt zur Neukombination der Erbanlagen, so dass alle entstehenden Geschlechtszellen untereinander nicht erbgleich, sondern erblich verschieden sind. Meiose trägt ganz wesentlich zur genetischen Variabilität bei, die für Lebewesen mit sexueller Fortpflanzung typisch ist.

Mitochondrien sind von einer Doppelmembran umgebene Organellen, in denen wichtige Schritte der Zellatmung stattfinden. Mitochondrien werden daher bildhaft auch als „Kraftwerke der Zelle" bezeichnet.

Mitose heißt der Vorgang, bei dem im Verlauf der Zellteilung (Zellzyklus, Zellverdopplung) aus einer Zelle zwei Zellen entstehen, die untereinander und im Vergleich zur Zelle, aus der sie hervorgingen, erbgleich sind. Bei der Mitose werden zuvor identisch verdoppelte Chromosomen auf zwei Tochterzellen verteilt. Durch Mitose erhalten alle Körperzellen die gleiche genetische Information wie die befruchtete Eizelle (Zygote).

Modifikationen sind Veränderungen im Phänotyp eines Lebewesens, die durch Umwelteinflüsse bedingt sind und nicht vererbt werden.

mRNA: siehe Proteinbiosynthese

Mutationen sind bleibende Veränderungen der genetischen Information. Mutationen können durch Fehler bei den molekularen Vorgängen in einer Zelle, zum Beispiel bei der DNA-Verdopplung, entstehen. Auch bestimmte physikalische oder chemische Einflüsse, die man mutagene Faktoren nennt, können Mutationen auslösen. Die meisten Mutationen sind schädlich für Lebewesen, manche Mutationen bringen jedoch auch Vorteile mit sich. Solche Mutationen sind die Grundlage für die Vielfalt der Lebewesen auf der Erde.

Oberflächenvergrößerung: Lebewesen nehmen Stoffe aus der Umgebung auf. Je größer die Oberfläche ist, an der die Stoffaufnahme stattfindet, desto größer kann die Menge an Stoffen sein, die über diese Oberfläche aufgenommen wird. Manche Strukturen von Lebewesen, wie zum Beispiel die Wurzelhaare bei Pflanzen oder die Lungenbläschen der Lunge bilden eine riesige Oberfläche.

Organellen: siehe Zellorganellen

Osmose heißt die Diffusion von Wasser durch eine selektivpermeable Membran in den Bereich höherer Konzentration gelöster Stoffe.

Phänotyp heißt das Erscheinungsbild eines Lebewesens. Der Begriff kann auch auf einzelne Merkmale eines Lebewesens angewandt werden. Der Phänotyp wird durch den Genotyp bestimmt.

Präimplantationsdiagnostik (PID) heißt ein Verfahren, bei dem nach künstlicher Befruchtung und vor Übertragung des Embryos in die Gebärmutter eine Chromosomen- und/oder Genanalyse durchgeführt wird. Die dafür entnommenen Zellen des Embryos sind totipotent, das heißt sie können sich selbst zu einem vollständigen Embryo entwickeln. In Deutschland und einer Reihe anderer Länder ist die PID verboten.

Prokaryoten sind Lebewesen, deren Zellen im Gegensatz zu den Eukaryoten keinen Zellkern und keine Zellorganellen enthalten. Bakterien sind Prokaryoten.

Proteinbiosynthese heißt der Prozess in Zellen, bei dem auf der Grundlage genetischer Information der DNA an den Ribosomen ein Protein aus Aminosäuren gebildet wird. Wenn ein Gen aktiv ist, wird von ihm im Zellkern eine Kopie in Form des Boten-Moleküls messenger-RNA (mRNA) angefertigt. Dieser Teil der Proteinbiosynthese heißt Transkription. Die mRNA verlässt durch Poren den Zellkern und gelangt zu einem Ribosom. Dort findet die Übersetzung (Translation) der genetischen Information statt: Nach Anleitung der mRNA erfolgt die Bildung eines Proteins aus den verschiedenen Aminosäuren. Dabei codiert die Abfolge der Basentripletts auf der mRNA die Abfolge der Aminosäuren im entstehenden Protein.

Proteine sind Moleküle, die aus wenigen bis zu mehreren tausend Aminosäuren aufgebaut sind. Die in der DNA genetisch festgelegte Abfolge der Aminosäuren bedingt die räumliche Struktur eines Proteins und damit auch seine Aufgabe in einer Zelle. Jeder Organismus enthält viele tausend verschiedene Proteine mit jeweils unterschiedlicher Größe, Form und Aufgabe. Struktur-Proteine, Enzyme, Transport-Proteine, bewegliche Proteine, Abwehr-Proteine und Rezeptor-Proteine sind Beispiele dafür. Proteine sind als molekulare Werkzeuge oder als Baumaterial maßgeblich an der Ausbildung erblicher Merkmale beteiligt.

Rekombination (Neukombination) bedeutet, dass bei der Bildung der Geschlechtszellen durch Meiose und bei der Befruchtung Gene in neuer Kombination im Vergleich zu den Eltern auftreten.

Replikation: siehe semikonservative Verdopplung

Reproduktion ist ein Fachbegriff für Fortpflanzung.

Resistenz bezeichnet die Widerstandskraft eines Organismus gegen Schädlinge, gegen schädigende Umwelteinflüsse oder gegen bestimmte Wirkstoffe (z. B. Pestizide, Antibiotika).

Restriktionsenzyme sind wichtige molekulare Werkzeuge in der Gentechnik. Restriktionsenzyme erkennen bestimmte Basen-Abfolgen der DNA und schneiden die DNA an diesen Stellen auf.

Rezeptor-Proteine befinden sich in der Zellmembran und setzen von außen kommende chemische Signale, zum Beispiel von Hormonen, in Signale innerhalb einer Zelle um.

Rückkopplung ist die (Rück-)Wirkung einer veränderlichen Größe auf sich selbst. Eine Rückkopplung heißt positiv, wenn die Wirkungsbeziehung gleichsinnig ist (je mehr … desto mehr …). Bei negativer Rückkopplung besteht eine gegensinnige Beziehung (je mehr … desto weniger, je weniger … desto mehr).

Schlüssel-Schloss-Prinzip meint allgemein, dass zwei Strukturen zueinander wie Schlüssel und Schloss passen. Substrat und aktives Zentrum eines Enzyms, Hormone und ihre Rezeptoren sowie komplementäre Basen der DNA sind Beispiele für das Schlüssel-Schloss-Prinzip.

Semikonservative Verdopplung der DNA ist ein Vorgang, bei dem die Doppelhelix ähnlich einem Reißverschluss in Einzelstränge getrennt wird. Dann wird zur Basenabfolge jedes Einzelstranges ein komplementärer neuer Strang gebildet. „Semikonservativ" bedeutet „halb bewahrend": Die eine Hälfte des DNA-Moleküls ist unverändert, die andere Hälfte wird neu gebildet. Die identische Verdopplung der DNA ist Grundlage der erbgleichen Verdopplung von Zellen durch Mitose.

Stammzellen haben die Fähigkeit, sich in Kultur unbegrenzt zu teilen und zu verschiedenen Zelltypen mit speziellen Aufgaben heranzureifen.

Stoffwechsel ist ein Fachbegriff, mit dem alle Vorgänge bei der Aufnahme, beim Umbau und beim Ausscheiden von Stoffen bezeichnet werden. Mit Baustoffwechsel werden diejenigen chemischen Reaktionen bezeichnet, die dem Aufbau und der Speicherung von Stoffen in einem Organismus dienen. Im Betriebsstoffwechsel werden dagegen Stoffe abgebaut. Dadurch wird unter anderem Energie bereitgestellt. Bau- und Betriebsstoffwechsel sind in einem Organismus eng miteinander verzahnt.

System: Ein System besteht aus mehreren Teilen. Zwischen den Teilen eines Systems gibt es Beziehungen und Wechselwirkungen. Meistens arbeiten die Teile eines Systems zusammen. Biologische Systeme können unterschiedlich groß sein: Die ganze Erde, ein bestimmter Lebensraum, ein Lebewesen mit seinen Organen oder ein Organ eines Lebewesens sind Systeme.

Zellatmung heißt der Abbau energiereicher organischer Stoffe, zum Beispiel Glucose, zu den energiearmen Stoffen Kohlenstoffdioxid und Wasser in den Zellen. Dabei wird Sauerstoff benötigt. Energie aus der Zellatmung ist Grundlage aller Lebensvorgänge von Pflanzen, Tieren, Menschen und anderen Lebewesen. Bei der Zellatmung wird ein beträchtlicher Teil chemischer Energie in Wärme gewandelt.

Zelldifferenzierung heißt der Vorgang, bei dem Zellen zu spezialisierten Zellen mit besonderer Struktur und Funktion werden. Muskelzellen, Nervenzellen, weiße Blutzellen und Leberzellen sind Beispiele für spezialisierte Zellen. Zelldifferenzierung kommt nur bei Vielzellern vor. Bei ihnen findet zwischen den spezialisierten Zellen Arbeitsteilung statt.

Zellen sind die kleinsten lebens- und vermehrungsfähigen Einheiten. Alle Zellen gehen durch Teilung aus anderen Zellen hervor, verfügen über Erbinformation in Form von DNA und benötigen Energie für ihre Lebensprozesse. Zellen sind von einer Membran umgeben, durch die Stoffe aufgenommen und abgegeben werden. Pflanzenzellen haben eine Zellwand aus Zellulose. Grüne Pflanzenzellen enthalten Chloroplasten, in denen Fotosynthese stattfindet.

Zellorganellen sind durch Membranen abgetrennte Reaktionsräume in Zellen. Durch diese Aufteilung wird gewährleistet, dass verschiedene Stoffwechselvorgänge gleichzeitig nebeneinander in einer Zelle ablaufen können und sich nicht gegenseitig stören. Beispiele für Zellorganellen sind Zellkern, Endoplasmatisches Retikulum, Mitochondrien und Chloroplasten.

Züchtung: Der Mensch wählt bei der Züchtung gezielt solche Pflanzen und Tiere aus, die gewünschte Merkmale besitzen und vermehrt sie. Durch Züchtung sind die Haus- und Nutztiere sowie die Nutzpflanzen entstanden.

Zygote ist die befruchtete Eizelle.

Stichwortverzeichnis

Bildquellennachweis

actionpress, Hamburg: 3.2, 25.7, 41.4, 65.7; AgroConcept, Bonn: 50.1.1, 50.1.2, 50.1.3, 50.1.4, 50.1.5, 50.1.6, 50.1.7, 65.3 a, 65.3 b; akg-images, Berlin: 42.1; Toni Angermayer, Holzkirchen: 8.3 (Schmidt), 103.4 r., 123.2.2; Arco Images, Lünen: 3.3a (O. Diez), 3.3b (O. Diez), 49.4 a (O. Diez), 49.4 b (O. Diez), 52.2 r. (H. Reinhard); Associated Press, Frankfurt: 69.3; Astrofoto B. Koch, Sörth: 130 Hintergrund; Bonnier Alba AG, Stockholm: 4.1 (Lennart Nilsson), 8.2 (Lennart Nilsson), 11.2 (Lennart Nilsson), 16.1.3 (Lennart Nilsson), 17.1.4 (Lennart Nilsson), 17.1.5 (Lennart Nilsson), 17.1.6 (Lennart Nilsson), 23.2 (Lennart Nilsson), 67.5 (Lennart Nilsson), 80.1 (Lennart Nilsson), 91.5 (Lennart Nilsson); Boulder bvba, Belgium: 9.3 (Werner van Stehen); Bulls Press, Frankfurt: 58.1; Corbis, Düsseldorf: 63.4 l. (Alfredo Dagli Orti), 66/67.1 (Royalty-Free), 91.1 (Royalty-Free); Manfred Danegger, Owingen-Billafingen: 123.2.4; Deutsche Diabetesstiftung, Martinsried: 66.2, 91.2; G. Dockter und H. Lindemann: Mukoviszidose, Georg Thieme Verlag, 4. Auflage 2004: 128.1 a, 128.1 b; eye of science, Reutlingen: 7.3, 8.1; F1 Online, Frankfurt: 70.2; Floramedia Service, Vaduz: 10.2, 13.3 b, 23.2; Agentur Focus, Hamburg: 27.3 (Alexis Rosenfeld/SPL), 29.3 c (A. Syred/SPL), 40.1 (David Becker/SPL), 40.3 (Steve Gschmeissner/SPL), 59.2 l. (Olivier Martel/Icone), 59.2 M. (Mireille Vautier), 59.2 r. (Thomas Hoepker/Magnum Photos/Aboriginal Art), 84.1, 92.2, 93.6 (Dr. Tony Brain/SPL), 95.l., 95.r., 103.4 M. (Wolfgang Baumeister/SPL), 106.1 b (David Scharf/SPL), 108.1 l. (A. Syred/SPL), 129.2 l. (Dr. Tony Brain/SPL), 141.2, 141.6 (Dr. Tony Brain/SPL), 24.3 o., 24.3 u.; Andreas Fritz, Lübeck: 7.4; Getty Images, München: Titel (Tim Gainey), 67.6 (The Image Bank), 81.4 (The Image Bank), 91.6 (The Image Bank); Dr. Barbara Hamkalo: 117.5; Arthur Hauck, Pfalzgrafenweiler: 15.5, 15.6, 53.3; Rainer Hausfeld, Vechta: 52.1 l., 52.1 r.; Henkel KGaA, Düsseldorf: 106.2; Dr. Thomas Huk, Braunschweig: 8.5; Institut für Biophysik der Universität Bremen: 99.4 r. (Monika Fritz); Institut für wissenschaftliche Fotografie Kage, Lauterstein: 3.1, 10/11, 11.1, 13.2, 13.3 c, 23, 23.1; Institut für Zoologie der Universität Berlin: 9.2 (Prof. Dr. K. Hausmann, Berlin); Juniors Bildarchiv, Ruhpolding: 3.3c, 49.4 c; Florian Karly, München: 29.3 b, 62.1 r.; Klaus G. Kohn, Braunschweig: 21.4, 25.6, 34/35.1, 60.1, 65.6, 66.3 b, 66.3 c, 70.1, 86.1, 91.3 b, 91.3 c, 104.1, 126.1, 134.1; Helga Lade, Frankfurt: 92.3 (Dr. Lorenz), 102.1 (Dr. Lorenz), 141.3 (Dr. Lorenz); Lieder, Ludwigsburg: 16.1.1, 16.1.2, 31.2, 112.1; Look, München: 24.4 (Konrad Wothe), 38.1 (Konrad Wothe), 65.4 (Konrad Wothe); Mauritius, Mittenwald: 4.2 (Hans-Peter Merten), 5.1, 5.2 (Workbookstock.com), 7.2 (Rynio), 24.2, 25.5 (Phototake), 40.2, 60.2 (Phototake), 65.2, 65.5 (Phototake), 92/93.1 (Phototake), 103.4 l. (Photo Researchers), 106.1 a (Hans-Peter Merten), 110.1, 123.2.3 (Phototake), 123.2.5 (Photo Researchers), 123.2.6 (LOMO), 137.2 (Phototake), 138.1 (Workbookstock.com), 141.1 (Phototake); Okapia, Frankfurt: 9.1 (Dan McCoy), 26.2 b (NAS/Dr. W. Fawcett), 39.2 l. (Brock May/NAS), 39.2 r. (Ted Levin), 43.3 b (Maximilian Stock Ltd./Animals), 47.6 (Jack Green), 62.1 M., 92.4 (Richard Thom), 93.7 (B. Longcore/Science Source), 99.4 l. (Richard Thom), 129.2 r. (B. Longcore/Science Source), 130.1.4, 135.5 (Klaus Rose), 141.4 (Richard Thom), 141.7 (B. Longcore/Science Source); Photothek, Berlin: 24/25.1, 65.1; picture-alliance, Frankfurt: 63.4 r., 67.4 (dpa), 81.5 (epd), 91.4 (dpa), 123.2.1 (dpa), 130.1.2 (dpa); Martin Ratermann, Vechta: 101.4, 105.4; Reinhard-Tierfoto, Heiligkreuzsteinach: 43.3 a, 47.2, 47.3, 48.1 l., 48.1 M., 48.1 r., 52.2 l.; Dr. Conly L. Rieder, Wadsworth Center, Albany, New York: 30.1; Axel Schunk, Experiment des Monats 11/2001, www.axel-schunk.de/experiment: 107.4; Hans Tegen, Hambühren: 20.1; TopicMedia Service, Ottobrunn: 8.4, 36.1 o. (J & C Sohns), 36.1 u. (J & C Sohns), 108.1 r. (J & C Sohns), 114.2 (J & C Sohns), 121. (J & C Sohns); vario-images, Bonn: 133.4 (Stefan Kiefer); Wanner, Mikroskopisch-Botanisches Praktikum. Georg Thieme Verlag, Stuttgart 2004: 10.1, 12.1, 13.3 a, 23.1; WDR, Quarks & Co: 93.5, 111.2, 141.5; www.biokurs.de, Denver: 105.6 (Ernst-Georg Beck); www.naturganznah.de, Falkenfels: 50.2

Die Screenshots der Seiten 54/55 Entstanden unter Verwendung von Microsoft Windows 2000 und Microsoft Excel 2000.

Einbandgestaltung:
Jennifer Kirchhof, Braunschweig unter Verwendung einer Aufnahme von Getty Images (F: Tim Gainey), München

Grafiken:
Julius Ecke, www.naturstudiendesign.de: 12.1, 13.2, 13.3, 13.4, 14.1, 14.2, 15.4, 15.7, 16.1.1, 16.1.2, 16.1.3, 17.1.4, 17.1.5, 17.1.6, 17.2, 18.1, 19.2, 19.3, 19.4 o., 19.4 u., 20.2, 20.3, 21.5, 26.1, 26.2 a, 27.4, 27.5, 27.6, 28.1, 31.1, 32.1, 33.2, 36.1, 39.3, 39.4, 39.5, 41.5, 41.6, 50.2, 51.3, 51.4, 53.5, 56.1, 56.2, 57.3, 57.5, 61.3, 61.4, 61.5, 62.2, 68.1, 69.2, 69.4, 69.5, 72.1, 73.2, 74.1, 75.2, 76.1, 77.2, 78.1, 79.2, 79.3, 80.2, 81.3, 81.5, 82.1, 83.3, 84.2, 88.1, 89.2, 89.3, 94/95, 96.1, 96.2, 97.3, 97.4, 97.5, 98.1, 98.2, 99.3, 100.1, 100.2, 101.3, 101.4, 102.2, 103.3, 103.4, 104.2, 104.3, 105.5, 107.3, 108.2, 108.3, 109.4, 109.5, 110.1, 111.4, 112.1, 112.2, 113.3, 113.4, 114.2, 115.4, 116.1, 117.2, 117.4, 118.1, 119.3, 120/121, 122.1, 126.1, 127.3, 127.4, 130.1.1, 130.1.3, 131.3, 131.4, 132.1, 132.2, 133.5, 135.4, 136.1, 139.2
Christine Henkel, Dahmen: 42.2, 43.4, 43.5, 44.1, 44.2, 45.3, 45.4, 46.1, 47.4, 47.5, 48.2, 49.3, 49.5, 53.4, 119.2
Satz und Grafik Partner, Walter Laß, Meitingen: 29.2, 34/35.1, 63.3, 70.1, 70.2, 71.3, 71.4, 75.3, 114.1, 115.3, 117.3, 124.1, 125.4, 127.2, 129.2, 129.4
Fotografie Rixe, Braunschweig: 66.3 a, 91.3 a
Schwanke & Raasch, Hannover: 7.5

Es war nicht in allen Fällen möglich, die Inhaber der Bildrechte ausfindig zu machen und um Abdruckgenehmigung zu bitten. Berechtigte Ansprüche werden selbstverständlich im Rahmen der üblichen Konditionen abgegolten.